高职高专机电及电气类"十三五"规划教材

先进制造技术

（第 二 版）

主　编　赵云龙

副主编　严慧萍　朱玉红

参　编　王彩霞　张　艳

主　审　宋文学

西安电子科技大学出版社

内 容 简 介

本书是面向 21 世纪机电及电气类专业高职高专规划教材之一。全书从制造业所面临的形势、任务和挑战出发,较全面地介绍了先进制造技术的主要相关内容。本书内容新颖实用,理论联系实际,突出了高职高专实用性和应用性的教育特点。针对高职高专机电类专业的培养目标,着重介绍了一些适用、先进、相对成熟的制造技术,努力做到"通俗易懂、简单实用"。全书共分六章:先进制造技术概论、先进制造工艺技术、计算机辅助与综合自动化技术、先进制造模式、现代管理技术及现代制造科学的发展与创新人才的培养。

本书是高职高专机电类及其相关专业的教材,同时可作为职工大学、业余大学及成人教育相关专业的教材,也可供有关工程技术人员参考。

★本书配有电子教案,需要者可登录出版社网站,免费下载。

图书在版编目(CIP)数据

先进制造技术 / 赵云龙主编. —2 版. —西安:西安电子科技大学出版社,2013.8(2019.4 重印)
高职高专机电及电气类"十三五"规划教材

ISBN 978–7–5606–3161–5

Ⅰ. ① 先…　　Ⅱ. ① 赵…　　Ⅲ. ① 机械制造工艺—高等职业教育—教材　　① TH16

中国版本图书馆 CIP 数据核字(2013)第 188542 号

策划编辑　马乐惠
责任编辑　邵汉平　马乐惠
出版发行　西安电子科技大学出版社(西安市太白南路 2 号)
电　　话　(029)88242885　88201467　　　　邮　　编　710071
网　　址　www.xduph.com　　　　　　电子邮箱　xdupfxb001@163.com
经　　销　新华书店
印　　刷　陕西天意印务有限责任公司
版　　次　2013 年 8 月第 2 版　　2019 年 4 月第 8 次印刷
开　　本　787 毫米×1092 毫米　1/16　印 张　12
字　　数　269 千字
印　　数　26 001～29 000 册
定　　价　24.00 元

ISBN 978 – 7 – 5606 – 3161 – 5/TH

XDUP 3453002 – 8

* * * 如有印装问题可调换 * * *

机电及电气类专业高职高专规划教材

编审专家委员会名单

主　　任：李迈强

副 主 任：唐建生　李贵山

机 电 组

组　　长：唐建生（兼）

成　　员：（按姓氏笔画排列）

王春林	王周让	王明哲	田　坤	宋文学
陈淑惠	张　勤	肖　珑	吴振亭	李　鲤
徐创文	殷　铖	傅维亚	巍公际	

电 气 组

组　　长：李贵山（兼）

成　　员：（按姓氏笔画排列）

马应魁	卢庆林	冉　文	申凤琴	全卫强
张同怀	李益民	李　伟	杨柳春	汪宏武
柯志敏	赵虎利	戚新波	韩全立	解建军

项目策划：马乐惠

策　　划：马武装　毛红兵　马晓娟

电子教案：马武装

前　言

本书是高等职业技术教育机械类及其相关专业的规划教材，是为适应我国高等职业技术教育发展和进一步深化机械设计制造及自动化专业的教学改革的需要而编写的，是高职高专机电类及其相关专业教学改革项目成果系列教材之一。本教材的编写指导思想是：依据高等技术应用型人才的培养目标，充分体现职业技术教育的特色，着重培养学生的自学能力，拓展学生的知识面，以适应机械工业发展的需求。

本教材自 2006 年出版发行以来，受到了广大高职院校师生的欢迎，多次重印，并被评为"2012 年陕西省优秀教材一等奖"，在此本人向一直以来支持和使用本教材的读者致以衷心的感谢。

随着科学技术的不断发展和各院校同仁的指正，本版教材在内容上做了适当的修正，并根据广大师生的要求，在每章结束后增加了"复习与思考题"。此次教材修订工作由咸阳职业技术学院赵云龙教授审核统稿，陕西工业职业技术学院张艳老师完成大量的具体修订工作。本书力求从整体上对先进制造技术进行较全面、较系统的介绍。

最后，对多年来给予本教材关心和支持的广大师生，致以崇高的敬意与感谢！

编　者
2013 年 8 月

第 一 版 前 言

本书是为适应我国高职高专教育发展和进一步深化机械设计制造及自动化专业的教学改革的需要而编写的,并吸收了相关院校所进行的课程建设与改革成果,是高职高专机电类及其相关专业的试用教材。

编写本教材的指导思想是:依据高等职业技术教育培养高等技术应用型人才的培养目标,充分体现职业技术教育特色,总结近几年机电类专业教学改革的成功经验,合理设置教材内容,建立适应教学改革需要的新体系。本书着重培养学生的自学能力,拓展学生的知识面,以适应机械工业发展的需求。

本书的特点是:介绍当今科技产业中的一些高新技术的原理、特点、重要地位、应用及产业化现状与发展前景,既着眼于先进制造技术及其未来的发展,同时也注重我国的国情;突出"新",介绍新概念、新技术及新方法,保持教材的先进性;力求深入浅出,图文并茂,知识性、科学性与通俗性、可读性与趣味性的统一,并充分体现科学思想和科学精神对开拓创新的重要作用。

全书共分六章。第 1 章先进制造技术概论,介绍了先进制造技术的定义、特点、体系结构和发展。第 2 章先进制造工艺技术,介绍了激光加工技术、高能束加工技术、超高速加工技术、超精密加工技术、微型机械加工技术及快速成形制造技术。第 3 章计算机辅助与综合自动化技术,介绍了 CAD/CAPP/CAM 一体化技术、制造模拟仿真技术、工业机器人、柔性制造系统、虚拟轴机床技术及生产物流技术。第 4 章先进制造模式,介绍了虚拟制造、计算机集成制造、绿色制造、敏捷制造、生物制造、精益生产、智能制造及制造全球化和网络化。第 5 章现代管理技术,介绍了现代管理技术的基本内涵及概念、制造资源规划、企业资源规划及产品数据管理。第 6 章现代制造科学的发展与创新人才的培养,介绍了现代制造科学的发展、制造技术创新及先进制造技术的创新人才培养。本书力求从整体上对先进制造技术进行较全面、较系统的介绍。

本书由赵云龙副教授任主编,严慧萍副教授和朱玉红副教授任副主编,参加编写的还有王彩霞副教授及张艳老师。全书由宋文学副教授担任主审。

由于编者水平所限,加之时间仓促,错误与不足之处在所难免,请不吝赐教。

编 者
2006 年 4 月

目　　录

第1章　先进制造技术概论 ⋯⋯⋯⋯⋯⋯⋯⋯⋯⋯⋯⋯⋯⋯⋯⋯⋯⋯⋯⋯⋯⋯ 1

1.1　制造、制造技术与制造业 ⋯⋯⋯⋯⋯⋯⋯⋯⋯⋯⋯⋯⋯⋯⋯⋯⋯⋯⋯ 1

1.2　先进制造技术产生的背景与需求 ⋯⋯⋯⋯⋯⋯⋯⋯⋯⋯⋯⋯⋯⋯⋯ 3

1.2.1　全球竞争的新形势及新特点 ⋯⋯⋯⋯⋯⋯⋯⋯⋯⋯⋯⋯⋯⋯ 3

1.2.2　制造业发展的新需求 ⋯⋯⋯⋯⋯⋯⋯⋯⋯⋯⋯⋯⋯⋯⋯⋯⋯ 4

1.2.3　先进制造技术的起源及定义 ⋯⋯⋯⋯⋯⋯⋯⋯⋯⋯⋯⋯⋯⋯ 7

1.2.4　我国的先进制造技术 ⋯⋯⋯⋯⋯⋯⋯⋯⋯⋯⋯⋯⋯⋯⋯⋯⋯ 8

1.3　先进制造技术的内涵及体系结构 ⋯⋯⋯⋯⋯⋯⋯⋯⋯⋯⋯⋯⋯⋯⋯ 9

1.3.1　先进制造技术的特点 ⋯⋯⋯⋯⋯⋯⋯⋯⋯⋯⋯⋯⋯⋯⋯⋯⋯ 9

1.3.2　先进制造技术的体系结构 ⋯⋯⋯⋯⋯⋯⋯⋯⋯⋯⋯⋯⋯⋯⋯ 9

1.4　先进制造技术的发展趋势 ⋯⋯⋯⋯⋯⋯⋯⋯⋯⋯⋯⋯⋯⋯⋯⋯⋯⋯ 11

复习与思考题 ⋯⋯⋯⋯⋯⋯⋯⋯⋯⋯⋯⋯⋯⋯⋯⋯⋯⋯⋯⋯⋯⋯⋯⋯ 15

第2章　先进制造工艺技术 ⋯⋯⋯⋯⋯⋯⋯⋯⋯⋯⋯⋯⋯⋯⋯⋯⋯⋯⋯⋯ 16

2.1　制造工艺技术概述 ⋯⋯⋯⋯⋯⋯⋯⋯⋯⋯⋯⋯⋯⋯⋯⋯⋯⋯⋯⋯⋯ 16

2.2　激光加工技术 ⋯⋯⋯⋯⋯⋯⋯⋯⋯⋯⋯⋯⋯⋯⋯⋯⋯⋯⋯⋯⋯⋯⋯ 20

2.2.1　激光加工的特点 ⋯⋯⋯⋯⋯⋯⋯⋯⋯⋯⋯⋯⋯⋯⋯⋯⋯⋯⋯ 20

2.2.2　激光加工的现状及国内外发展趋势 ⋯⋯⋯⋯⋯⋯⋯⋯⋯⋯ 21

2.2.3　激光加工的基本原理 ⋯⋯⋯⋯⋯⋯⋯⋯⋯⋯⋯⋯⋯⋯⋯⋯⋯ 21

2.2.4　激光加工的基本规律 ⋯⋯⋯⋯⋯⋯⋯⋯⋯⋯⋯⋯⋯⋯⋯⋯⋯ 24

2.2.5　激光加工的应用 ⋯⋯⋯⋯⋯⋯⋯⋯⋯⋯⋯⋯⋯⋯⋯⋯⋯⋯⋯ 25

2.2.6　激光加工技术的发展趋势 ⋯⋯⋯⋯⋯⋯⋯⋯⋯⋯⋯⋯⋯⋯⋯ 26

2.3　高能束加工技术 ⋯⋯⋯⋯⋯⋯⋯⋯⋯⋯⋯⋯⋯⋯⋯⋯⋯⋯⋯⋯⋯⋯ 27

2.3.1　高能束加工技术概况 ⋯⋯⋯⋯⋯⋯⋯⋯⋯⋯⋯⋯⋯⋯⋯⋯⋯ 27

2.3.2　电子束加工技术的特点及应用 ⋯⋯⋯⋯⋯⋯⋯⋯⋯⋯⋯⋯ 27

2.3.3　离子束加工技术的特点及应用 ⋯⋯⋯⋯⋯⋯⋯⋯⋯⋯⋯⋯ 29

2.3.4　高压水射流加工技术的特点及应用 ⋯⋯⋯⋯⋯⋯⋯⋯⋯⋯ 31

2.3.5　高能束加工技术的现状及发展方向 ⋯⋯⋯⋯⋯⋯⋯⋯⋯⋯ 32

2.4　超高速加工技术 ⋯⋯⋯⋯⋯⋯⋯⋯⋯⋯⋯⋯⋯⋯⋯⋯⋯⋯⋯⋯⋯⋯ 33

2.4.1　超高速加工技术的定义和产生背景 ⋯⋯⋯⋯⋯⋯⋯⋯⋯⋯ 33

2.4.2　超高速加工技术的应用 ⋯⋯⋯⋯⋯⋯⋯⋯⋯⋯⋯⋯⋯⋯⋯⋯ 33

2.4.3　超高速机床的"零传动" ⋯⋯⋯⋯⋯⋯⋯⋯⋯⋯⋯⋯⋯⋯⋯⋯ 34

2.4.4　超高速加工技术的优越性 ⋯⋯⋯⋯⋯⋯⋯⋯⋯⋯⋯⋯⋯⋯⋯ 35

2.5　超精密加工技术 35

　2.5.1　超精密加工技术的发展 35

　2.5.2　超精密加工技术方法机理 36

　2.5.3　超精密加工机床 40

　2.5.4　检测与误差补偿 40

　2.5.5　工作环境 41

　2.5.6　超精密加工的地位和作用 41

2.6　微型机械加工技术 42

　2.6.1　概况 42

　2.6.2　微型机械加工技术的发展现状 43

　2.6.3　微型机械加工技术的应用 45

　2.6.4　微型机械加工技术的关键技术 45

　2.6.5　微纳米加工技术 46

2.7　快速成形技术 48

　2.7.1　国内外研究与发展状况 48

　2.7.2　快速成形的原理和特点 48

　2.7.3　快速成形技术的分类 50

　2.7.4　SL 工艺原理 51

　2.7.5　LOM 工艺原理 52

　2.7.6　SLS 工艺原理 52

　2.7.7　FDM 熔融沉积制造工艺原理 53

　2.7.8　3DP 三维印刷工艺原理 53

　2.7.9　快速成形技术的应用 54

复习与思考题 55

第 3 章　计算机辅助与综合自动化技术 57

3.1　CAD/CAPP/CAM 一体化技术 57

　3.1.1　CAD 技术 57

　3.1.2　CAPP 技术 59

　3.1.3　CAM 技术 62

　3.1.4　CAD/CAPP/CAM 集成技术 63

3.2　制造模拟仿真技术 66

　3.2.1　模拟仿真技术的内涵 66

　3.2.2　模拟仿真技术的地位与作用 66

　3.2.3　模拟仿真与虚拟设计技术的发展趋势 67

　3.2.4　热加工工艺的模拟及优化设计 69

3.3　工业机器人(Industrial Robot) 72

　3.3.1　古代机器人和工业机器人的由来 72

　3.3.2　工业机器人的定义 73

　3.3.3　工业机器人的组成 74

　　　3.3.4　工业机器人的分类 75
　　　3.3.5　现有工业机器人的应用技术 76
　　　3.3.6　工业机器人的应用和发展 78
　3.4　柔性制造系统 80
　　　3.4.1　柔性制造系统概述 81
　　　3.4.2　车间自动化递阶结构 84
　　　3.4.3　FMS 工件传送及其管理系统 85
　　　3.4.4　刀具交换系统及其管理 86
　　　3.4.5　FMS 加工单元 86
　　　3.4.6　FMS 清洗工作站 87
　　　3.4.7　FMS 在线测量工作站 87
　　　3.4.8　FMS 单元控制器和工作站控制器 87
　　　3.4.9　物料运输车 89
　3.5　虚拟轴机床技术 91
　　　3.5.1　虚拟轴机床概述 91
　　　3.5.2　虚拟轴机床发展简史 92
　　　3.5.3　虚拟轴机床的特点 94
　　　3.5.4　虚拟轴机床技术体系 96
　　　3.5.5　虚拟轴机床的应用展望 97
　3.6　生产物流技术 98
　　　3.6.1　物流的定义 99
　　　3.6.2　生产物流技术 100
　　　3.6.3　现代生产物流系统的基本组成 102
　　　3.6.4　生产物流活动的主要内容 103
　　　3.6.5　现代生产物流技术的发展趋势 105
　　　3.6.6　生产物流技术应用实例——华宝空调器厂生产物流系统 106
　复习与思考题 107

第4章　先进制造模式 108
　4.1　虚拟制造 108
　　　4.1.1　虚拟现实 108
　　　4.1.2　虚拟制造的概念及分类 109
　　　4.1.3　虚拟制造的体系结构 110
　　　4.1.4　虚拟制造的关键技术 112
　　　4.1.5　虚拟制造实例 113
　4.2　计算机集成制造 113
　　　4.2.1　CIM 与 CIMS 的概念 113
　　　4.2.2　CIMS 的基本组成 114
　　　4.2.3　CIMS 的体系结构 115
　　　4.2.4　CIMS 的实施与经济效益 116

　　4.2.5　CIMS 的研究发展趋势 116

　　4.2.6　CIMS 成功应用的案例 117

4.3　绿色制造 118

　　4.3.1　概念 118

　　4.3.2　绿色制造的研究现状 119

　　4.3.3　绿色制造的研究内容 119

　　4.3.4　绿色制造的专题技术 121

　　4.3.5　绿色制造的发展趋势 122

4.4　敏捷制造 123

　　4.4.1　敏捷制造的起源 123

　　4.4.2　敏捷制造的内涵 124

　　4.4.3　敏捷制造企业的主要特征 124

　　4.4.4　敏捷制造的现状及发展前景 125

　　4.4.5　敏捷制造典型应用实例 125

4.5　生物制造 127

　　4.5.1　生物制造工程的体系结构 127

　　4.5.2　生物制造的研究方向 128

4.6　精益生产 129

　　4.6.1　精益生产的产生 130

　　4.6.2　精益生产的概念与体系结构 130

　　4.6.3　精益生产的管理与控制技术 133

　　4.6.4　企业应用精益生产的条件 135

4.7　智能制造 136

　　4.7.1　智能制造的起源 136

　　4.7.2　智能制造的定义及其特点 137

　　4.7.3　智能制造的主要研究内容和目标 138

　　4.7.4　IMT、IMS 与 AI、CIMS 的关系 139

4.8　制造全球化和网络化 140

　　4.8.1　全球制造 140

　　4.8.2　正在来临的信息网络化时代 141

　　4.8.3　网络上的虚拟企业及其虚拟制造信息服务网 142

　　4.8.4　全球制造模式中的制造系统与设备的控制技术 143

复习与思考题 144

第 5 章　现代管理技术 145

5.1　现代管理技术概述 145

　　5.1.1　现代企业管理的基本范畴 145

　　5.1.2　现代管理技术的定义 145

　　5.1.3　现代管理技术的特点 145

　　5.1.4　现代管理技术的发展趋势 145

5.2 制造资源规划 147
    5.2.1 物料需求计划 147
    5.2.2 MRPⅡ管理模式的特点 148
    5.2.3 MRPⅡ系统结构与流程 148
    5.2.4 MRPⅡ的主要技术环节 150
5.3 企业资源规划 153
    5.3.1 企业资源规划(ERP)概述 153
    5.3.2 ERP 系统结构及主要功能 155
    5.3.3 ERP 实施步骤 156
    5.3.4 ERP 实施的成功案例分析 157
5.4 产品数据管理 158
    5.4.1 PDM 产生的背景 158
    5.4.2 PDM 的实施方法 160
    5.4.3 PDM 的应用 160
    5.4.4 PDM 的发展趋势 161
  复习与思考题 163

第 6 章 现代制造科学的发展与创新人才的培养 164
6.1 现代制造科学的发展 164
    6.1.1 现代制造科学是多学科交叉的新学科 164
    6.1.2 现代制造科学主要研究的科学问题 165
    6.1.3 制造科学与纳米科学技术的交叉——纳米制造科学 166
    6.1.4 制造科学与管理科学的交叉——制造管理科学 166
    6.1.5 制造科学与信息科学的交叉——制造信息科学 167
    6.1.6 制造科学与生命科学的交叉——仿生制造科学 167
6.2 制造技术创新 168
    6.2.1 可持续发展是制造技术创新的动力与空间 168
    6.2.2 知识化是制造技术创新的资源 169
    6.2.3 数字化是制造技术创新的手段 169
    6.2.4 可视化是制造技术创新的虚拟检验 170
6.3 先进制造技术的创新人才培养 170
    6.3.1 先进制造技术对创新人才的要求 171
    6.3.2 AMT 创新人才的综合模式 171
6.4 终身学习是时代发展的必然要求 174
    6.4.1 终身学习产生的背景 174
    6.4.2 终身学习的特点 174
    6.4.3 终身学习的意义 175
    6.4.4 终身学习是时代发展的必然要求 175
  复习与思考题 176

参考文献 177

第1章 先进制造技术概论

1.1 制造、制造技术与制造业

制造是利用制造资源(设计方法、工艺、设备和人力等)将材料"转变"为有用的物品的过程；是人类按照所需目的，运用主观掌握的知识和技能，借助于手工或客观可以利用的物质工具，采用有效的方法，将原材料转化成最终物质产品并投放市场的全过程。它包括市场调研和预测、产品设计、选材和工艺设计、生产加工、质量保证、生产过程管理、营销、售后服务等产品寿命周期内一系列相互联系的活动。随着信息业的突起和知识经济的发展，制造的内涵和范围也随之发生着变化，因此，人们对制造的概念加以扩充，将体系管理和服务等也纳入其中。制造是人类所有经济活动的基石，是人类历史发展和文明进步的动力。

制造技术是指制造活动所涉及到的技术的总称。传统的制造技术仅强调工艺方法和加工设备，而现代的制造技术不仅重视工艺方法和加工设备，还强调设计方法、生产组织模式、制造与环境的和谐统一、制造的可持续性以及制造技术与其他科学技术的交叉和融合，甚至还涉及制造技术与制造全球化、贸易自由化、军备竞争等。

高质量、高水平的制造业必然有先进的制造技术作后盾。所以说，制造技术是一个国家科技水平的综合体现，是国家经济可持续发展的根本动力。为了赢得激烈的市场竞争，在世界经济中占一席之地，就必须研究和利用先进制造技术，不断完善和改造制造业，使其具有优越的生存环境，并能提供功能适用、交货期短、质量好、价格低、服务优良的具有竞争力的产品。世界上各个工业大国之间在经济方面的竞争主要是制造技术的竞争。在各个国家的企业生产力的构成中，制造技术的作用一般占 55%～65%。日本及亚洲四小龙的发展在很大程度上是因为他们重视制造技术，这些国家和地区十分重视将世界各国的发明通过制造技术形成产品，首先占领世界市场。这正是他们之所以能崛起、腾飞的奥秘。

制造业是将可用资源与能源通过制造过程，转化为可供人和社会使用和利用的工业产品或生活消费品的行业。它涉及到国民经济的各个行业，如机械、电子、轻工、食品、石油、化工、能源、交通、军工和航空航天等。制造业是国民经济的基础行业，是创造社会财富的支柱产业。制造业的水平反映了一个国家或地区的经济实力、国防实力、科技水平和生活水准，制造业的先进与否是一个国家经济发展的重要标志。统计表明，制造业为工业化国家创造了 60%～80%的社会财富，是国际贸易中主要交易物品的源泉。例如，从1700～1990年的290年中，制造货物占世界贸易总额的75%，而农业与原材料产业只占25%。

各国实践证明，一个没有足够强大制造业的国家不可能是一个先进、富强的国家，先进的制造业是人民物质文化生活不断提高和综合国力与国防力量不断增强的保证。所以，各大国一直把发展先进制造业作为长期国策。例如，美国国家工程科学院在1991年将"制造"确定为美国国家经济增长和国家安全保证的三大必保主题之一(其他两个主题是"科学"与"技术")。

随着制造业的发展和学科间的交叉与渗透，现代制造过程及相应的制造理论、制造技术及组织管理模式的显著特征已明显地呈现出来：一是系统科学性，即涉及系统理论和系统工程的方法越来越多；二是学科综合集成性，即现代制造过程和制造技术不是任何一个单一学科知识所能够支撑的，而依赖于多门学科知识的有机结合，如光、机、电一体化技术的综合运用；三是技术发展的先进性，新技术的涌现和发展及其不断地向制造技术中的渗透，为制造技术的发展提供了良好的支持环境，形成了制造技术新的发展理念和模式。例如，信息技术、网络技术、计算机技术、人工智能及仿真等新技术的迅速发展，使全球制造、网络制造、虚拟制造、智能制造等制造新理论、新技术成为制造技术不可逆转的发展趋势。为此，研究如何运用系统工程的理论和方法，有机综合和集成制造过程涉及的多学科知识以及先进的制造和技术模式，以解决制造过程中的综合性技术问题和相关的管理问题，从而达到制造过程整体最优化，是制造技术发展过程中永恒的追求目标和研究主题。

制造业是所有与制造活动有关的实体或企业机构的总称。制造业是国民经济的支柱。这是因为：一方面，它创造价值，生产物质财富和新知识；另一方面，它为国民经济各部门包括国防和科学技术的进步和发展提供手段和装备。

社会的进步和发展，离不开制造业的革新和发展。纵观世界各国的发展，如果一个国家的制造业发达，则它的经济必然强大。因此，制造业和社会的进步与发展有着密切的关系。可以这样来理解：

(1) 物质资料的生产是人类社会赖以生存和发展的基础，人类最基本的活动是物质资料的生产。推动人类社会进步、决定人类社会面貌的主要因素仍然是物质资料的生产。

(2) 生产的目的永远是满足社会和人们生活的需要，制造业则是提供这一需要的基石。

(3) 没有强大、先进的制造业，就不可能保持在激烈的市场竞争中取胜，提高综合国力和人民生活水平就没有保障。

(4) 健康强大的制造业是一个国家综合实力的体现。人类社会的发展史，特别是近几十年世界经济的发展状况就是有力的证明。

社会生产力的进步，使物质资料的生产(第一、二产业)在国民生产总值和劳动力与资源投入中所占的比例不断减少，而服务业(第三产业)和信息业(可称为第四产业)所占的比例则迅速增加。这一趋势只能说明社会生产的不断进步、社会的不断发展，并不能证明第一、二产业在社会中的作用在下降。按照彼特-克拉克法则，当某国的第三产业的比例超过50%后，该国即进入先进工业化经济大国的行列。因此，作为第二产业的制造业，必须调整产业结构，促进技术进步，才能形成强大稳定的制造业体系。认识到这一点，就不会产生所谓制造业是"夕阳工业"的恐惧和忧虑。

1.2 先进制造技术产生的背景与需求

制造工程的研究与开发是先进制造技术的源泉,现代制造工程已不再是传统意义上的机械工程学,而已成长为一门独立的新学科。它是集成、融合机械与结构技术、设计与工艺技术、计算机控制与辅助技术、自动化技术、信息技术、电子技术、材料技术、财会金融与新型管理为一体,综合运用于企业经营、研究开发、设计、加工、质量保证、设备维护、售后服务与生产管理等全过程,以提高企业综合效益和竞争力为目标,把科学技术和经济紧密结合起来的一门应用学科。重视制造业和先进制造技术已成为全球的趋势,不难看出先进制造技术的产生有其深刻的社会背景。

1.2.1 全球竞争的新形势及新特点

现代的制造业必须以最短的交货期、最优的产品质量、最低的产品价格和最好的服务向用户提供定制产品,才能占领市场,赢得竞争,落伍者将丧失市场占有额,甚至被挤出市场。因此,提高制造企业市场竞争力的最有力的工具——先进制造技术,就越来越受到广泛的关注和重视。

随着信息时代的到来、全球统一市场的形成和全球经济一体化进程的加速推进,作为国民经济支柱产业的制造业将在国内及国外范围内产生更加激烈的竞争,并出现许多新特点。20 世纪 60 年代以来,市场的供需关系不断发生着根本性的转变(见表 1-1),促使各国不断创新制造战略。

表 1-1   近几十年来市场与制造战略的变化

年　　代	市　　场	供求关系	战　　略
20 世纪 60 年代	卖方市场	供不应求	"规模"战略
20 世纪 70 年代	卖方市场	供求平衡	"成本"战略
20 世纪 80 年代	买方市场	供过于求	"质量"战略
20 世纪 90 年代	全球市场	个性化	"时间"战略

如图 1-1 所示,制造战略的主要发展趋势是:

(1) 运作空间不断扩大,从设备级、车间级、企业级直到社会和全球范围。

(2) 柔性范围向纵深发展,从设备柔性、技术柔性到管理柔性、组织柔性以及人的地位和作用。

(3) 充分依靠信息技术,特别是依靠国际互联网(Internet)和企业内联网(Intranet/Extranet)技术的普及和推广。

随着制造战略的升级,制造的概念也在不断更新,它正沿着自动化、集成化、敏捷化和智能化方向发展。自 20 世纪 40 年代以来,微电子、计算机、自动化、信息和管理等技术获得了快速发展并与传统制造技术与装备相结合,形成了 CAD(Computer Aided Design,计算机辅助设计)、CAM(Computer Aided Manufacturing,计算机辅助制造)、CAPP(Computer

Aided Processing Planning，计算机辅助工艺规划)、CAT(Computer Aided Testing，计算机辅助测试)、NC(Numerical Control，数字控制)、CNC(Computer Numerical Control，计算机数控)、MIS(Management Information System，管理信息系统)、MRP(Materials Requirement Planning，物料需求计划)、MRPⅡ(Manufacturing Resource Planning，制造资源规划)、FMS(Flexible Manufacturing System，柔性制造系统)、CIMS(Computer Integrated Manufacturing System，计算机集成制造系统)等一系列以计算机为辅助工具的制造自动化单元技术或系统技术。对这些技术进行局部或系统集成后，便形成了从单元技术到复合技术、从单机到自动线、从刚性自动化到柔性自动化、从简单自动化到复杂自动化等不同档次的制造自动化系统，从而使传统制造技术与装备产生了质的飞跃，大大提高了制造业的劳动生产率和市场应变能力。

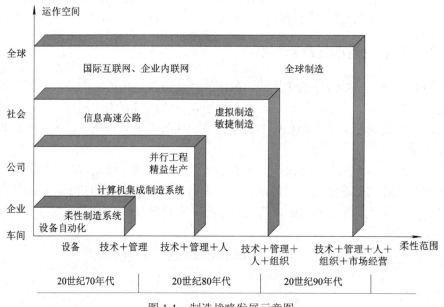

图 1-1　制造战略发展示意图

1.2.2　制造业发展的新需求

制造业是所有与制造有关的企业机构的总称，是国民经济的支柱产业。它一方面创造价值、物质财富和新的知识，另一方面又为国民经济各个部门包括国防和科学技术的进步和发展提供先进的手段和装备。在工业化国家中，约有 1/4 的人口从事各种形式的制造活动；在非制造业部门，约有半数人的工作性质与制造业密切相关。纵观世界各国，如果一个国家的制造业发达，则它的经济必然强大。美国 68% 的财富来源于制造业，日本的国民生产总值的 49% 由制造业创造，中国制造业在国民经济生产总值中所占比例接近 40%。可见，制造业对一个国家的经济地位和政治地位具有至关重要的影响，将在 21 世纪的工业生产中具有决定性的地位与作用。

1. 制造企业竞争力的六要素

在市场经济环境下，制造企业的竞争力是该企业生存和发展的根本条件。一个企业的竞争力可以包含许多方面，但归根结底都要反映在企业的产品和服务对市场的适应程度方面。目前，用户或市场对产品的要求可以归纳为六个方面：交货期短(T)、质量优良(Q)、价格低廉(C)、服务优质(S)、环境清洁(E)和知识创新(K)，称之为制造企业竞争力的六要素。

(1) 交货期短(T：Time to Market)：产品上市快，对市场占有率影响很大，如一种新彩电产品首家早上市一个月，可以占有市场 50%以上，第二家上市的市场占有率将会大大下降，利润也会减少 1/3 左右。

(2) 质量优良(Q：Good Quality)：产品的质量已经成为企业生存的命脉，它不仅包括产品的设计质量，还包括制造质量、包装质量等。

(3) 价格低廉(C：Low Cost)：价格的高低是用户购买产品所要考虑的主要因素。在不降低产品质量的前提下，努力降低产品价格是吸引用户、占领市场的有效手段。降低产品价格有两条途径：降低产品成本和降低产品利润，前者是主要手段。

(4) 服务优质(S：High Service)：产品服务质量的好坏已成为当前市场竞争的关键因素之一。服务质量包含多方面，如广告宣传、用户咨询、产品现场演示、产品安装与调试、人员培训、技术支持和产品维修和产品报废回收等。

(5) 环境清洁(E：Clean Environment)：在对环境的影响方面，造成全球环境污染排放物的 70%以上来自制造业，每年产生约 55 亿吨无害废物和 7 亿吨有害废物，报废产品的数量则更是惊人。例如，1996 年全球有 2400 万辆汽车报废，2004 年仅美国就约有 3.15 亿台计算机被废弃。整个人类的生存环境面临日益增长的产品废弃物的压力以及资源日益匮乏的问题。

目前，发达国家正通过开发新工艺，改进旧工艺，发展绿色设计和绿色制造技术，建立"生态工厂"，实行"绿色"产品标志许可制度和废弃物污染记账制度等措施，将制造过程中产生的废弃物减量化、资源化、无害化，从而使制造业生产从能耗物耗高、公害大的时代进入到一个能源和原材料利用率高、产生的"三废"少、废弃物可回收再利用并向环境排放无毒无害物质的清洁化制造时代。

(6) 知识创新(K：Knowledge Creation)：当今世界已步入信息时代，并迈向知识经济时代，知识及科技含量在产品中的比重已越来越大。制造企业如没有适应时代发展的知识创新机制，将很难顺应先进生产力的发展和要求。

2. 企业产品研发的能力需求

围绕以上六要素，制造企业在产品研发过程中应具备以下能力或条件：

(1) 以产品为龙头的面向市场的技术创新机制和能力；

(2) 以技术开发为中心的产品研发的技术和管理体系；

(3) 以现代设计和集成快速制造为主体的物质技术条件；

(4) 良好的环境和公共支撑，如信息化环境、技术转化中介、技术服务中心等社会公共支撑网络。

3. 全面实施先进制造技术，提高企业生存和竞争能力

21 世纪，适应市场竞争变化的能力是制造企业生存和发展的最关键问题。因此，全面实施先进制造技术，认真总结先进制造技术的应用情况显得十分重要。有一些企业在生产技术上实现了自动化，就认为采用了先进制造技术，企业会取得成功；有许多企业的实践证明：单纯技术上的自动化，甚至计算机化，并没有给大量的投资带来预期的回报，以至于当竞争对手不断推出新产品时，这些企业只能眼看着他们占去自己原有的市场。据国外资料统计，过去实施 CIMS 的企业有 75%的效果不理想，原因在于过分强调技术，而忽略了组织管理的作用。

1) 美欧企业综合采用先进制造技术与科学管理的成效

美国波音飞机制造公司生产的波音 777，是世界上第一架采用并行工程、无纸设计、电子样机、数字装配和 CAD/CAM 一体化技术的大型客机。该公司认为，波音 777 的成功，主要是依靠了数字化设计技术和功能交叉的设计团队(其底层生产自动化设备条件已经具备)取得的。波音公司的成功并非一蹴而就，而是经过若干年的技术积累，制定规划，投入资金，不断扩大应用先进制造技术的结果。

波音公司在过去的十几年中，已经用了几个 CAD/CAM 系统，可是对周期、成本和质量并没有重大改进。究其原因，主要是设计制造方式和组织机构未作相应的改变，只把计算机用到生产自动化过程中，并没有对设计更改、设计错误和返工现象进行改革。后来在波音 767 生产上进行了改革。实践证明，除组织结构、生产流程因素外，将计算机技术用于零件数字化定义，建立三维模型，保证零件能够精确配合，从而减少更改和返工，最终获得了最大的直接成本效益和长期的潜在效益，并且对以后整个飞机研制工作自动化产生了重大影响。

美国第四代战斗机 F-22 在生产中没有采用任何实物样件，尽管在不同地点生产部件，不但可保证装配协调，而且总装也在无图纸环境下进行。在生产组织上，F-22 采用了精益生产模式，其运作是在一个广域网络环境中，将参与 F-22 这一大项目工程的政府和工业界的组织连成了一个虚拟的工作实体。这样，在缩短周期、降低成本、减少差错的效果上都相当明显。

不久前，美国的最新机种联合攻击战斗机(JSF)在研制中运用虚拟技术和可视化工具(不采用实物样机)，使成本降低 50%，而且还通过因特网和企业内部网，将这一技术扩大应用到 F-16 和 X-33 等机种。

波音 777 和 F-22 以及在研制的 JSF 现已开始进入美国国防部实施的 CALS 系统。与此同时，欧美航空制造公司发动机部件的生产也都建立了自己的集成制造系统。

2) 国内企业采用综合集成先进制造技术初见成效

目前，国内企业对先进制造技术的应用虽然不很全面，但也有一定效果，比如沈阳鼓风机厂、北京第一机床厂、成都飞机工业公司等在实施 CIMS 上已取得初步成效。北京 FMS 实验中心已建成了一条武器装备系统零部件的混流式 FMS 系统。北京航空工艺研究所在组合机床生产线的设计制造中按照先进制造技术综合集成思想，解决了竞争力的问题。

在采用先进制造技术的基础上，将组织结构进行了重组，成立产品设计的三化(标准化、通用化、系列化)组、工艺试切组与售后服务组；尽可能地将不同阶段的工作通过一个项目组织起来(团队组织)；在产品的讨论合同时期就将用户、设计、工艺、售后服务人员组织起来，研究初步形成用户满意的方案(概念设计)后，再签定合同；合同签定后，又组织用户一道参与方案设计、工作图设计(并行工程)。在这个基础上，大力采用计算机辅助设计技术(CAD)。例如：春兰集团曾经在完成摩托车发动机零件生产线的制造任务时，其中有 6 条流水线、2 条自动线，共 100 余台设备，其中 37 台专用机床需要重新设计制造，大量的工艺装备要设计制造。在上述综合集成的思想指导下，在人员和技术都不变的情况下，只用了 4

个月的时间就基本完成了设计任务，一年半的时间就全部交付给用户；而过去某摩托车集团研制发动机专用机床任务足足用了三年时间。

实践证明，为了提高企业的竞争力(体现在 T、Q、C、S)，必须按人—技术—组织的集成思想来分析问题，找出"瓶颈"所在，多方面集成地解决问题；单纯采用计算机化、自动化并不能达到预期的经济效果。目前，我国航空工业系统正在按照敏捷制造(并行工程和动态联盟)的思想，以几个项目为中心组织异地各有关单位进行攻关，效果显著。

21 世纪已进入知识经济时代，这是一个以知识密集的智力资源为基础的经济时代，是一个高度重视知识生产、知识传播和知识应用的时代，是一个科技创新竞争的时代。我国是社会主义市场经济，既可发挥市场导向、市场机制的作用，又可发挥社会主义制度集中力量办大事的优势，自主地发展先进制造技术。

1.2.3　先进制造技术的起源及定义

在以上分析的全球竞争不断加剧、制造业寻求新发展的情况下，各国都在战略规划指导下加快发展前面所述的各种先进制造技术(Advanced Manufacturing Technology，AMT)。先进制造技术 AMT 这一概念是美国根据本国制造业面临来自世界各国，特别是亚洲国家的挑战，为增强制造业的竞争力，夺回美国制造工业的优势，促进国家经济的发展，于 20 世纪 80 年代末期提出的。由于目标明确，一经提出，立即得到美国朝野各界的一致响应，并在社会上形成一种气候。政府立即组织人力和财力，制定相应的技术政策和发展计划，以促进先进制造目标的实现。事实上，先进制造技术提出的根本原因在于美国制造业竞争力的不断减弱。 20 世纪 70 年代，美国一批学者不断鼓吹美国已进入"后工业化社会"，强调制造业是"夕阳工业"，认为应将经济重心由制造业转向纯高科技产业及服务业等第三产业，许多学者只重视理论成果，不重视实际应用，造成所谓"美国发明，日本发财"，市场被日本占领的局面。再加上美国政府长期以来对产业技术不予支持的态度，使美国制造业产生衰退，产品的市场竞争力下降，贸易逆差剧增，原来美国占绝对优势的许多产品，都在竞争中败给日本，日本货占领了美国市场。美国商品在来自日本的高质量、高科技产品和其他亚洲和拉美国家廉价制造品的夹击下，其生存空间不断萎缩。以上情况引起美国学术界、企业界和政界人士的普遍重视，纷纷要求政府出面组织、协调和支持产业技术的发展，重振美国经济。为此，政府和企业界花费数百万美元，组织大量专家、学者进行调查研究。研究结果简单明了，如 MIT 的调查结论为："一个国家要生活得好，必须生产得好"，"振兴美国经济的出路在于振兴美国的制造业"。调查结果使大家认识到："经济的竞争归根到底是制造技术和制造能力的竞争"。

观念转变后，美国政府立即采取一系列措施，展开先进制造技术的研究。1988 年进行了大规模的"21 世纪制造企业的战略"的研究；克林顿总统于 1993 年 2 月在硅谷发表专题报告，提出"要促进先进制造技术的发展"；成立国家级、地区级、大学、企业等各种层次、级别的 AMT 协调、推广、应用研究中心。这些措施在短短几年内就收到良好效果，如美国汽车制造水平大幅度提高，部分被日本占领的市场重新夺回；总结并提出一系列先进制造技术的新理论。与此同时，日本、欧洲、澳大利亚等工业发达国家和地区，也相继展开各自国家先进制造技术的理论和应用研究，把先进制造技术的研究和发展推向高潮。我国于

1995 年在联合国开发计划署和国家外专局的支持下，由原机械工业部等五家单位联合召开了"先进制造技术发展战略研讨会"，拉开了先进制造技术发展的帷幕。

先进制造技术是以提高综合效益为目标，以人为主体，以计算机技术为支柱，综合利用信息、材料、能源、环保等高新技术以及现代系统管理技术，对传统制造过程中与产品在整个寿命周期中的使用、维护、回收利用等有关环节进行研究并改造的所有适用技术的总称。

先进制造技术的内涵是"使原材料成为产品而采用的一系列先进技术"，其外延则是一个不断发展更新的技术体系，它不是固定模式，而是具有动态性和相对性。因此，不能简单地理解为就是 CAD、CAM、FMS、CIMS 等各项具体的技术。

1.2.4 我国的先进制造技术

进入 21 世纪，我国制造业的发展获得了前所未有的机遇。2010 年我国国内生产总值(GDP)达到了 6.04 万亿美元，2020 年我国国内生产总值将达 16.18 万亿美元。制造业肩负着我国国民经济快速增长的重大责任。如何发展我国的先进制造技术，是举国上下所关心的大事情。

在这样的历史条件下，我们应积极融入国际竞争大市场，通过竞争来促进我国先进制造技术的发展，使"中国制造"在全球经济中占得一席之地。先进制造技术的发展是一个技术进步的过程，在不同工业化程度的国家遵循着不同的规律。对我国来说，目前还是以发展劳动密集型的中小企业为主，以创造大量的就业机会为重点。在国际纵向分工这个全球经济金字塔上，我们身居何层次不是我们一厢情愿的事情，而取决于我们所具有的高科技优势。囿于传统文化和长期计划经济的影响，我们的创新能力和体制是不完善的，我们无法在分工中占据高位。因此，应充分发挥我们的相对优势，在国际分工中实现资金、技术和管理经验的积累，然后逐步实现产业升级，并推广先进制造技术的应用。

在先进制造技术体系中，要特别强调研究、开发先进制造工艺和方法、材料成形加工方法和先进的工艺流程，使其不断创新和发展。没有这些直接作用于材料的工艺、方法的发展，先进制造工艺的发展就成了无源之水，无本之木。制造过程是制造的物理过程和制造的信息过程相互融合、相互作用的过程，前者是第一性的，是根本的，是本源的。如果颠倒过来，过分强调知识经济和信息化，则必将陷入高科技的泡沫和陷阱中。1999 年，美国信息技术生产部门(含硬件、软件、通讯设备及服务)产值只占 GDP 的 8%，远远低于制造业的水平。我们应从绝大多数中国中小企业和国营企业在国际市场的竞争实际来探询先进制造技术的发展之路。

中小型制造企业的发展是我国实施全球化战略发挥优势的重要方面。世界各国的统计表明，中小型制造业是主要技术的创新者，给他们及时的支持是促进先进制造技术发展的途径之一。然而，目前中小型制造业融资仍然困难，他们中有许多仍在生存线上挣扎。许多大型的融资单位投资理念太偏，泡沫太多；个人投资者急功近利，驱利而动，要求过高的回报。由此造成在缺乏资金的同时又出现了资金无法有效利用的局面。

要摆正拿来主义、跟踪和创新的关系。对传统的已成熟的技术，拿来即是，没有必要自力更生从头开始。需知，我国广大的制造业即使是传统的制造技术现在也是问题极多，而且对他们来说，最关键的根本不是智能化的问题，而是许多传统工艺应迎头赶上，应尽快引进、立竿见影地促进制造业的发展。跟踪是没有前途的，尤其是在加入 WTO 后，国外的技术将受到更周密的版权保护。我们应在原创性的、突破性的技术上自主开发，避开国外知识产权的保护，实现技术跨越，实现后来居上。

同时，制造科学和工程的人才培养是发展先进制造技术的重要步骤。传统的基础工艺和加工方法、基本的工程训练仍是重要的，不可一刀切地取消。

1.3 先进制造技术的内涵及体系结构

1.3.1 先进制造技术的特点

先进制造技术(AMT)这一全新概念的提出，受到世界各国政府、企业界和学术界的高度重视，并将其称之为面向 21 世纪的技术。因为先进制造技术的主要特征是强调实用性，它以提高企业综合经济效益为目的，所以被认为是提高制造业竞争能力的主要手段，对促进整个国民经济的发展有着不可估量的影响。从先进制造技术(AMT)的概念可以看出，先进制造技术具有以下特点：

(1) AMT 是面向 21 世纪的动态技术。它不断吸收各种高新技术成果，将其渗透到产品的设计、制造、生产管理及市场营销的所有领域及其全部过程，并且实现优质、高效、低耗、清洁、灵活的生产。

(2) AMT 是面向工业应用的技术。AMT 不仅包括制造过程本身，而且还涉及市场调研、产品设计、工艺设计、加工制造、售前售后服务等产品寿命周期的所有内容，并将它们结合成一个有机的整体。

(3) AMT 是驾驭生产的系统工程。它强调计算机技术、信息技术和现代管理技术在产品设计、制造和生产组织管理等方面的应用。

(4) AMT 强调环境保护。它既要求产品是绿色商品(即是对资源的消耗最少，对环境的污染最少甚至为零，对人体的危害最小甚至为零，报废后便于回收利用，发生事故的可能性为零，所占空间最小的商品。这是未来产品的发展趋势)，又要求产品的生产过程是环保型的。国内企业技术需求调查表明："九五"期间对先进制造技术有迫切要求的企业占被调查企业总数的 65%，这说明制造技术是阻碍企业生产发展的关键技术。因此，对于当前我们国家而言，发展先进制造技术更是迫在眉睫。

1.3.2 先进制造技术的体系结构

"先进制造技术"是制造技术、信息技术、管理科学与有关的科学技术交融而形成的集成技术。其体系结构如图 1-2 所示。先进制造技术包括三大主体技术群(工程设计技术群、工程制造技术群、现代管理技术群)、一个为三大主体技术群提供理论支持的学科基础群及单元制造技术群。由于先进制造技术是一个有机的整体，因此，三大主体技术群不是相互孤立的，它们之间存在大量的信息交换。为管理好整个生产过程，实现产品的设计和制造，需要硬、软两个支撑环境的支持。上述技术群及软硬件环境都必须依赖国家信息高速公路、各种广域网、局域网及多种工程数据库的支持。

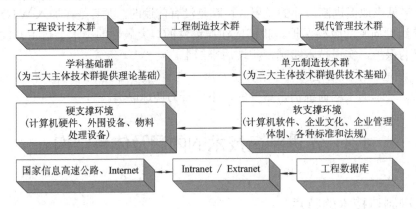

图 1-2　AMT 的体系结构

AMT 中的工程设计技术群包括所有与产品和工艺过程设计有关的各种先进设计技术，如图 1-3 所示。

AMT 中的工程制造技术群包括产品制造过程中可使用的各种先进制造技术，如图 1-4 所示。

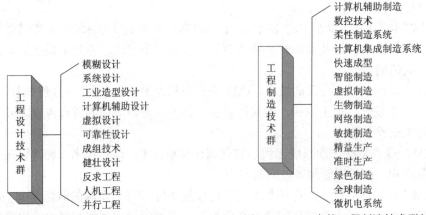

图 1-3　AMT 中的工程设计技术群结构　　　图 1-4　AMT 中的工程制造技术群结构

AMT 中的现代管理技术群包括与系统组织和管理(企业管理、质量管理、人事管理、生产管理、营销管理等)有关的各种技术，主要强调信息集成、企业的生产模式创新、人—技术—管理的集成等，如图 1-5 所示。这个技术群中每出现一项新技术，都会对制造业的发展产生重大影响。

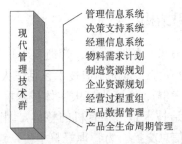

图 1-5　AMT 中的现代管理技术群

单元制造技术群是与物料处理过程和物流直接相关的各项技术的集合，要求实现优质、高效、低耗、清洁、柔性化生产，它们为 AMT 中的集成化、综合性工程制造技术提供技术支持，其内容如图 1-6 所示。

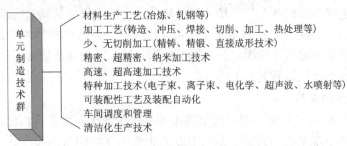

图 1-6　AMT 中的单元制造技术群

AMT 涉及的学科十分广泛，图 1-7 列出了与 AMT 相关的学科基础，这些学科基础群是 AMT 的三大主体技术群赖以生存和不断取得进步的理论基础。

由以上先进制造技术的研究内容可看出，先进制造技术是一个庞大的技术群。本书在简要介绍多个先进制造技术及先进制造模式的基础上，重点介绍目前先进制造技术中的前沿技术，如虚拟制造、快速成形、微机电系统等，以及相关的现代管理技术。

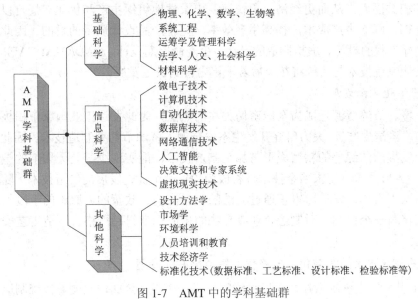

图 1-7　AMT 中的学科基础群

1.4　先进制造技术的发展趋势

1. 传统制造技术向高效化、敏捷化、清洁化方向发展

1) 向高效化方向发展

机械加工、铸造、锻压、焊接、热处理与表面改性等传统工艺技术在相当长时间内仍将是量大面广、经济实用的制造技术，对其加以优化和革新将具有重大的技术经济效益。

随着精度补偿、应用软件、传感器、自动控制、新材料和机电一体化等技术的发展，工艺装备在数控化的基础上将进一步向生产自动化、作业柔性化、控制智能化方向发展。例如，焊接生产已由单机控制发展到专机群控，进而发展到柔性生产及车间集中控制、大型焊接成套设备、多自由度焊接机器人和焊接工程专家系统；新一代装备制造技术也在不断发展，多轴联动加工中心、装配作业集成机床、虚拟轴机床、快速成形机等新型加工设备均在不断涌现；与工艺和装备发展相匹配的计量测试技术、工况监测与故障诊断技术、装配技术、质量保证技术等也不断取得新的进展。

2) 向敏捷化方向发展

进入 20 世纪 90 年代以来，世界经济表现为竞争全球化、贸易自由化、需求多样化，产品生产朝多品种小批量方向发展，从而对制造企业快速响应市场和产品一次制造成功的要求日益提高。基于此，现代的产品设计正由手工绘图方式向计算机自动绘图方式方向发展，由满足单个构件要求的设计向对整个制造系统功能的综合设计、将设计与制造及相关因素进行系统综合的并行设计、基于网络的远程设计等方向发展。面向制造、面向装配、面向检测的设计将利用并行工程的原理和方法，从设计一开始就考虑到从产品概念设计到报废处理的全生命周期的有关问题；在计算机建模仿真基础上扩展的虚拟制造技术，在产品设计阶段就适时地、并行地、协同地"虚拟"出产品未来的制造全过程及其产品性能、可制造性等相关因素，从而更经济、更快捷、更柔性地组织生产和优化布局，以达到缩短产品开发周期，降低生产成本，提高生产效率，完善产品设计质量的目的。因此，可以预测，面向并行工程的设计、虚拟制造的设计、全寿命周期设计、CAD/CAM/CAPP 一体化技术等敏捷设计制造技术与系统将在今后若干年内得到长足发展。

3) 向清洁化方向发展

保护环境、节约资源已成为全球密切关注的焦点，为此发达工业国家正积极倡导"绿色制造"和"清洁生产"，大力研究开发生态安全型、资源节约型制造技术。因此，发达国家正在大力发展清洁绿色的精密成形与加工制造技术，能实现少甚至无切削的塑性成形技术、"干净"成形技术、粉末冶金技术等将成为 21 世纪优先发展的制造技术。随着可持续发展思想地深入人心，发达国家正通过立法的、经济的、政策的、舆论的手段加强对制造业的环境监督与安全保护，对制造企业废弃物的排放标准日趋严格，制造工艺安全标准也在不断提高。

2. 先进制造技术向精密化、多样化、复合化方向发展

进入 21 世纪，先进制造技术正以迅猛的步伐，逐步、全面地改变着传统制造技术的面貌和旧的制造模式。就发达国家的 AMT 发展而言，具有以下比较明显的发展趋势。

1) 向精密化方向发展

加工技术向高精度发展是制造技术的一个重要发展方向。精密加工和超精密加工、微型机械的微细和超微细加工等精密工程是当今也是未来制造技术的基础，其中纳米级的超精密加工技术和微型机械技术被认为是 21 世纪的核心技术和关键技术。

精密、超精密加工主要包括以下四个领域：

(1) 超精密切削加工：国外采用金刚石刀具成功实现了纳米级极薄层的稳定切削。

(2) 超精密磨削加工和研磨加工：国外用精密砂带加工出的磁盘其表面粗糙度可

达 9 nm。

(3) 超精密特种加工技术：发达国家用电子束、离子束刻蚀法已加工出精度 2.5 nm、表面粗糙度 4.5 nm 以下的大规模集成电路芯片。

(4) 超精密加工装备制造技术：目前加工圆度在 10 nm、表面粗糙度在 3 nm 以内的超精密加工机床已经问世并用于生产。

加工精度是产品制造最重要的技术指标，由精密加工发展到超精密加工是制造业持续追求的目标。到目前为止，常规加工精度可达 1 μm，超精密加工精度可达 10 nm，精密加工精度介于两者之间。也就是说，当代精密、超精密加工正从微米、亚微米级向纳米级过渡，进而向原子级加工精度逼近，真正实现材料表面的原子转移。超精密加工在不断提高其极限加工精度的同时，加工对象也已由加工单件小批量的工具、量具等扩展到大批量工件生产和高科技产品的加工。以纳米技术作为技术前沿的超精密加工形成强大产业的时代即将到来。

微细、超微细加工是一种特殊的精密加工，它不仅加工精度极高，而且加工尺寸细微，其主要工艺方法有光刻、刻蚀、沉积、外延生长等。微型机械是机械技术与电子技术在 μm/nm 级水平上相融合的产物，据国外专家预测，21 世纪将是微型机械、微电子和微型机器人的时代。美国采用半导体微细加工工艺已在硅片上加工出纳米级微型静电电机和微流量控制泵；可注入人体血管的医用微型机器人和其他实验、演示用微型机器人也已诞生。

2) 向多样化方向发展

为适应制造业对新型或特种功能材料以及精密、细小、大型、复杂零件的需要，发达国家正大力研究与开发各种原理不同、方法各异的加工与成形方法，如超硬/超脆材料的高能束流加工、复合材料的水射流切割、陶瓷材料的微波能加工、超塑性材料的等温锻造、高温超导材料的粉末成形、复杂精密零件的电铸加工、大型板状零件的等离子体加工以及特殊环境和极限条件下的真空焊接、水下切割、爆炸成形等。据统计，目前在机械制造中采用的成形工艺已达 500 种以上，特种成形工艺也有百余种。

3) 向复合化方向发展

由于材料加工难度越来越大，工件形状越来越复杂，加工质量要求越来越高，因此国外正在研究多种能量的复合加工方法以及常规加工与特种加工的组合加工工艺。如在切削区引入声、光、电、磁等能量后，可以形成超声振动切削、激光辅助切削、导电加热切削、磁性切削等复合加工工艺。不同的特种加工工艺也可以相互组合，扬长避短，如对陶瓷、人造金刚石等超硬、脆性材料加工方法的研究带动了电火花与电化学复合加工、电火花与超声波复合加工、电解复合抛光等多种能量复合加工技术的发展。还出现了激光退火或真空镀膜与离子注入相结合、塑性成形与扩散连接相结合、化学热处理与电镀相结合等组合化工艺。目前，两种能量的复合工艺已得到广泛应用，而多种能量的复合加工工艺也正在探索之中。

利用特种加工易于实现自动化、自适应控制的特点，将特种加工技术和信息技术相结合，不断发展高精度、高效率的超大型、超微型、超精密特种加工机床和加工中心。例如，激光加工中心能将切割、打孔、焊接、表面处理等不同加工工序集成在一起，能加工多种材料和多种规格、形状的零件，并能实现多维度的智能化控制。

3. 制造系统向柔性化、集成化、智能化、全球化方向发展

1) 向柔性化方向发展

制造业自动化水平是制造技术先进性的主要标志之一，不断提高制造业自动化程度是工业先进国家追求的目标。随着制造业生产规模向"小批量—少品种大批量—多品种变批量"的演进，发达国家制造业自动化系统也相应地从 20 世纪 70 年代以前刚性连接的自动线和自动化单机发展到 80 年代的计算机数控(CNC)、柔性生产线和柔性制造系统(FMS)以及 80 年代中期以后的计算机集成制造系统(CIMS)，并正向更高水平的智能制造系统(IMS)和全球敏捷制造系统推进。总之，制造业自动化系统正沿着数控化—柔性化—集成化—智能化—全球化之螺旋式阶梯攀缘而上，柔性化程度将越来越高。

2) 向集成化方向发展

20 世纪 80 年代中期以来，国外的柔性制造设备开始与 CAD、CAPP、CAM 等自动化技术和生产管理中的管理信息系统(MIS)等进行集成，借助计算机和网络技术，将企业所有的技术、信息、管理功能和人员、财务、设备等资源与制造活动有机结合在一起，向计算机集成制造(CIMS)方向发展，构成一个覆盖企业制造全过程(产品订货、设计、制造、管理、营销)，能对企业"三流"(即物质流、资金流、信息流)进行有效控制和集成管理的完整系统，实现全局动态综合优化、协调运作和整体高柔性、高质量、高效率，从而创造出巨大生产力。目前，发达国家的 CIMS 已从实验室走向大规模工业应用。CIMS 既是当今制造业自动化十分热门的前沿科技，也是 21 世纪制造业的主流生产技术和未来工厂的主导生产模式。

3) 向智能化方向发展

未来的制造业是基于知识和信息的高技术产业。随着微电子、信息和智能技术的迅猛发展，现代机器将由传统的动力驱动型(体力取代型)和命令型转向未来的信息驱动型和智能型(脑力取代型)，制造自动化也将从强调全盘自动化转向重视人的智能和人机交互合作。20 世纪 80 年代末 90 年代初，发达国家开始将人工神经网络(Artificial Neural Network，ANN)、遗传算法(Genetic Algorithm，GA)等为代表的新一代人工智能技术与制造技术进行集成，发展了一种新型的智能制造技术(Intelligent Manufacturing Technology，IMT)和智能制造系统(Intelligent Manufacturing System，IMS)。IMT 及 IMS 首次系统地提出了对制造系统的数据流、信息流、知识流的全面集成，也更加突出了制造过程中人类智能的能动作用和人机融洽合作。智能化是柔性化、集成化的拓展和延伸，未来的智能机器将是机器智能与人类专家智能的有机结合，未来的制造自动化将是高度集成化与高度智能化的融合。

4) 向全球化方向发展

人类已经步入知识经济和信息化的时代，随着世界自由贸易体制的不断完善、全球统一大市场的形成以及全球信息高速公路网络和交通运输体系的建立，制造业将得以借助全球互联网络、计算机通信和多媒体技术实现全球或异地制造资源(知识、人才、资金、软件、设备等)的共享与互补，从而使制造业、制造产品和制造技术走向国际化，制造自动化系统也进一步向网络化、全球化方向发展。基于 Internet 的敏捷制造、全球制造已经成为现实。

4. 制造科学、技术与管理向交叉化、综合化方向发展

1) 向交叉化方向发展

不同领域的学科与技术相互交叉渗透是大科学时代的重要特征。随着现代科技的突飞

猛进，制造技术正吸收与融合微电子学、计算机科学与技术、信息科学、材料科学、生物科学、管理科学以至人文社会科学等诸多学科的理论知识和最新成果，不断研究各类产品与机器的新原理和制造机理。探索新的制造科学基础理论，改进旧的或创造新的设计方法、制造工艺、技术手段、工艺装备和制造模式，建立新的学科群、技术群和产业群，制造技术本身也由一门工艺技术发展为一门面向大制造业、涵盖整个产品生命周期和制造各环节、横跨众多学科与技术领域的新型、交叉工程科学——制造科学。制造科学与技术走向一体化，制造科学指导、支撑制造技术，制造技术丰富、推动制造科学，两者相互包含，彼此促进，相得益彰。AMT 的研究与开发越来越依赖于多学科的交叉与综合。例如，对制造机理的研究和制造规律的揭示离不开以微电子和计算机技术为基础的现代实验测试、监控补偿、理论算法、数据处理、建模仿真等技术的发展。又如 AMT 中的快速成形技术涉及机械、电子、计算机、光学、材料等多个学科，每个学科的相关进步，都会促进快速成形技术的发展，反过来，快速成形技术的发展又会对各相关学科提出更高、更新的课题。

总之，21 世纪将是制造科学技术与现代高新技术进一步交叉、融合的世纪，制造科学技术体系将日臻充实、完善与拓展。

2) 向综合化方向发展

以系统论、控制论、信息论为核心的系统科学与管理科学也正在向制造技术领域渗透、移植与融合，产生出新的制造技术与制造模式。制造技术与管理技术已成为推动制造系统向前运动的两个快速转动的"驱动轮"，制造模式则是连接两轮的"主轴"。先进制造模式是一项由人与物、技术与组织管理构成的集成系统，制造硬技术与管理软技术在制造模式中得到有机统一。管理技术已成为柔性制造系统、计算机集成制造系统等的重要组成部分，更是后续各章节介绍到的如敏捷制造、网络制造、智能制造、虚拟制造等先进制造模式的内核和灵魂。组织管理体制的变革与制造模式的创新推动了制造技术的进步，增强了制造业对日益多变市场的应变能力。如何更好地实现管理技术与制造技术的有机融合将是未来制造业发展面临的一个永恒的课题。制造技术在充分利用现代高新技术改造和武装自身的同时，AMT 这门技术科学内部各学科、各专业间也在不断渗透、交叉与融合，界限逐步模糊甚至消失，技术更趋系统化、集成化。例如，精密成形技术的发展使热加工有可能提供最终形状、尺寸可直接装配的零件，淡化了冷、热加工的界限；在制造自动化系统内部，计算机技术、智能技术、自动化技术、现代管理技术等犬牙交错、密不可分；在计算机集成制造系统中，加工、检测、物流与装配过程之间，产品设计、材料应用、加工制造、组织管理之间界限逐渐模糊，走向一体化。

复习与思考题

(1) 简述先进制造技术的基本概念。

(2) 简述先进制造技术产生的背景。

(3) 先进制造技术的内涵体系结构和特点有哪些？

(4) 简述先进制造技术发展的趋势。

(5) 为什么世界上许多国家都把发展先进制造技术定为国家制造业的发展战略？

第2章 先进制造工艺技术

2.1 制造工艺技术概述

制造工艺技术是指将原材料转化成具有一定几何形状、一定材料性能和精度要求的可用零件的一切过程和方法的总称。现代社会，机器和仪器在结构上所表现出的多样性是机械制造中采用多种工艺的产物。当代机械制造中采用几千种工艺规程，涉及从简单的毛坯车削到电子焊接、零件表面层注入新材料、自动化装配等。机械制造工艺可以归结为两大类：电子工艺和通用机械制造工艺。

电子工艺包括电子元件、部件和装置的制造工艺。其中最具代表性、特殊性和最有前途的是：单晶生长工艺，晶片制造工艺，超大规模集成电路制造工艺，微电子器件工艺，光刻工艺，离子注入工艺，镀膜工艺，电子束焊、激光焊、贵金属钎焊等。

一般制造工艺过程可分为离散工艺过程和连续工艺过程；按对零件的作用效果可分为改变形态的工艺过程(如切削加工)、改变性态的工艺过程(如热处理)和改变外观性能的工艺过程(如电镀)等；按零件的精密程度可分为普通工艺过程、精密工艺过程以及超精密工艺过程；按使用的工具及能量形式不同，又可分为常规工艺、特种工艺、复合工艺以及快速制造工艺等。由此可把材料加工工艺归纳为如图2-1所示的分类。

材料加工工艺分类：

- 成形工艺
  - 非金属材料成形
  - 粉末冶金
  - 铸造
- 变形工艺
  - 拉拔
  - 挤压
  - 轧制
  - 冲压
  - 锻造
- 切削工艺
  - 单刃多刃加工
    - 车削
    - 铣削
    - 刨削
    - 镗削
    - 钻削
    - ⋮
  - 磨料加工
    - 砂带磨
    - 砂轮磨
    - 珩磨
    - 研磨
    - ⋮
- 联接工艺
  - 机械联接
    - 螺栓联接
    - 铆接
    - 压力联接
  - 焊接
  - 粘接
- 材料改性工艺
  - 热处理
  - 化学处理
  - 喷丸
  - 挤压
- 表面处理工艺
  - 电镀
  - 化学处理
  - 真空镀膜
  - 着色
  - 喷涂
  - 清洗
- 特种加工工艺
  - 激光
  - 低温
  - 电子束
  - 电化学
  - 超声波
  - 电火花
  - 线切割
  - 水喷射
- 快速成形工艺

图2-1 材料加工工艺方法分类

1) 成形工艺

成形工艺主要指将不定形的原材料(块状、颗粒状、液态或固态)转化成所需形状的工艺，例如铸造、粉末冶金、塑料成形工艺。这类工艺主要用于获得毛坯或不需再加工的制品，工艺过程中微粒子之间互相聚集。成形工艺的过程包括将原材料加热使其变成液体，然后冷却固化成一定形状，或者使原材料的固体颗粒烧结、粘着在一起，由此而获得工件(大多为毛坯)。成形工艺几乎可以应用于所有工程材料，主要用于制备各种具有复杂外形(或内腔)或因为材料高硬度、高脆性、高强度而难以用其他方法生产的毛坯或工件。成形工艺的分类如图 2-2 所示。

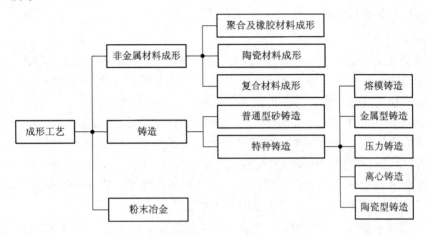

图 2-2　成形工艺的分类

2) 变形工艺

变形工艺主要指使工件的原始几何形状从一种状态改变为另一种状态，如锻造、冲压、轧制、挤压、拉拔等。锻造是让加热到一定温度的金属在冲击力或压力作用下产生较大塑性变形，形成所需要的工件形状；冲压则是利用模具使材料在压力作用下产生变形或分离。变形工艺适用于铁碳合金、不锈钢、耐热钢、轻有色金属、重有色金属等。锻造常用于一些重要毛坯(轴、齿轮等)的生产，冲压制品在汽车、家用电器等行业有广泛用途。

3) 切削工艺

机械制造系统中，切削和磨削是传统的机械加工方法，材料的切削是制造过程的主要内容，几乎占全部工艺劳动量的 1/3 以上。切削与磨削加工是用刀具或砂轮在工件表层切去一层余量，使工件达到要求的尺寸精度、形状、位置精度和表面质量的加工方法。由于生产效率高，加工成本低，能量消耗少，可以加工各种不同形状、尺寸和精度要求的工件，因此，切削和磨削一直是工件精加工和最后成形的最重要手段。目前以至将来相当长的时期，切削、磨削仍然是获得精密机械零件最主要的加工方法。据有关资料统计，近年来美国和日本每年消耗在切削和磨削方面的费用分别高达 1 千亿美元和 1 万亿日元。

此外，国外在切削机理、切削优化、难加工材料的切削技术、自动化生产中的刀具和工具管理系统等方面投入较大力量进行研究，并已取得很大成绩。磨削加工技术与磨料、磨具的发展方向主要是高速和强力磨削、高精度磨削和成形磨削、高精度研磨抛光、超硬磨料(金刚石与立方氮化硼)磨削和砂带磨削等。我国存在的差距主要是：

(1) 刀具材料方面：硬质合金刀具品种较少，不能满足需要；涂层刀具尚处于小批量试用阶段；陶瓷刀具在我国刀具总量中所占比例不足 1%，大大落后于国外；超硬刀具材料的应用还处于开始阶段。

(2) 切削加工技术方面：切削数据库、自动化生产用刀具、切削刀具的 CAD/CAM 等方面的工作刚刚开始，对刀具管理系统的研究工作还没有开始。

(3) 磨削加工技术方面：高速磨削应用不广泛，磨削效率与国外相差很大；大吃深缓进给强力磨削方法在实际生产中极少使用；高精度研磨抛光技术远远落后于先进发达国家；超硬磨料磨削技术刚刚起步；砂带磨削处于对现有机床进行改装的阶段，应用不广泛，且砂带品种少，质量有待提高。

4) 联接工艺

联接工艺主要指将单个工件联接成组件或最终产品，如机械联接、焊接、粘接和装配等工艺。制造时先分别加工单个零件，然后用联接工艺将其结合成一个完整的产品。产品在使用、维护和修理时，经常需要拆卸装配，同样离不开联接工艺。

机械联接包括螺栓联接、铆接和压力联接。螺栓联接是利用螺栓、螺母、螺纹、销等紧固件，形成可拆卸式机械联接。铆接是一种永久或半永久性机械联接。压力联接一般用过盈装配方式，如将内件(例如轴)压入加热后膨胀状态下的套件(例如齿轮孔、套筒)，冷却后套件收缩而紧紧包在内件上。利用材料一定范围内的弹性，将一个工件强行压入另一个工件内的压力联接工艺，可以获得较高的联接强度。

焊接是在制造系统内应用极为广泛的一种联接工艺，是通过加热或加压或两者并用(用或不用填充材料)使分离的两部分金属形成原子结合的一种永久性联接方法。与铆接比较，焊接具有节省材料，减轻重量，联接质量好，接头密封性好，可承受高压，简化加工与装配工序，缩短生产周期，易于实现机械化和自动化生产等优点。但其有不可拆卸，会产生焊接变形、裂纹等缺陷。工业生产中应用的焊接方法很多，常用焊接方法如图 2-3 所示。

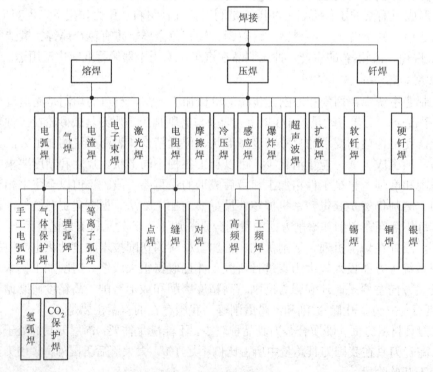

图 2-3　常用的焊接方法

焊接在现代工业生产中具有十分重要的作用，广泛应用于机械制造中的毛坯生产和制造各种金属结构件，如高炉炉壳、建筑构架、锅炉与压力容器、汽车车身、桥梁、矿山机械、大型转子轴、缸体等。此外，焊接还用于零件的修复焊补等。

金属与非金属的联接或非金属异种材料之间的联接经常采用粘接工艺实现。在被粘接表面涂一层很薄的粘接剂，粘接剂固化后即可形成很强的粘接力。

5) 材料改性工艺及表面处理工艺

材料改性工艺及表面处理工艺是指不改变几何形状、仅改变工件材料性能，从而获得所希望指标的工艺，如材料热处理工艺等。上述的各种工艺都要改变工件的几何形状，以使其能够具有一定的功能或能承受一定的外载荷。调整材料性能的工艺(主要指热处理)可以在不改变工件几何形状的前提下人为改变材料的显微组织结构，使工件具有所要求的物理机械性能。常用调整材料性能的工艺如图 2-4 所示。

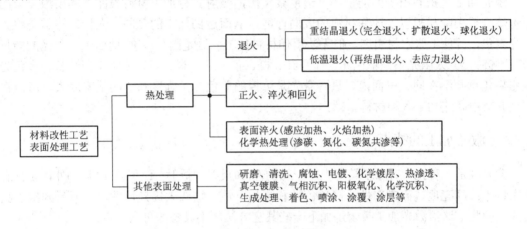

图 2-4　常用材料改性工艺及表面处理工艺方法

6) 特种加工工艺

特种加工就是利用化学、电化学、物理(声、光、热、磁)等方法对材料进行加工。特种加工工艺主要用于各种高硬难熔及具有特殊物理机械性能的材料和精密细小、形状复杂、难以用传统切削加工工艺加工的零件。与机械加工方法相比，它具有一系列特点，能解决大量普通机械加工方法难以解决甚至不能解决的问题。因而，自其产生以来得到迅速发展，并不断充实与扩展机械制造工艺，促进工艺水平的提高。随着新材料的大量涌现，特种加工工艺也在不断发展。

7) 快速成形工艺

快速成形工艺就是直接根据产品 CAD 的三维实体模型数据，经计算机处理后，将三维模型转化为许多平面模型的叠加，再通过计算机控制、制造一系列平面模型并加以联接，形成复杂的三维实体零件。采用快速成形工艺后，产品的研制周期可以显著缩短，并可节省研制费用。

由于技术的不断发展和进步，新的制造工艺方法仍在不断出现，这种分类方法也会不断地改变。考虑到许多工艺方法已广泛使用，本章只对一些新的先进制造工艺技术作一介绍。

2.2 激光加工技术

激光技术是 20 世纪 60 年代初发展起来的一门新兴技术，在材料加工方面，已逐步形成一种崭新的加工方法——激光加工。激光加工可以用于打孔、切割、电子器件的微调、焊接、热处理以及激光存储等各个领域。由于激光加工不需要加工工具，加工的小孔孔径可以小到几个微米，而且还可以切割和焊接各种硬脆和难熔工件，具有加工速度快、效率高、表面变形小等特点，因而应用越来越广泛。另外，激光在机械制造业中还可用于精密测量等方面。

激光加工是指利用光的能量经过透镜聚焦后，照射到待加工材料表面，利用激光束的能量熔合或去除材料以及改变材料的表面性能，从而达到加工的目的。人们曾用透镜将太阳光聚焦，可使纸张木材引燃，但无法用作材料加工。这是因为：① 地面上太阳光的能量密度不高；② 太阳光不是单色光，而且红、橙、黄、绿、青、蓝、紫等不同波长的多色光聚焦后焦点并不在同一平面内。只有激光是可控的单色光，强度高，能量密度大，可以在空气介质中高速加工各种材料。

2.2.1 激光加工的特点

激光也是一种光，其除了具有光的一般物性(如反射、折射、绕射及干涉等)外，还具有四大特点：高亮度、高方向性、高单色性和高相干性。这四大优异特性是普通光源望尘莫及的，因此，这给激光加工带来了如下一些其它方法所不具备的可贵特点：

(1) 加工方法多、适应性强。在同一台设备上可完成切割、焊接、表面处理、打孔等多种加工；既可分步加工，又可在几个工位同时进行加工；可加工各种材料，包括高硬度、高熔点、高强度及脆性、柔性材料；既可在大气中进行加工，也可在真空中进行加工。

(2) 加工精度高，质量好。对微型陀螺转子采用激光动平衡技术，其平衡精度可达百分之一或千分之几微米的质量偏心值。由于高能量密度和非接触式加工，以及作用时间短(即能量注入速率高)，因此工件热变形小，且无机械变形，对精密小零件的加工非常有利。

(3) 加工效率高，经济效益好。在某些情况下，用激光切割比传统方式可提高效率 8～10 倍。用激光进行深熔焊接的生产效率比传统方式提高 30 倍。用激光微调薄膜电阻，可提高工效 1000 倍，提高精度 1～2 个量级。用激光强化电镀，其金属沉积率可提高 1000 倍。金刚石拉丝模用机械方法打孔需要 24 h，用 YAG 激光器打孔只需 2 s，提高工效 43 200 倍。与其它打孔方法相比，激光打孔的费用节省 25%～75%，间接加工费用节省 50%～75%。与其它切割方法相比，激光切割钢材降低费用 70%～90%。

(4) 节约能源与材料，无公害与污染。激光束的能量利用率为常规热加工工艺的 10～1000 倍。激光切割可节省 15%～30%。激光束不产生像电子束那样的射线，无加工污染。

(5) 加工用的是激光束，无"刀具"磨损及切削力影响的问题。

激光加工技术是利用激光束与物质相互作用的特性对材料(包括金属与非金属)进行微

加工的加工技术。激光加工技术是涉及光、机、电、材料及检测等多门学科的一门综合技术，它的研究范围一般可分为：激光加工系统，包括激光器、导光系统、加工机床、控制系统及检测系统；激光加工工艺，包括切割、焊接、表面处理、打孔、打标、划线、微调等各种加工工艺。

2.2.2　激光加工的现状及国内外发展趋势

作为 20 世纪科学技术发展的主要标志和现代信息社会光电子技术的支柱之一，激光技术和激光产业的发展受到世界先进国家的高度重视。激光加工应用领域中，CO_2(气体)激光器以切割和焊接应用最广，分别占到 70% 和 20%，表面处理则不到 10%。而红宝石(YAG)(固体)激光器的应用则是以焊接、标记(50%)和切割(15%)为主。在美国和欧洲，CO_2 激光器占到了 70%～80%。我国激光加工中以切割为主的占 10%，其中 98% 以上的 CO_2 激光器功率在 1.5～2 kW 范围内；而以热处理为主的约占 15%，大多数是利用激光处理汽车发动机的汽缸套。这项技术的经济性和社会效益都很高，有很大的市场前景。

国外激光打孔主要应用在航空航天、汽车制造、电子仪表、化工等行业。激光打孔的迅速发展，主要体现在打孔用 YAG 激光器的平均输出功率已由 5 年前的 400 W 提高到了 800～1000 W，打孔峰值功率高达 30～50 kW，打孔用的脉冲宽度越来越窄，重复频率越来越高。激光器输出参数的提高在很大程度上改善了打孔质量，提高了打孔速度，也扩大了打孔的应用范围。国内目前比较成熟的激光打孔技术的应用是在人造金刚石和天然金刚石拉丝模的生产及手表宝石轴承的生产中。

目前激光加工技术研究开发的重点可归纳为：① 新一代工业激光器研究，目前处在技术上的更新时期，其标志是二极管泵浦全固态激光器的发展及应用；② 精细激光加工，在激光加工应用统计中微细加工 1996 年只占 6%，1997 年翻了一倍达 12%，1998 年已增加到 19%；③ 加工系统智能化，系统集成不仅是加工本身，而是带有实时检测、反馈处理，随着专家系统的建立，加工系统智能化已成为必然的发展趋势。

激光技术在我国经过 30 多年的发展，取得了上千项科技成果，许多已用于生产实践，激光加工设备产量平均每年以 20% 的速度增长，为传统产业的技术改造、提高产品质量解决了许多问题，如激光毛化纤技术正在宝钢、本钢等大型钢厂推广，将改变我国汽车覆盖件的钢板完全依赖进口的状态，激光标记机与激光焊接机的质量、功能、价格符合国内目前市场的需求，市场占有率达 90% 以上。

激光加工技术存在的主要问题是：科研成果转化为商品的能力差，许多有市场前景的成果停留在实验室的样机阶段；激光加工系统的核心部件激光器的品种少、技术落后、可靠性差；对加工技术的研究少，尤其对精细加工技术的研究更为薄弱，对紫外波激光进行加工的研究进行的极少；激光加工设备的可靠性、安全性、可维修性、配套性较差，难以满足工业生产的需要。

2.2.3　激光加工的基本原理

1) 激光

物质由原子等微观粒子组成，而原子由一个带正电荷的原子核和若干个带负电荷的电子组成。原子核所带的正电荷与各电子所带的负电荷之和在数量上是相等的。各个电子围绕原子核作轨迹运动。电子的每一种运动状态对应着原子的一个内部能量值，原子的内能值一般是不连续的，称为原子的能级。原子的最低能级称为基态，能量比基态高的能级均称为激发态。光和物质的相互作用可归纳为光和原子的相互作用，这些作用会引起原子所处能级状态的变化。其过程主要有三种情况：光的自发发射、光的受激吸收和光的受激发射。

光的自发发射和受激发射都是原子从高能级跃迁到低能级而发射光子，但它们有很大差别。自发发射的光子射向四面八方，各光子之间的位相、偏振方向都是独立的，没有联系，普通光源的发射都是自发发射。受激发射的光子与外来光子不但具有完全相同的发射方向和频率，而且位相和偏振态也完全相同。这样，受激发射过程就起到了增强入射光强度的作用。激光正是利用受激发射的这一特性，实现了光放大的目的，也就是说，激光就是由于受激发射而放大的光。激光和普通光在本质上都是一种电磁波，但因其产生方法与普通光不同，因而与普通光相比，激光具有方向性强(几乎是一束平行准直的光束)、单色性好(光的频率单一)、亮度非常高(比太阳表面的亮度还高 1010 倍)、能量高度集中、相干性好和闪光时间极短等特点。

2) 激光器

光和物质体系相互作用时，总是同时存在着自发发射、受激吸收和受激发射三个过程。在正常情况下，物质体系中处于低能级的原子数总比处于高能级的原子数多，这样，吸收过程总是胜过受激过程。要使受激发射过程胜过吸收过程，实现光放大，就必须以外界激励来破坏原来的粒子数分布，使处于低能级的粒子吸收外界能量跃迁到高能级，实现粒子数的反转，即使高能级上的原子数多于低能级上的原子数，这个过程称为激励。激励过程是所有激光器工作的基础和核心。

激光器一般有三个基本组成部分：工作物质、谐振腔和激励能源。图 2-5 为红宝石激光器结构示意图。

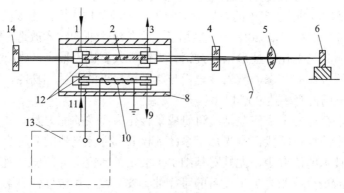

1、11—冷却水入口；2—工作物质；3、9—冷却水出口；4—部分反射镜；5—透镜；6—工件；

7—激光束；8—聚光器；10—氙灯；12—玻璃套管；13—电源(含电容组和触发器)；14—全反射镜

图 2-5 红宝石激光器结构示意图

(1) 工作物质：只有能实现粒子数反转的物质才能作为激光器的工作物质。并不是每种物质都能在外界激励下实现粒子数反转，主要看该物质是否具有合适的能级结构。在红宝石激光器中，其工作物质是一根红宝石晶体棒，棒的两端严格平行且垂直于棒轴。

(2) 谐振腔：主要作用是使工作物质所产生的受激发射能建立起稳定的振荡状态，从而实现光放大。它由两块反射镜(一块为全反射镜，另一块为部分反射镜)组成，各置于工作物质的一端，并与工作物质轴线垂直。激光从部分反射镜一端输出。

(3) 激励能源：作用是把工作物质中多余一半的原子从低能级激发到高能级上，实现工作物质粒子数反转。其方法有电激发、光激发、热激发和化学激发等。红宝石激光器是以脉冲氙灯、电源及聚光器为激励能源，聚光器是椭圆柱形的，其内表面具有高反射率，脉冲氙灯和红宝石晶体棒处于它的两条焦线上。

激光器工作时，从电源的脉冲氙灯发出的光经椭圆柱内表面反射后聚到晶体棒上，工作物质受到激励能源的作用后，接收了外界能量，许多原子从基态跃迁到激发态，但它们很快会回到基态。在这个过程中有一个中间激发态存在，即原子先跃迁到这一状态，然后跃迁回基态。原子在中间状态停留的时间比在激发态要长得多，因此又称这一状态为亚稳态。亚稳态的存在使得处于这一状态的原子数有可能比处于基态的多。原子从亚稳态跃迁回基态时自发发射光子，这些光子射向四面八方，其大部分光子很快逸出谐振腔，只有方向沿工作物质轴向的光子因受到两块反射镜的作用而来回反射，并且感应出其他处于亚稳态的原子受激发射。因为激励能源的作用，工作物质已经实现了粒子数反转，所有受激发射过程使光波得到放大，放大的光波与起始的光波具有完全相同的性质。当放大到一定程度时，腔内光波的放大与损耗保持平衡，形成稳定的振荡状态，这时强大的光波就从谐振腔的部分反射镜一端透射出来，这便是激光。

自从 1960 年制成第一台激光器以来，激光器发展到今天已不下数百种，如按工作物质可分为固体、气体、液体、半导体、化学激光器等；按工作方式可分为连续、脉冲、突变、超短脉冲激光器等。激光加工常用固体激光器。表 2-1 是激光器按工作物质分类的情况。

表 2-1　激光器的种类

激光器	固体激光器	气体激光器	液体激光器	化学激光器	半导体激光器
优点	功率大，体积小，使用方便	单色性、相干性、频率稳定性好，操作方便，波长丰富	价格低廉，设备简单，输出波长连续可调	体积小，重量轻，效率高，结构简单紧凑	不需外加激励源，适合于野外使用
缺点	相干性和频率稳定性不够，能量转换效率低	输出功率低	激光特性易受环境温度影响，进入稳定工作状态时间长	输出功率较低，发散角较大	目前功率较低，但有希望获得巨大功率
应用范围	工业加工、雷达、测距、制导、医疗、光谱分析、通信与科研等	应用最广泛，几乎遍及各行各业	医疗、农业和各种科学研究	通信、测距、信息存储与处理等	测距、军事、科研等
常用类型	红宝石激光器	氦氖激光器	染料激光器	砷化镓激光器	氟氢激光器

3) 激光加工的基本原理

激光加工就是利用激光器发射出来的具有高方向性和高亮度的激光，通过光学系统把激光束聚焦成一个极小的光斑(直径仅有几微米或几十微米)，使光斑处获得极高的能量密度($10^7 \sim 10^{11}$ W/cm^2)，达到上万摄氏度的高温，从而能在很短的时间内使各种物质熔化和汽化，达到蚀除工件材料的目的。

激光加工是一个高温过程，就其机理而言，一般认为，当能量密度极高的激光照射在被加工表面时，光能被加工表面吸收并转换成热能，使照射斑点的局部区域迅速熔化甚至汽化蒸发，并形成小凹坑，同时开始热扩散，结果使斑点周围的金属熔化。随着激光能量的继续吸收，凹坑中金属蒸气迅速膨胀，压力突然增加，熔融物被爆炸性地高速喷射出来，其喷射所产生的反冲压力又在工件内部形成一个方向性很强的冲击波。这样，工件材料就在高温熔融和冲击波的作用下蚀除了部分物质，从而打出一个具有一定锥度的小孔。

2.2.4 激光加工的基本规律

尽管激光是具有高方向性并近似平行的光束，但它们仍具有一定的发散角(约为 10～3 rad)，这使得激光经聚焦物镜聚集在焦面上后形成仍有一定直径的小斑点，且在小斑点上其能量的分布是不均匀的，而是按贝赛函数分布的(如图 2-6 所示)。在光斑中心处光强度 I_0 最大，相应能量密度最高，远离中心点的地方就逐渐减弱。而激光的波长和焦距直接影响光斑面积大小，即影响焦点中心处最大光强。同时，激光加工是一种热加工，加工

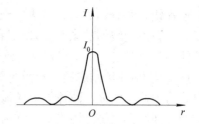

图 2-6 焦点面上的光强度分布

过程中有热传导损失，因此，增大激光束的功率也是增大焦点中心强度的主要措施。可见，影响激光加工的因素主要有激光器的输出功率、焦距和焦点位置、光斑内能量分布及工件吸光特性等。

激光的输出功率大、照射时间长时，工件所获得的激光能量也大。但当激光能量一定时，照射时间太长会使热量散失增多，时间太短则因功率密度过高而使蚀除物质以高温气体喷出，这都会降低能量的使用效率。因此，激光照射时间一般为几分之一毫秒到几毫秒。

激光束发散角越小、聚焦物镜焦距越短时，在焦面上可以获得更小的光斑及更高的功率密度。所以，在加工时一般尽可能减小激光束发散角和采用短焦距(20 mm 左右)物镜，只有在一些特殊情况下才选用较长的焦距。同时，焦点位置对于孔的形状和深度都有很大影响。当焦点位置很低时(图 2-7(a))，透过工件表面的光斑面积很大，这不仅会产生较大的喇叭口，而且因能量密度减小而影响加工深度，即增大了锥度。当焦点逐渐提高时(图 2-7(a)～(c))，孔深将增加；若太高时，同样会使工件表面上光斑很大而导致蚀除面积大，但深度浅(图 2-7(d)、(e))。一般，激光的实际焦点在工件的表面或略微低于工件表面为宜(图 2-7(b)、(c))。

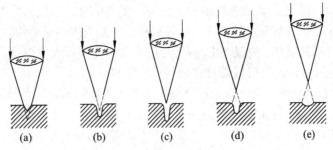

图 2-7 焦点位置对孔剖面形状的影响

光斑内的能量分布状态也是影响激光加工的重要因素。当能量分布以焦点为轴心越对称 (如图 2-8(a))时，加工出的孔效果越好；越不对称时，效果越差(图 2-8(b))。光的强度分布与工作物质的光学均匀性及谐振腔调整精度直接相关。

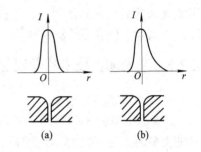

图 2-8 激光能量分布与孔加工质量

用激光加工时，照射一次的加工深度仅为孔径的五倍左右，且锥度较大。因此，常用激光多次照射来扩大深度和减小锥度，而孔径几乎不变。但孔深并不与照射次数成正比，因孔加工到一定深度后，由于孔内壁的反射、透射以及激光的散射或吸收、抛出力减小、排屑困难等原因，使孔的前端能量密度不断减小，加工量逐渐减小，以致不能继续打下去。

激光加工时其能量不可能全部被吸收，有相当部分将被反射或透射而散失掉，其吸收效率与工件材料的吸收光谱及激光波长有关。生产实际中，应由工件材料的吸收光谱的性能去合理选择激光器。对于高反射率和透射率的工件应在加工前作适当处理，如打毛或黑化，以增大其对激光的吸收效率。

2.2.5 激光加工的应用

在激光加工中利用激光能量高度集中的特点，可以打孔、切割、雕刻及表面处理；利用激光的单色性还可以进行精密测量。

(1) 激光打孔。激光打孔是激光加工中应用最早和应用最广泛的一种加工方法。利用凸镜将激光在工件上聚焦，焦点处的高温使材料瞬时熔化、汽化、蒸发，好像一个微型爆炸。汽化物质以超音速喷射出来，它的反冲击力在工件内部形成一个向后的冲击波，在此作用下将孔打出。激光打孔速度极快，效率极高，如用激光给手表的红宝石轴承打孔，每秒钟可加工 14～16 个，合格率达 99%。目前，激光打孔常用于微细孔和超硬材料打孔，如柴油机喷嘴、金刚石拉丝模、化纤喷丝头、卷烟机上用的集流管等。

(2) 激光切割。激光切割与激光打孔原理基本相同，也是将激光能量聚集到很微小的范围内而把工件烧穿，但切割时需移动工件或激光束(一般移动工件)，沿切口连续打一排小孔即可把工件割开。激光可以切割金属、陶瓷、半导体、布、纸、橡胶、木材等，切缝窄、效率高、操作方便。

(3) 激光焊接。激光焊接与激光打孔原理稍有不同，焊接时不需要那么高的能量密度使工件材料汽化蚀除，而只需将工件的加工区烧熔，使其粘合在一起。因此，激光焊接所需能量密度较低，可用小功率激光器。与其他焊接相比，激光焊接具有焊接时间短、效率高、无喷渣、被焊材料不易氧化、热影响区小等特点。激光焊接不仅能焊接同种材料，而且可以焊接不同种类的材料，甚至可以焊接金属与非金属材料。

(4) 激光的表面热处理。利用激光对金属工件表面进行扫描，从而引起工件表面金相组织发生变化，进而对工件表面进行表面淬火、粉末粘合等。用激光进行表面淬火时，工件表层的加热速度极快，内部受热极少，工件不产生热变形，特别适合于对齿轮、汽缸筒等形状复杂的零件进行表面淬火，国外已应用于自动线上对齿轮进行表面淬火。同时，由于不必用加热炉，是开式的，故其也适合于大型零件的表面淬火。粉末粘合是在工件表层上用激光加热后熔入其他元素，可提高和改善工件的综合力学性能。此外，还可以利用激光除锈、消除工件表面的沉积物等。

2.2.6　激光加工技术的发展趋势

1) 优化激光工作参数

建立加工作业标准和相应的数据库，通过控制激光照射的能量密度和照射时间来实现多种类型的加工。例如，激光打孔和切割等以去除金属为目的，利用的是金属的蒸发现象，同时为了保证加工精度，要求照射时间能使加工部位快速蒸发，又能防止加工部位以外的金属不致因传热而引起升温或熔化；激光焊接时，要求在不致发生热变形的短时间内，使焊接部位的温度尽可能超过金属熔化温度而又达不到金属蒸发温度；激光淬火时，要求温度控制在金属相变点以上、熔点以下的范围内，不同加工方法所需的激光能量密度和照射时间不同。为了充分发挥激光加工的优点，需针对不同加工对象和加工类型进一步优化激光工作参数，以便能获得高的效率和加工质量。

2) 发展激光多工位分时综合加工

根据激光加工的特点，利用同一激光源，通过灵活地控制能量密度和照射时间，在不同工位上分时实现多种方式加工，使一些工件的切割、打孔、刻划、焊接和表面处理等可在一台设备上集成地进行综合加工。

3) 研究大功率、高寿命和小型化的激光装置

提高激光功率需解决以下一系列问题：

(1) 研制适用于大功率激光的光学器件材料。由于大功率激光束透过窗口材料和透镜等光学器件时，它们要承受高压的击穿力，并因吸收激光使温度上升而引起破坏，因此，应根据不同的激光波长研制适用的光学器件材料。

(2) 提高电源的稳定性和寿命。对于 CO_2 气体激光器，要解决大功率激光器的放电稳定性；对于 YAG 固体激光器，要研制大容量、长寿命的光泵激励光源，如采用半导体光泵可使能量效率大幅度增长。

(3) 大功率激光装置的小型化。同轴型 CO_2 激光器结构简单，增益大而均匀，放电稳定，为了加大输出功率，需增加长度，虽可对激光管采用折叠式和应用高速鼓风机来加速气流进行改善，但功率增大仍受限制。双轴直交型激光器增大了放电截面积，可以采用折叠式射束通道使外形缩小，但需超高速送风(50～150 m/s)的鼓风机，并要求反射镜结构稳定和防止光损失等。

2.3 高能束加工技术

2.3.1 高能束加工技术概况

20 世纪中叶以来，随着科学技术的迅猛发展，对产品结构的要求日趋复杂，对产品性能的要求日益提高，特别是在航空、航天和军事尖端技术中更为突出。有些产品要求具备很高的强度重量比；有些产品在精度、工作速度、功率及小型化方面要求很高；有些产品则要求在高温、高压和腐蚀环境中能可靠的进行工作。为了适应以上要求，各种新结构、新材料和复杂形状的精密零件大量涌现，其结构形状的复杂性、材料的可加工性以及加工精度和表面完整性方面的要求用一般机械加工是难以实现的，这就不断地向加工技术提出新的挑战。

高能束(Highen Energy Density Beam，HEDB)加工技术是利用高能量密度的束流(激光束、电子束、离子束)作为热源，对材料或构件进行加工的先进的特种加工技术。高能束加工技术包括焊接、切割、打孔、喷涂、表面改性、刻蚀和精细加工等各类工艺方法，并已扩展到新型材料制备领域。高能束加工技术利用高能束热源、高能量密度、可精密控制微焦点和高速扫描的技术特性，实现对材料和构件的深穿透、高速加热和高速冷却的全方位加工，具有常规加工方法无可比拟的优点，在高新技术和国防科技发展中占有重要地位。高能束加工技术是当今科技与制造技术相结合的产物，是制造工艺发展的前沿领域和重要方向，也是航空、航天和军事等尖端工业领域以及微电子等高新技术领域中必不可少的特种加工技术，被各工业发达国家誉为"21 世纪加工技术"。高能束加工技术正朝着高精度、大功率、高速度及自动控制的方向发展。

2.3.2 电子束加工技术的特点及应用

电子束加工的材料广泛，不仅可以加工金属材料，也可以加工非金属材料和工程塑料。它能完成的加工工序很多，如淬火硬化、熔炼、塑料聚合、焊接、打孔、铣槽和蚀刻等。除打孔外，其还能加工槽、锥孔、异形槽(缝)和狭缝等。此外，电子束加工易于实现自动化，且生产率高，如对 0.1～1 μm 厚的薄板打孔只需 30 μs 至数秒即可完成，即使是 5 mm 厚的板材也只需数十秒即可完成打孔。由于电子束加工时间短又无污染，因此对加工表面热效应影响小，表面层物理化学性质改变少。

1. 高速打孔

电子束打孔时，其功率密度必须提高到能使电子束击中点的材料产生气化蒸发。一般，功率密度的范围为 $10^6 \sim 10^9$ W/cm²。目前电子束打孔的最小直径可达 0.003 mm，孔的深径比可达 100：1，孔的内侧臂斜度约 1°～2°。高速打孔是在工件运动中进行的，如在 0.1 mm 厚的不锈钢上加工直径为 0.2 mm 的孔，速度为 3000 孔/s；玻璃纤维喷丝头要打 6000 个直径为 8 mm、深度为 3 mm 的孔，用电子束打孔可达 20 孔/s，比电火花加工快 100 倍左右。

在人造革、塑料上用电子束打大量微孔，可以使其具有真皮革那样的透气性。现在已生产出了专用的塑料打孔机，将电子枪发射的片状电子束分成数百条小电子束同时打孔，其速度可达 50 000 孔/s，孔径在 40～120 μm 范围内可调。

用电子束在玻璃、陶瓷、宝石等脆性材料上打孔时，为了避免热应力引起的破裂，可用电炉或电子束进行预热。用带有电子束预热装置的双枪电子束自动打孔机每小时可加工 600 颗宝石轴承。

2．加工型孔及特殊表面

电子束可以用来切割或截割各种复杂型面，切口宽度为 3～6 μm，边缘粗糙度可控制在 0.5 μm。在 0.05 mm 厚的钢板上加工宽为 0.05 mm、长为 3 mm 的槽，仅需 20～30 s。为了使人造纤维具有光泽、松软、有弹性、透气性好，喷丝头的型孔都是一些特殊形状的截面，出丝口的窄缝宽度为 0.03～0.07 mm，长度为 0.8 mm，喷丝板厚度为 0.6 mm，用电子束加工后缝口光洁。

电子束还可以加工弯孔和立体曲面。利用电子束在磁场中偏转的原理，使电子束在工件内部偏转，控制电子速度和磁场强度，即可控制曲率半径，从而加工出弯曲的孔。如果同时改变电子束和工件的相对位置，则还可以进行切割和开槽等加工。

3．电子束焊接

电子束焊接是电子束加工中开发较早且应用较广的技术。电子束焊接是通过材料的熔融和气化使材料牢固地结合。

由于电子束的能量密度高，焊接速度快，因此电子束焊接的焊缝深而窄，且对焊件的热影响小、变形小，可以在工件精加工后进行焊接。电子束焊一般不用焊条，焊接过程在真空中进行，因此焊缝化学成分纯净，焊接接头的强度往往高于母材。电子束焊接可以焊接难熔金属，如钽、铌、钼等，也可焊接钛、锆、铀等化学性能活泼的金属。它既可焊接很薄的工件，也可焊接几百毫米厚的工件。电子束还能焊接一般焊接方法难以完成的异种金属焊接。

目前，电子束精密焊接在半导体技术领域内发展很快。电子束焊接已愈来愈多地应用在核反应堆和火箭技术上，来实现高熔点金属和活泼金属及其合金的焊接。

4．电子束刻蚀

在微电子器件生产中，为了制造多层固体组件，可利用电子束对陶瓷或半导体材料刻出许多微细沟槽和小孔，如在硅片上刻出宽 2.5 μm，深 0.25 μm 的细槽。电子束刻蚀可在混合电路电阻的金属镀层上刻出 40 μm 宽的线条，还可以在加工过程中通过计算机自动控制对电阻值进行测量校准。

电子束刻蚀还可用于制版，在铜制印刷滚筒上按色调深浅刻出许多深浅、大小不一的沟槽和凹坑，其直径为 70～120 μm，深度为 5～40 μm，小坑代表浅色，大坑代表深色。

5．电子束光刻

用低功率密度的电子束照射工件表面虽不能引起表面的温升，但入射电子与高分子材料的碰撞，会导致它们的分子链的切断或重新聚合，从而使高分子材料的化学性质和分子量产生变化，这种现象叫电子束的化学效应，也称为电子束曝光。利用这种效应进行加工的方法叫电子束光刻。

进行电子束光刻之前，首先要在被刻蚀的工件表面涂上抗蚀剂(厚度≤0.01 μm)，形成掩膜层，然后在涂有掩膜层的工件表面上进行电子束曝光。电子束曝光装置通过电场或磁场方便地完成电子束聚焦和移动电子束的照射点位置，且它对控制信号的响应速度快，便于实现自动化控制。

电子束光刻可以实现精细图形的写图或复印，目前仍然是 LSI 与 VLSI 电路的掩膜或基片图形光刻的重要手段。

2.3.3　离子束加工技术的特点及应用

离子束加工的原理和电子束加工基本类似，也是在真空条件下，将离子源产生的离子束经过加速聚焦，使之打击到工件表面，从而对工件进行加工。不同的是离子带正电荷，其质量比电子大数千、数万倍，如氩离子的质量是电子的 7.2 万倍。所以，一旦离子加速到较高速度时，离子束比电子束具有更大的撞击动能。与电子束不同，它是靠微观的机械撞击能量，而不是靠动能转化为热能来加工工件的。

1. 离子束加工的特点

离子束加工的特点如下所述：

(1) 由于离子束可以通过光学系统进行聚焦扫描，离子束轰击材料是逐层击除原子，离子束流密度及离子能量可以精确控制，所以离子刻蚀可以达到纳米(nm)级的加工精度，离子镀膜可以控制在亚微米级精度，离子注入的深度和浓度也可以极精确地控制。可以说，离子束加工是最有前途的超精密和微细加工方法，是纳米加工技术的基础。

(2) 由于离子束加工是在真空中进行的，因此污染少，特别适用于对易氧化的金属、合金材料和半导体材料的加工。

(3) 离子束是利用机械碰撞能量加工，故不论对金属、非金属都适用。

(4) 由于是靠离子轰击材料表面来去除或注入材料，是一种微观作用，作用面积微小，因此，产生的加工应力、热变形等极小，加工表面质量好。

(5) 易于实现自动化。

(6) 加工设备费用高、成本高、加工效率低，因此应用范围受到一定限制。

2. 离子束加工的应用

离子束加工的应用范围正在日益扩大、不断创新。目前，用于改变零件尺寸和表面机械物理性能的离子束加工有：用于从工件上去除加工的离子刻蚀加工，用于给工件表面添加材料的离子镀膜加工，用于表面改性的离子注入加工等。

1) 离子刻蚀加工

离子刻蚀加工是通过撞击从工件上去除材料的过程。当离子束轰击工件，入射离子的动能传递到靶原子，传递的能量超过原子间的键合力时，靶原子就从工件表面溅射出来，达到刻蚀的目的。为了避免入射离子与工件材料发生化学反应，必须用惰性元素的离子。氩气的原子序数高，而且价格便宜，所以，通常用氩离子进行轰击刻蚀。由于离子直径很小(约十分之几个纳米)，因此可以认为离子刻蚀的过程是逐个原子剥离的。刻蚀的分辨率可达亚微米级，但刻蚀速度很低，剥离速度大约每秒一层到几十层原子。离子束刻蚀加工原理如图 2-9 所示。

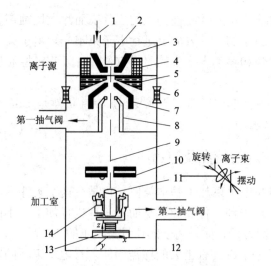

1—惰性气体入口；2—阴极；3—中间电极；4—电磁线圈；5—电极；6—绝缘子；7—控制电极
8—引出电极；9—离子束；10—聚焦装置；11—工件；12—摆动装置；13—工作台；14—回转装置

图 2-9　离子束刻蚀加工原理图

刻蚀加工时，对离子入射能量、束流大小、离子入射角度以及工作室气压等能分别调节控制，可根据不同加工需要选择参数。大多数材料在离子能量为 300～500 eV 时的刻蚀率最高。一般入射角 $\theta = 40° \sim 60°$ 时的刻蚀率最高。

离子刻蚀有极高的加工精度。一般加工误差可以控制到 5 nm 以下，可作为最终的精加工工序。例如，用 20 kV 的加速电压加速氩离子，轰击已被机械磨光的玻璃，当离子浓度达到 $10^{18}/cm^2$ 时，玻璃表面被剥离 1 μm 左右，并形成极光滑表面。又如，用离子束轰击厚 0.2 mm 的玻璃，能改变其折射率分布，使之具有偏光作用。用离子束轰击玻璃纤维后，玻璃纤维将变为具有不同折射率的光导材料。在半导体工业中，用离子束代替化学腐蚀进行图形的刻蚀，可大大提高刻蚀精度。

2) 离子镀覆

离子镀覆是将一定能量的离子束轰击某种材料制成的靶，离子将靶材粒子击出，使其镀覆到靶材附近的工件表面上。离子镀覆所利用的也是溅射效应，但其目的不是加工而是镀膜，以改善工件材料的表面性能。

镀覆时将镀膜材料置于靶上，一般使靶面与离子束方向成一角度接受离子束的轰击，被镀工件表面应与溅射粒子运动方向相垂直，如图 2-10 所示。离子镀覆的膜层附着力强，镀层组织致密，可镀材料广泛，各种金属、非金属、合金、化合物、半导体、高熔点材料和某些合成材料等均可镀覆。

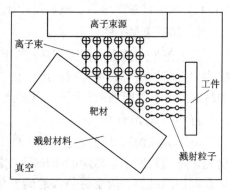

图 2-10　离子镀覆原理图

3) 离子注入

用离子束轰击工件表面，使离子钻入被加工材料表面层，以改变表面层性能的方法称为离子注入。

离子注入的应用范围很广，如将离子强行注入金属表面后，可改变表面层性能，且注入元素的种类和数量不受合金系统平衡相图中固溶度限制，因而可以获得一般冶金工艺无法得到的各种表面合金。

离子注入在半导体方面的应用在国内外都很普遍。它是把磷、硼等"杂质"离子注入单晶硅中规定的区域及深度后，可以得到不同导电型的 P 型或 N 型半导体以及 P-N 结；也可用来制造一些通常用热扩散难以获得的各种特殊要求的半导体器件。

离子注入改善金属表面性能方面的应用正在形成一个新兴的领域。它还处于研究阶段，因此生产效率低、成本高，对于一般光学元件或机械零件的表面改性，还要经过一段时期的开发研究后才能实用。

2.3.4　高压水射流加工技术的特点及应用

高压水射流基本原理归之为：运用液体增压原理，通过特定的装置(增压口或高压泵)，将动力源(电动机)的机械能转换成压力能，具有巨大压力能的水则通过小孔喷嘴(又一换能装置)，再将压力能转变成动能，从而形成高速射流(WJ)。因而其又常叫高速水射流。

高压水射流系统如图 2-11 所示，主要由增压系统、供水系统、增压恒压系统、喷嘴管路系统、数控工作台系统、集水系统及水循环处理系统等构成。增压系统的低压油(10～30 MPa)推动大活塞往复移动，其方向由换向阀自动控制。供水系统先对水进行净化处理，并加入防锈添加剂等，然后由供水泵打出低压水从单向阀进入高压缸。增压恒压系统包括增压器和蓄能器两部分。增压器获得高压的原理如图 2-12 所示，即利用大活塞与小活塞面积之差来实现。理论上：$A_大 \cdot P_油 = A_小 \cdot P_水$，$P_水 = A_大/A_小 \cdot P_油$，增压比即大活塞与小活塞面积之比，通常为 10∶1～25∶1，由此，增压器输出高压水压力可达 100～750 MPa。由于水在 400 MPa 时其压缩率达 12%，因而活塞杆在走过其整个行程的 1/8 后才会有高压水输出。活塞到达行程终端时，换向阀自动使油路改变方向(图中虚线箭头所示)，进而推动大活塞反向行进，此时高压水在另端输出。如果将此高压水直接送到喷嘴，那么喷嘴出来的射流压力将会是脉动的，这会对管路系统产生周期性振荡。为获得稳定的高压水射流，常在增压器和喷嘴回路之间设置一蓄能(恒压)器，来消除水压脉动(常能控制脉动量在 5%之内)，达到恒压之目的。

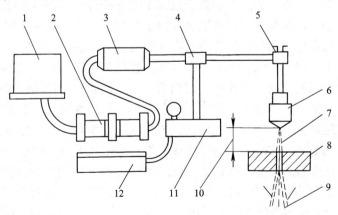

1—带有过滤器的水箱；2—水泵；3—贮液蓄能器；4—控制器；5—阀；6—蓝宝石喷嘴；
7—射流；8—工件；9—排水口；10—压射距离；11—液压机构；12—增压器

图 2-11　高压水射流原理图

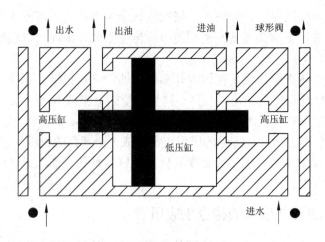

图 2-12　增压器获得高压源

高压水射流切割是利用具有很高动能的高速射流进行的(有时又称为高速水射流加工)，与激光、离子束、电子束一样属于高能束加工范畴。高压水射流切割作为一项高新技术，在某种意义上讲是切割领域的一次革命，有着十分广阔的应用前景，随着技术的成熟及某些局限的克服，对其它切割工艺是一种完美补充。目前，其用途和优势主要体现在难加工材料方面，如陶瓷、硬质合金、高速钢、模具钢、淬火钢、白口铸铁、钨钼钴合金、耐热合金、钛合金、耐蚀合金、复合材料(FRM、FRP 等)、锻烧陶瓷、高速钢(HRC30 以下)、不锈钢、高锰钢、模具钢和马氏体钢(HRC<30)、高硅铸铁、可锻铸铁等一般工程材料。高压水射流除切割外，稍降低压力或增大靶距和流量还可用于清洗、破碎、表面毛化和强化处理。目前，高压水射流加工技术已在以下行业获得成功应用：汽车制造与修理、航空航天、机械加工、国防、军工、兵器、电子电力、石油、采矿、轻工、建筑建材、核工业、化工、船舶、食品、医疗、林业、农业、市政工程等方面。

2.3.5　高能束加工技术的现状及发展方向

正是由于激光束加工、电子束加工和离子束加工的这些特点，使得高能束加工方法为实现产品元件的微细加工、精密和超精密加工提供了有利的手段，并在机械工业的某些领域中得到广泛应用。除焊接、切割、打孔和涂覆加工已在工业领域广泛应用外，高能束加工技术在表面改性、微细加工和新材料制备等领域的开拓和应用也方兴未艾。特别是国防工业领域中，许多特殊功能材料的零件和新结构的加工制造以及高技术领域中电子和微电子元器件的制造也非高能束加工莫属。例如，把高能束加工的深穿透特点用于重型装备厚壁结构、压力容器、运载工具、飞行器的焊接；把精密控制微焦点的高能量密度的热源用于微电子和精密器件的制造，实现超大规模集成元件、航空航天航海仪表、陀螺、膜盒的制造和核动力装置燃料棒的高质量、高效率封装；利用高束能加工技术的可控高速扫描(可达 900 m/s)，实现宇航动力装置上气膜冷却小孔层板结构的高效率、高质量制造；利用高束能加工技术可以在真空、高压条件下全方位加工的特点，实现在太空微重力条件下的焊接、钎焊、切割以及在深水(600 m)高压条件下的加工作业；利用高束能加工技术高速加热和高速冷却的特点，对金属材料表面改性、非晶态化，制备特殊功能涂层和新型材料，包括金属材料、非金属复合材料、陶瓷材料、超细颗粒材料和超高纯材料等。

2.4 超高速加工技术

2.4.1 超高速加工技术的定义和产生背景

超高速加工技术是指采用超硬材料刀具和磨具，利用能可靠地实现高速运动的高精度、高自动化和高柔性的制造设备，以提高切削速度来达到提高材料切除率、加工精度和加工质量的先进加工技术。

20世纪80年代，计算机控制的自动化生产技术的高速发展成为国际生产工程的突出特点，工业发达国家机床的数控化率已高达70%～80%。随着数控机床、加工中心和柔性制造系统在机械制造中的应用，使机床空行程动作(如自动换刀、上下料等)的速度和零件生产过程的连续性大大加快，机械加工的辅助工时大为缩短。这使得切削工时占去了总工时的主要部分，因此，只有提高切削速度和进给速度等，才有可能在提高生产率方面出现一次新的飞跃和突破。这就是超高速加工技术(Ultra High Speed Machining，UHSM)得以迅速发展的历史背景。近几十年来，切削加工的制造时间和费用的变化如图2-13所示。

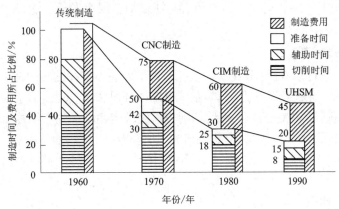

图2-13 不同年代切削加工的制造时间及费用

提高生产率一直是机械制造领域十分关注并为之不懈奋斗的主要目标。超高速加工(UHSM)不但成倍提高了机床的生产效率，而且进一步改善了零件的加工精度和表面质量，还能解决常规加工中某些特殊材料难以解决的加工问题。因此，超高速加工这一先进加工技术引起了世界各国工业界和学术界的高度重视。国内外权威学者认为，如果把数控技术看成是现代制造技术的第一个里程碑，那么超高速加工技术就是现代制造技术的第二个里程碑。高速超高速加工、精密超精密加工、高能束加工和自动化加工构成了当今四大先进加工技术。

2.4.2 超高速加工技术的应用

超高速切削的工业应用目前主要集中在以下几个领域：

1. 航空航天工业领域

高速加工在航空航天领域应用广泛，如大型整体结构件、薄壁类零件、微孔槽类零件和叶轮叶片等。国外许多飞机及发动机制造厂已采用高速切削加工来制造飞机大梁、肋板、舵机壳体、雷达组件、热敏感组件、钛和钛合金零件、铝或镁合金压铸件等航空零部件产品。现代飞机构件都采用整体加工技术，即直接在实体毛坯上进行高速切削，加工出高精度、高质量的铝合金或钛合金等有色轻金属及合金的构件，而不再采用铆接等工艺，从而可以提高生产效率，降低飞机重量。

2. 汽车工业领域

高速加工在汽车生产领域的应用主要体现在模具和零件加工两个方面。应用高速切削加工技术可加工零件的范围相当广，其典型零件包括：伺服阀、各种泵和电机的壳体、电机转子、汽缸体和模具等。汽车零件铸模以及内饰件注塑模的制造正逐渐采用高速加工。

3. 模具工具工业领域

采用高速切削可以直接由淬硬材料加工模具，省去了过去机加工到电加工的几道工序，节约了工时。目前高速切削可以达到很高的表面质量($R_a \leqslant 0.4\ \mu m$)，省去了电加工后表面研磨和抛光的工序。另外，切削形成的已加工表面的压应力状态还会提高模具工件表面的耐磨程度(据统计，模具寿命因此能提高 3～5 倍)。这样，锻模和铸模仅经高速铣削就能完成加工。复杂曲面加工、高速粗加工和淬硬后高速精加工很有发展前途，并有取代电火花加工和抛光加工的趋势。

4. 超精密微细切削加工领域

在电路板上，有许多 0.5 mm 左右的小孔，为了提高小直径钻头的钻刃切削速度，提高效率，目前普遍采用高速切削方式。日本的 FANUC 公司和电气通信大学合作研制了超精密铣床，其主轴转速达 55 000 r/min，可用切削方法实现自由曲面的微细加工。据称，生产率和相对精度均为目前光刻技术领域中的微细加工所不及。

高速切削的应用范围正在逐步扩大，不仅用于切削金属等硬材料，也越来越多的用于切削软材料，如橡胶、各种塑料、木头等，经高速切削后这些软材料被加工表面极为光洁，比普通切削的加工效果好得多。

2.4.3 超高速机床的"零传动"

在超高速运转的条件下，传统的齿轮变速和皮带传动方式已不能适应要求，代之以宽调速交流变频电机来实现数控机床主轴的变速，从而使机床主传动的机械结构大为简化，形成一种新型的功能部件——主轴单元。在超高速数控机床中，几乎无一例外地采用了主轴电机与机床主轴合二为一的结构形式。即采用无外壳电机，将其空心转子直接套装在机床主轴上，带有冷却套的定子则安装在主轴单元的壳体内，形成内装式电机主轴(build-inmotor spindle)，简称"电主轴"(elector spindle)。这样，电机的转子就是机床的主轴，机床主轴单元的壳体就是电机座，从而实现了变频电机与机床主轴的一体化。由于它取消了从主电机到机床主轴之间的一切中间传动环节，把主传动链的长度缩短为零，因此，我们称这种新型的驱动与传动方式为"零传动"。

2.4.4　超高速加工技术的优越性

1．加工效率高

高速切削加工比常规切削加工的切削速度高 5～10 倍，进给速度随切削速度的提高也可相应提高 5～10 倍，这样，单位时间材料切除率可提高 3～6 倍，因而零件加工时间通常可缩减到原来的 1/3，从而提高了加工效率和设备利用率，缩短生产周期。

2．切削力小

和常规切削加工相比，高速切削加工的切削力至少可降低 30%，这对于加工刚性较差的零件(如细长轴、薄壁件)来说，可减少加工变形，提高零件加工精度。同时，采用高速切削时，单位功率材料切除率可提高 40%以上，有利于延长刀具使用寿命，通常刀具寿命可提高约 70%。

3．热变形小

高速切削加工过程极为迅速，95%以上的切削热来不及传给工件，而被切屑迅速带走，零件不会因温升而导致弯翘或膨胀变形。因此，高速切削特别适合于加工容易发生热变形的零件。

4．加工精度高、加工质量好

由于高速切削加工的切削力和切削热影响小，使刀具和工件的变形小，保持了尺寸的精确性，另外，由于切屑被飞快地切离工件，切削力和切削热影响小，因而使工件表面的残余应力小，达到较好的表面质量。

5．加工过程稳定

高速旋转刀具切削加工时的激振频率高，已远远超出"机床—工件—刀具"系统的固有频率范围，不会造成工艺系统振动，使加工过程平稳，有利于提高加工精度和表面质量。

6．减少后续加工工序

高速切削加工获得的工件表面质量几乎可与磨削相比，因而可以直接作为最后一道精加工工序，实现高精度、低粗糙度加工。

7．良好的技术经济效益

采用高速切削加工将能取得较好的技术经济效益，如缩短加工时间，提高生产率；可加工刚性差的零件；零件加工精度高、表面质量好；提高了刀具耐用度和机床利用率；节省了换刀辅助时间和刀具刃磨费用等。

2.5　超精密加工技术

2.5.1　超精密加工技术的发展

美国是开展超精密加工技术研究最早的国家，也是在这方面迄今处于世界领先地位的国家。早在 20 世纪 50 年代末，由于航天等尖端技术发展的需要，美国首先发展了金刚石刀具的超精密切削技术，称为"SPDT 技术"(Single Point Diamond Turning)或"微英寸技术"(1 微英寸＝0.025 μm)，并发展了相应的空气轴承主轴的超精密机床，用于加工激光核聚变反射镜、战术导弹及载人飞船用球面、非球面大型零件等。例如，美国 LLL 实验室和 Y－12 工厂在美国能源部支持下，于 1983 年 7 月研制成功大型超精密金刚石车床 DTM－3 型，该机床可加工最大零件 Φ2100 mm、重量 4500 kg 的激光核聚变用的各种金属反射镜、红外装置用零件、大型天体望远镜(包括 X 光天体望远镜)等。该机床的加工精度可达到形状误差为 28 nm(半径)，圆度和平面度为 12.5 nm，加工表面粗糙度为 R_a 4.2 nm。该机床与该实验室 1984 年研制的 LODTM 大型超精密车床一起仍是现在世界上公认的技术水平最高、精度最高的大型金刚石超精密车床。

在超精密加工技术领域，英国克兰菲尔德技术学院所属的克兰菲尔德精密工程研究所(简称 CUPE)享有较高声誉，它是当今世界上精密工程的研究中心之一，是英国超精密加工技术水平的独特代表。例如，CUPE 生产的 Nanocentre(纳米加工中心)既可进行超精密车削，又带有磨头，也可进行超精密磨削，加工工件的形状精度可达 0.1 μm，表面粗糙度 R_a<10 nm。

日本对超精密加工技术的研究相对于美、英来说起步较晚，但却是当今世界上超精密加工技术发展最快的国家。日本的研究重点不同于美国，前者是以民品应用为主要对象，后者则是以发展国防尖端技术为主要目标。所以，日本在用于声、光、图像、办公设备中的小型、超小型电子和光学零件的超精密加工技术方面，是更加先进和具有优势的，甚至超过了美国。

我国的超精密加工技术在 20 世纪 70 年代末期有了长足进步，80 年代中期出现了具有世界水平的超精密机床和部件。北京机床研究所是国内进行超精密加工技术研究的主要单位之一，研制出了多种不同类型的超精密机床、部件和相关的高精度测试仪器等，如精度达 0.025 μm 的精密轴承、JCS－027 超精密车床、JCS－031 超精密铣床、JCS－035 超精密车床、超精密车床数控系统、复印机感光鼓加工机床、红外大功率激光反射镜、超精密振动－位移测微仪等，达到了国内领先、国际先进水平。

超精密加工技术的发展趋势是：向更高精度、更高效率方向发展；向大型化、微型化方向发展；向加工检测一体化方向发展；机床向多功能模块化方向发展；不断探讨适合于超精密加工的新原理、新方法、新材料。

2.5.2 超精密加工技术方法机理

1. 超精密切削加工

超精密切削加工主要指金刚石刀具超精密车削，主要用于加工软金属材料，如铜、铝等非铁金属及其合金，以及光学玻璃、大理石和碳素纤维板等非金属材料，主要加工对象是精度要求很高的镜面零件。

最新进展表明，国外金刚石刀具刃口半径可达到纳米级水平。日本大阪大学和美国 LLL 实验室合作研究超精密切削的最小极限，使用极锋锐的刀具和机床条件最佳的情况下，可以实现切削厚度为纳米(nm)级的连续稳定切削。

2. 超精密磨削和磨料加工

超精密磨削和磨料加工是利用细粒度的磨粒和微粉主要对黑色金属、硬脆材料等进行加工，可分为固结磨料和游离磨料两大类加工方式。其中固结磨料加工主要有：超精密砂轮磨削和超硬材料微粉砂轮磨削、超精密砂带磨削、ELID磨削、双端面精密磨削以及电泳磨削等。

1) 超精密砂轮磨削技术

超精密磨削是指加工精度在0.1 μm以下、表面粗糙度R_a 0.025 μm以下的砂轮磨削方法，此时因磨粒去除切屑极薄，将承受很高的压力，其切削刃表面受到高温和高压作用，因此，需用人造金刚石、立方氮化硼(CBN)等超硬磨料砂轮。

超精密磨削工件表面的微观轮廓是砂轮表面微观轮廓的某种复印，其与砂轮特性、修整砂轮的工具、修整方法和修整用量等密切相关。超精密磨削表面形成机理的分析中，可通过采用切入法磨削，然后观察工件表面状况并测量其表面粗糙度，以此来评定砂轮表面轮廓和切刃的分布。超精密磨削与普通磨削的不同之处主要是切削深度极小，是超微量切除，除微切削作用外，可能还有塑性流动和弹性破坏等作用。

经研究表明，超精密磨削实现极低的表面粗糙度，主要靠砂轮精细修正得到大量的、等高性很好的微刃，实现了微量切削作用。经过一定磨削时间之后，形成了大量的半钝化刃，起到了摩擦抛光作用，最后又经过光磨作用进一步进行了精细的摩擦抛光，从而获得了高质量表面。

超精密磨削加工中，在采用粗粒度及细粒度砂轮时，砂轮速度v_s为12～20 m/s，工件速度v_w为4～10 m/min，工作台纵进给f_a为50～100 mm/min，磨削余量为0.002～0.005 mm，砂轮每转修整导程为0.02～0.03 m/r，修正横进给次数为2～3次，无火花磨削次数为4～6次。现代超精密磨削已采用超硬磨料砂轮，如采用CBN砂轮时，v_s一般为60 m/s以上，v_w为5 m/min以上，修整进给量为0.03 mm/r，表面粗糙度R_a达0.1～0.5 μm。

超硬材料微粉砂轮超精密磨削技术已成为一种更先进的超精密砂轮磨削技术，国内外对其已有一些研究，主要用于加工难加工材料，其精度可达0.025 mm的水平。该技术的关键是：微粉砂轮制备技术及修整技术、多磨粒磨削模型的建立和磨削过程分析的计算机仿真技术等。

2) 超精密砂带磨削技术

随着砂带制作质量的迅速提高，砂带上砂粒的等高性和微刃性也愈来愈好，并采用带有一定弹性的接触轮材料，使砂带磨削具有磨削、研磨和抛光的多重作用，从而可以达到高精度和低表面粗糙度值。用超声波砂带精密磨削加工硬盘基体时使用聚脂薄膜砂带，切削速度为35 m/min；利用滚花表面接触辊，其加工表面粗糙度为R_a 0.043 μm，平均加工时间为125 min；利用光滑表面接触辊，得到R_a 0.073 μm，平均加工时间为20 min。

3) ELID(电解在线修整)超精密镜面磨削技术

目前，新材料特别是硬脆材料等难加工材料大量涌现，对这些材料尽管存在多种加工方法，但最实用的加工方法仍是金刚石砂轮进行粗磨、精磨以及研磨和抛光等。为了实现优质、高效、低耗的超精密加工，20世纪80年代末期，日本东京大学中川威雄教授创造性地提出采用铸铁纤维剂作为金刚石砂轮的结合剂，可使砂轮寿命成倍提高；紧接着，日本理化研究所大森整等人完成了电解在线修整砂轮(ELID)的超精密镜面磨削技术的研究，成功地解决了金属结合剂超硬磨料砂轮的在线修锐问题。ELID技术的基本原理是利用在线的电解作用对金属基砂轮进行修整，即在磨削过程中在砂轮和工具电极之间浇注电解液并加以直流脉冲电流，使作为阳极的砂轮金属结合剂产生阳极溶解效应而被逐渐去除，使不受电解影响的磨料颗粒凸出砂轮表面，从而实现对砂轮的修整，并在加工过程中始终保持砂轮的锋锐性。ELID 磨削技术由于采用 ELID(ELectrolytic In-Process Dressing)技术，使得用超微细(甚至超微粉)的超硬磨料制造砂轮并用于磨削成为可能，其可代替普通磨削、研磨及抛光并实现硬脆材料的高精度、高效率的超精加工。

4) 双端面精密磨削技术

作平面研磨运动的双端面精磨技术，其双端面精磨的磨削运动和作行星运动的双面研磨一样，工件既作公转又作自转；磨具的磨料粒度也很细，一般为 3000#～8000#。在磨削过程中，微滑擦、微耕犁、微切削和材料微疲劳断裂同时起作用，磨痕交叉而且均匀。该磨削方式属控制力磨削过程，有和精密研磨相同的加工精度，有相比研磨高得多的去除率；另外可获得很高的平面度和两平面的平行度。该技术目前取代金刚石车削成为磁盘基片等零件的主要超精加工方法。ELID 技术也被用于双端面磨削(如日本 HOM-380E 型双端面磨床)，加工精度更高。

5) 超精密研磨与抛光技术

游离磨料加工是指在加工时，磨粒或微粉成游离状态，如研磨时的研磨剂、抛光时的抛光液，其中的磨粒或微粉在加工时不是固结在一起的。游离磨料加工的典型方法是超精密研磨与抛光加工，如超精密研磨、磁流体精研、磁力研磨、电解研磨复合加工、软质磨粒机械抛光(弹性发射加工、机械化学抛光、化学机械抛光)、磁流体抛光、挤压研抛、砂带研抛、超精研抛等。超精密研磨抛光有以下发展动向：① 采用软质磨粒，甚至比工件硬度还要软的磨粒，如 SiO_2、ZrO_2 等，在抛光时不易造成被加工表面的机械损伤，如微裂纹、磨料嵌入、洼坑、麻点等；② 非接触抛光或称浮动抛光，抛光工具与工件被加工表面之间有一薄层磨料流，不直接接触；③ 在恒温液中进行抛光，既可以减小热变形，又可防止尘埃或杂物混入抛光区而影响加工质量；④ 采用复合加工等。

(1) 超精密研磨技术。研磨是在被加工表面和研具之间置以游离磨料和润滑液，使被加工表面和研具产生相对运动并加压，磨料产生切削、挤压作用，从而去除表面凸处，使被加工表面的精度得以提高(可达 0.025 μm)，表面粗糙度参数值得以降低(R_a 达 0.043 μm)。研磨机理可以归纳为以下几种作用：磨粒的切削作用；磨粒的挤压使工件表面产生塑性变形；磨粒的压力使工件表面加工硬化和断裂；磨粒去除工件表面的氧化膜的化学促进作用。

超精密研磨是一种加工误差达 0.1 μm 以下、表面粗糙度 R_a 达 0.02 μm 以下的研磨方法，是一种原子、分子加工单位的加工方法。从机理上来看，其主要是磨粒的挤压使被加工表面产生塑性变形，以及当有化学作用时使工件表面生成氧化膜的反复去除。

与研磨加工相比，超精密研磨具有一些特点，即：在恒温条件下进行，磨料与研磨液混合均匀，所使用磨粒的颗粒非常小，所用研具材料较软、研具刚度精度高、研磨液经过了严格过滤。超精密研磨常作为精密块规、球面空气轴承、半导体硅片、石英晶体、高级平晶和光学镜头等零件的最后加工工序。

(2) 磁流体精研技术。磁性流体为强磁粉末在液相中分散为胶态尺寸(<0.0159 μm)的胶态溶液，由磁感应可能产生流动性。其特性是：每一个粒子的磁力矩极大，不会因重力而

沉降；磁性曲线无磁滞，磁化强度随磁场强度增加而增加。当将非磁性材料的磨料混入磁流体而置于磁场中时，则磨粒在磁流体浮力作用下压向旋转的工件而进行研磨。磁流体精研为研磨加工的可控性开拓了一个方向，有可能成为一种新的无接触研磨方法。磁流体精研的方法又有磨粒悬浮式加工、磨料控制式加工及磁流体封闭式加工。

磨粒悬浮式加工是利用悬浮在液体中的磨粒进行可控制的精密研磨加工。研磨装置由研磨加工部分、驱动部分和电磁部分等三部分组成。磨料控制式加工是在研磨具的孔洞内预先放磨粒，通过磁流体的作用将磨料逐渐输送到研磨盘上面。磁流体封闭式加工是通过橡胶板将磨粒与磁流体分隔放置进行加工。

(3) 磁力研磨技术。磁力研磨是利用磁场作用，使磁极间的磁性磨料形成如刷子一样的研磨刷，其被吸附在磁极的工作表面上，在磨料与工件的相对运动下，实现对工件表面的研磨作用。这种加工方法不仅能对圆周表面、平面和棱边等进行研磨，而且还可对凸凹不平的复杂曲面进行研磨。

(4) 电解研磨、机械化学研磨、超声研磨等复合研磨方法。

电解研磨是电解和研磨的复合加工。其研具是一个与工件表面接触的研磨头，它既起研磨作用，又是电解加工用的阴极，工件接阳极。研磨加工时，以精度较高的电解成形所采用的硝酸钠水溶液为主，加入既能保持其精度又能提高其蚀除速度的添加剂(如含氧酸盐)和1% 氟化钠(NaF)等光亮剂组成电解液，电解液通过研磨头的出口流经金属工件表面，工件表面在电解作用下发生阳极溶解，在溶解过程中，阳极表面形成一层极薄的氧化物(阳极薄膜)，但刚刚在工件表面凸起部分形成的阳极膜被研磨头研磨掉，于是阳极工件表面上又露出新的表面并继续电解。这样，电解作用与研磨头刮除阳极膜作用交替进行，在极短时间内，可获得十分光洁的镜面。

机械化学研磨是在研磨的机械作用下，加上研磨剂中的活性物质的化学反应，从而提高了研磨质量和效率。

超声研磨是在研磨中使研具附加超声振动，从而提高了效率，对难加工材料的研磨有较好效果。

(5) 软质磨粒机械抛光。典型的软质磨粒机械抛光是弹性发射加工，其最小切除量可以达原子级，即可小于 0.0011 μm，直至切去一层原子，而且被加工表面的晶格不致变形，能够获得极小表面粗糙度和材质极纯的表面。其加工原理的实质是磨粒原子的扩散作用和加了速的微小粒子弹性射击的机械作用的综合结果。微小粒子可利用振动法、真空中带静电的粉末粒子加速法、空气流或水流来加速，其中用水流使微粒加速的方法最稳定。

机械化学抛光是一种无接触抛光方法，即抛光器与被加工表面之间有小间隙。这种抛光是以机械作用为主，其活化作用是靠工作压力和高速摩擦由抛光液而产生。化学机械抛光强调化学作用，靠活性抛光液(在抛光液中加入添加剂)的化学活性作用，在被加工表面上生成一种化学反应生成物，由磨粒的机械摩擦作用去除。它可以得到无机械损伤的加工表面，而且提高了效率。

(6) 磁流体抛光。磁流体是由强磁性微粉(10～15 nm 大小的 Fe_3O_4)、表面活化剂和运载液体所构成的悬浮液，在重力或磁场作用下呈稳定的胶体分散状态，具有很强的磁性，磁化曲线几乎没有磁滞现象，磁化强度随磁场强度增加而增加。将非磁性材料的磨粒混入磁流体中，置于有磁场梯度的环境内，则非磁性磨粒在磁流体中将受磁浮力作用而向低磁力方向移动。例如，当磁场梯度为重力方向时，如将电磁铁或永久磁铁置于磁流体的下方，则非磁性磨粒将漂浮在磁流体的上表面(反之，非磁性磨粒将下沉在磁流体的下表面)，将工件置于磁流体的上面并与磁流体在水平面产生相对运动，则上浮的磨粒将对工件的下表面产生抛光加工，抛光压力由磁场强度控制。在磁流体抛光中，由于磁流体的作用，磨粒的刮削作用多，滚动作用少，因此加工质量和效率均得以提高。磁流体抛光可加工平面、自由曲面等，加工材料范围较广。该方法又称为磁悬浮抛光。

2.5.3 超精密加工机床

超精密加工机床是实现超精密加工的首要条件。目前的超精密加工机床一般是采用高精度空气静压轴承支撑主轴系统，空气静压导轨支撑进给系统的结构模式。要实现超微量切削，必须配有微量移动工作台的微进给驱动装置和满足刀具角度微调的微量进给机构，并能实现数字控制。

1) 主轴及其驱动装置

主轴是超精密机床的圆度基准，故要求极高的回转精度，其精度范围为 $0.02 \sim 0.1\ \mu m$。此外，主轴还要具有相应的刚度，以抵抗受力后的变形。主轴运转过程中产生的热量和主轴驱动装置产生的热量对机床精度有很大影响，故必须严格控制温升和热变形。为了获得平稳的旋转运动，超精密机床主轴广泛采用空气静压轴承，主轴驱动采用皮带卸载驱动和磁性联轴节驱动的主轴系统。

2) 导轨及进给驱动装置

导轨是超精密机床的直线性基准，精度一般要求 $0.02 \sim 0.2\ \mu m/100\ mm$。在超精密机床上，有滑动导轨、滚动导轨、液体静压导轨和空气静压导轨，但应用最广泛的是空气静压导轨与液体静压导轨。滑动导轨直线性最高可达 $0.05\ \mu m/100\ mm$；滚动导轨可达 $0.1\ \mu m/100\ mm$；液体静压导轨与空气静压导轨的直线性最稳定，可达 $0.02\ \mu m/100\ m$；采用激光校正的液体静压导轨和空气静压导轨精度可达 $0.025\ \mu m/100\ mm$。利用静压支承的摩擦驱动方式在超精密机床的进给驱动装置上应用愈来愈多，这种方式驱动刚性高、运动平稳、无间隙、移动灵敏。

3) 微量进给装置

在超精密加工中，微量进给装置用于刀具微量调整，以保证零件尺寸精度。微量进给装置有机械式微量进给装置、弹性变形式微量进给装置、热变形式微量进给装置、电致伸缩微量进给装置、磁致伸缩微量进给装置以及流体膜变形微量进给装置等。

2.5.4 检测与误差补偿

超精密加工精度可采取两种减少加工误差的策略。一种是所谓误差预防策略，即通过提高机床制造精度、保证加工环境的稳定性等方法来减少误差源，从而使加工误差消失或减少。另一种是所谓误差补偿策略，是指对加工误差进行在线检测，实时建模与动态分析预报，再根据预报数据对误差源进行补偿，从而消除或减少加工误差。实践证明，若加工精度高出某一要求后，利用误差预防技术来提高加工精度要比用误差补偿技术的费用高出很多。从这个意义上讲，误差补偿技术必将成为超精密加工的主导方向。在近十多年间，西方工业发达国家在精密计量仪器方面取得重大进展，先后研制出激光干涉仪、扫描隧道显微镜、原子力显微镜等，极大地推动了超精密加工技术的发展。

2.5.5 工作环境

工作环境的任何微小变化都可能影响加工精度的变化，使超精密加工达不到精度要求。因此，超精密加工必须在超稳定的环境下进行。超稳定环境主要是指恒温、超净和防振三个方面。

超精密加工一般应在多层恒温条件下进行，不仅放置机床的房间应保持恒温，还要求机床及部件应采取特殊的恒温措施。一般要求加工区温度和室温保持在(20 ± 0.06)℃的范围内。

超净化的环境对超精密加工也很重要，因为环境中的硬粒子会严重影响被加工表面的质量。如加工 256 K 集成电路硅晶片时，环境的净化要求为 1 立方尺空气内大于 $0.1~\mu m$ 的尘埃数小于 10 个；加工 4 M 集成电路硅晶片时，净化要求为 1 立方尺空气内大于 $0.01~\mu m$ 的尘埃数应小于 10 个。

外界振动对超精密加工的精度和粗糙度影响甚大。采用带防振沟的隔振地基和把机床安装在专用的隔振设备上，都是极有效的防振措施。

2.5.6 超精密加工的地位和作用

先进制造技术已经是一个国家经济发展的重要手段之一。许多国家都十分重视先进制造技术的水平和发展，利用它进行产品革新、扩大生产和提高国际经济竞争能力。当前，美国、日本、德国等国家的经济发展在世界上处于领先水平的重要原因之一，就是这些国家把先进制造技术看做是现代国家经济上获得成功的关键因素。日本在第二次世界大战后为了迅速恢复经济，致力于大力发展制造技术，特别是精密加工技术，从而使机械制造业的水平有了很大提高，有力地支持了其他工业的发展，在汽车制造业和微电子工业上取得了显著成绩，在短短的 30 年中，从一个战败国发展成为世界上的经济强国。美国从 20 世纪 30 年代开始在制造技术上处于世界领先地位，但在 50 年代以后，对制造技术不够重视，使其在经济竞争上感受到巨大的威胁。经过认真总结，认识到进入 80 年代后，在重要的、高速增长的技术市场上失利的一个重要原因是美国没有把自己的技术应用到制造上。美国国家工程科学院的国家研究理事会经过反复研究，提出要把注意力重新放在制造技术上，而不是像前些年那样，把制造放到从属于设计的地位上。

先进制造技术是当前世界各国发展国民经济的主攻方向和战略决策，同时又是一个国家独立自主、繁荣昌盛、经济上持续稳定发展、科技上保持先进领先的长远大计。

从先进制造技术的技术实质性而论，主要有精密和超精密加工技术与制造自动化两大领域。前者追求加工上的精度和表面质量极限；后者包括了产品设计、制造和管理的自动化，它不仅是快速响应市场需求、提高生产率、改善劳动条件的重要手段，而且是保证产品质量的有效举措。两者有密切关系，许多精密和超精密加工要依靠自动化技术得以达到预期指标，而不少制造自动化有赖于精密加工才能准确可靠地实现。两者具有全局的、决定性的作用，是先进制造技术的支柱。

(1) 超精密加工是国家制造工业水平的重要标志之一。超精密加工所能达到的精度、表面粗糙度、加工尺寸范围和几何形状是一个国家制造技术水平的重要标志之一。例如：金刚石刀具切削刃钝圆半径的大小是金刚石刀具超精密切削的一个关键技术参数，日本声称已达到 2 nm，而我国尚处于亚微米水平，相差一个数量级；又如金刚石微粉砂轮超精密磨削在日本已用于生产，使制造水平有了大幅度提高，有效解决了超精密磨削磨料加工效率低的问题。

(2) 精密加工和超精密加工是先进制造技术的基础和关键。当前，在制造自动化领域进行了大量有关计算机辅助制造软件的开发，如计算机辅助设计(CAD)、计算机辅助工程分析(CAE)、计算机辅助工艺过程设计(CAPP)、计算机辅助加工(CAM)等，统称计算机辅助工程(CAX)；又如面向装配的设计(DFA)、面向制造的设计(DFM)等，统称为面向工程的设计(DFX)；又进行了计算机集成制造(CIM)技术、生产模式(如精良生产、敏捷制造、虚拟制造)以及清洁生产和绿色制造等研究。这些都是十分重要和必要的，代表了当前高新制造技术的一个重要方面。但是，作为制造技术的主战场，作为真实产品的实际制造，必然要依靠精密加工和超精密加工技术。例如，计算机工业的发展不仅要在软件上，还要在硬件上，即在集成电路芯片上有很强的能力。应该说，当前我国集成电路的制造水平约束了计算机工业的发展。美国制造工程研究者提出的汽车制造业的"两毫米工程"，得以使其汽车质量赶上欧、日水平，其中的举措都是实实在在的制造技术。

2.6　微型机械加工技术

2.6.1　概况

微型机械(Micro Machine，日本惯用词)或称微型机电系统(Micro Electro-Mechanical Systems，即 MEMS，美国惯用词)或微型系统(Microsystems，欧洲惯用词)是指可以批量制作的、集微型机构、微型传感器、微型执行器以及信号处理和控制电路、甚至外围接口、通信电路和电源等于一体的微型器件或系统。其主要特点有：体积小(特征尺寸范围为1 nm～10 mm)、重量轻、耗能低、性能稳定；有利于大批量生产，可降低生产成本；惯性小、谐振频率高、响应时间短；集约高技术成果，附加价值高等。微型机械的目的不仅仅在于缩小尺寸和体积，其目标更在于通过微型化、集成化来探索新原理、新功能的元件和系统，以开辟一个新技术领域，形成批量化产业。

微型机械技术是一个新兴的、多学科交叉的高科技领域，它研究和控制物质结构的功能尺寸或分辨能力，达到微米至纳米尺度。微型机械技术涉及电子、电气、机械、材料、制造、信息与自动控制、物理、化学、光学、医学以及生物技术等多种工程技术和科学，并集约了当今科学技术的许多尖端成果。

微型机械加工技术是指制作微机械或微型装置的微细加工技术。微细加工的出现和发展最早是与大规模集成电路密切相关的。集成电路要求在微小面积的半导体材料上能容纳更多的电子元件，以形成功能复杂而完善的电路。电路微细图案中的最小线条宽度是提高集成电路集成度的关键技术和标志，微细加工对微电子工业而言就是一种加工尺度从微米到纳米量级的制造微小尺寸元器件或薄膜图形的先进制造技术。目前，微型机械加工技术主要有基于从半导体集成电路微细加工工艺中发展起来的硅平面加工工艺和体加工工艺。20世纪80年代中期以后，在LIGA(光刻电铸)加工、准LIGA加工、超微细机械加工、微细电火花加工(EDM)、等离子体加工、激光加工、离子束加工、电子束加工、快速原型制造(RPM)以及键合技术等微细加工工艺方面取得了相当大的进展。

　　微型机械的特点决定了其广泛的应用前景。微型机械系统可以完成大型机电系统所不能完成的任务。微型机械与电子技术紧密结合，将使种类繁多的微型器件问世，这些微型器件采用大批量集成制造，价格低廉，将广泛地应用于人类生活的众多领域。在21世纪，微型机械将逐步从实验室走向实用化，对工农业、信息、环境、生物医疗、空间、国防等的发展产生重大影响。微型机械加工技术是微型机械技术领域的一个非常重要又非常活跃的技术领域，其发展不仅可带动许多相关学科的发展，更是与国家科技、经济的发展和国防建设息息相关。微型机械加工技术的发展也有着巨大的产业化应用前景。

2.6.2　微型机械加工技术的发展现状

1．国外技术现状

　　1959年，R.Feynman(1965年诺贝尔物理奖获得者)就提出了微型机械的设想。1962年，第一个硅微型压力传感器问世；其后，开发出尺寸为50～500 μm的齿轮、齿轮泵、气动涡轮及联接件等微型机械。1965年，斯坦福大学研制出硅脑电极探针，后来又在扫描隧道显微镜、微型传感器方面取得成功。1987年，美国加州大学伯克利分校研制出转子直径为60～12 μm的硅微型静电电动机，显示出利用硅微加工工艺制作微小可动结构并与集成电路兼容以制造微小系统的潜力。

　　微型机械在国外已受到政府部门、企业界、高等学校与研究机构的高度重视。美国的MIT、Berkeley、Stanford、AT&T和NSF等的15名科学家在20世纪80年代末在给政府的《小机器、大机遇：关于新兴领域——微动力学的报告》的国家建议书中，声称"由于微动力学(微系统)在美国的紧迫性，应在这样一个新的重要技术领域与其他国家的竞争中走在前面"，建议中央财政预支费用为五年5000万美元，得到美国领导机构重视，连续大力投资，并把航空航天、信息和MEMS作为科技发展的三大重点。1994年发布的《美国国防部国防技术计划》报告中，把MEMS列为关键技术项目。美国国防部高级研究计划局积极领导和支持MEMS的研究及其军事应用，现已建造了一条MEMS标准工艺线以促进新型元件/装置的研究与开发。美国工业界主要致力于压力传感器、位移传感器、应变仪和加速度表等传感器有关领域的研究。

　　目前已有大量的微型机械或微型系统被研制出来。例如：尖端直径为5 μm的微型镊子可以夹起一个红血球，尺寸为7 mm×7 mm×2 mm的微型泵流量可达250 μl/min，能开动的3 mm大小的汽车，在磁场中飞行的机器蝴蝶，以及集微型速度计、微型陀螺和信号处理系统于一体的微型惯性测量组合(MIMU)。德国创造了LIGA工艺，制成了悬臂梁、执行机构、微型泵、微型喷嘴，湿度、流量传感器，多种光学器件。美国加州理工学院在飞机翼面粘上相当数量1 mm左右的微梁，控制其弯曲角度以影响飞机的空气动力学特性。美国大批量生产的硅微加速度计把微型传感器(机械部分)和集成电路(电信号源、放大器、信号处理和自检正电路等)一起集成在 3 mm×3 mm 硅片上。日本研制的数厘米见方的微型车床可加工精度达 1.5 μm 的微细轴。

2. 国内技术现状

我国在科技部、国家自然科学基金委员会、教育部和总装备部的资助下，一直在跟踪国外的微型机械研究，积极开展 MEMS 的研究。现有的微电子设备和同步加速器为微系统研究提供了基本条件，微型驱动器和微型机器人的开发早已列入国家 863 高技术计划中。我国已有近 40 个研究小组，取得了一些研究成果。广东工业大学与日本筑波大学合作，开展了生物和医用微型机器人的研究，已研制出一维、二维联动压电陶瓷驱动器，其位移范围分别为 5 μm 和 50 μm×50 μm；在此基础上，还研制出了位移范围为 50 μm×50 μm×50 μm，精度为 0.1 μm 的三自由度压电陶瓷驱动的微型机器人。哈尔滨工业大学研制出了电致伸缩陶瓷驱动的二自由度微型机器人，其位移范围为 10 μm×10 μm，位移分辨率为 0.01 μm，正在研制六自由度微型机器人。长春光学精密机器研究所研制出了 ϕ3 mm 的压电电动机、电磁电动机、微测试仪器和微操作系统。上海冶金研究所研制出了直径为 400 μm 的多晶硅齿轮、气动涡轮、微静电电动机和压电电动机。清华大学开展并研制出了微电动机、多晶硅梁结构、微泵与阀。上海交通大学研制出了 ϕ2 mm 的电磁电动机。南开大学开展了微型机器人的控制技术的研究等。

我国高校和研究所对多种微型机械加工的方法都开展了相应的研究，已奠定了一定的加工基础，能进行硅平面加工和体硅加工、LIGA 加工、准 LIGA 加工、微细电火花加工及立体光刻造型等。

3. 微型机械加工技术的发展趋势

微型机械加工技术的发展刚刚经历了十几年，在加工技术不断发展的同时发展了一批微小器件和系统，显示了巨大的生命力。作为大批量生产的微型机械产品，将以其价格低廉和优良性能而赢得市场，在生物工程、化学、微分析、光学、国防、航天、工业控制、医疗、通信及信息处理、农业和家庭服务等领域有着潜在的巨大应用前景。当前，作为大批量生产的微型机械产品如微型压力传感器、微细加速度计和喷墨打印头已经占领了巨大市场。目前市场上以流体调节与控制的微机电系统为主，其次为压力传感器和惯性传感器。1995 年，全球微型机械的销售额为 15 亿美元，到 2002 年，相关产品值约达到 400 亿美元。显然，微型机械及其加工技术有着巨大的市场和经济效益。

微型机械是一门交叉科学，和它相关的每一技术的发展都会促使微型机械的发展。随着微电子学、材料学、信息学等的不断发展，微型机械具备了更好的发展基础，加上巨大的应用前景和经济效益以及政府、企业的重视，微型机械发展必将有更大的飞跃，新原理、新功能、新结构体系的微传感器、微执行器和系统将不断出现，并可嵌入大的机械设备，提高自动化和智能化水平。

微型机械加工技术作为微型机械的最关键技术，对其有着更高要求，它也必将有一个大的发展。硅加工、LIGA 加工和准 LIGA 加工向着制作更复杂、更高深宽比、适合各种要求的材料特性和表面特性的微结构以及结合制作不同材料特别是功能材料微结构、更易于与电路集成的方向发展，多种加工技术结合也是其重要方向。微型机械在设计方面正向着进行结构和工艺设计的同时实现器件和系统的特性分析和评价的设计系统的实现方向发展，并引入虚拟现实技术。

我国在微型机械加工技术的优先发展领域是生物医学、环境监控、航空航天、工业与国防等领域。

2.6.3 微型机械加工技术的应用

微型机械在精密仪器、医疗卫生、生物工程，特别在空间狭小、操作精度高、功能高度集成的航空航天机载设备领域有着巨大的应用潜力。

随着微静电微电机在美国问世，微型机械研究出现了高潮，各种微传感器、微控制器等相继问世，并且各种机构趋于集成，逐渐形成功能较为完备的微机电系统，而整个系统的尺寸可以缩小到几毫米乃至几十微米。

国外一些有实力的公司和研究机构对微型机械的研究非常重视，已研制开发出许多有特色的产品。例如，美国斯坦福大学研究所研制的微型温度传感器能被注射到肿瘤内部，可通过增高体温法治疗癌症。增高体温法即利用超声波或无线电波的能把身体局部位置加热到 43℃以上杀死癌细胞。在这个过程中，肿瘤部位的精确温度控制尤为重要，单靠医生本身很难把握。但微型温度传感器却能巧妙地解决这个问题，它足够小并能用注射器注射到肿瘤部位，并且只在加热时停留在那里，从而出色地完成任务。利用 LIGA 技术制造的微加速度传感器，中间活动电极与两边固定电极的间隙仅为 $4\ \mu m$，其力臂长度为 $180\ \mu m$，力臂宽为 $20\ \mu m$，厚度为 $100\ \mu m$。当被测的加速度发生变化时，由于惯性作用，中间的活动电极与固定电极的间隙发生变化，通过测量其电容的变化即可得到加速度值。该加速度计可以用于汽车气袋的控制系统，当汽车紧急刹车或发生碰撞时，它可以自动打开气袋以保护驾驶员。前些年发展起来的能在硅片平面内做大范围旋转与移动的新型微型机械，标志着微型机械加工技术已能制造机器人运动关节等重要部件，为成功设计和制造单片式微机器人系统迈出了关键一步，利用该技术已制成了微型涡轮机、微型机械手等微型器件。

目前，微型机械的研究正在从基础研究逐步迈入研制开发与实用阶段，许多微传感器、微执行器以及微光学部件已经在某些行业得到应用。据介绍，1995 年微型机械产品的世界销售额达到了 25 亿欧洲货币单位，到 2000 年约增长到 100 亿欧洲货币单位。人们正在进一步着手微机器人、微型飞行器等新一代微型机械产品的研究开发。同时，国外也正在从微型机电系统(MEMS)向微型光机电系统(MOEMS)的方向扩展，从尺寸上向超微观的纳机电系统(Nano Electro Mechanical System，NEMS)逼近。相信微纳米技术的不断发展一定会从微观角度给我们展现出一个全新的世界。

2.6.4 微型机械加工技术的关键技术

微型机械涉及许多关键技术。当一个系统的特征尺寸达到微米和纳米量级时，将会产生很多新的科学问题，例如随着尺寸的减小，表面积与体积之比相对增大，表面力学、表面物理效应将起主导作用，传统的设计和分析方法将不再适用。此时，微摩擦学、微热力学等问题在微系统研究中将至关重要。微系统的尺度效应研究将有助于微系统的创新，微系统的尺度效应及物理特征的研究、设计、制造和测试等将是微系统领域的重要研究内容。

在微系统领域的研究工作方面，国内外学者已在微小型化尺寸效应、微细加工工艺、微型机械材料和微型构件、微型传感器、微型执行器、微型机构测量技术、微量流体控制和微系统集成控制及应用等方面取得了不同程度的阶段性成果。微型机械加工技术是微型机械发展的关键基础技术，其包括微型机械设计技术、微细加工技术、微型机械组装和封装技术、微系统的表征和测量技术及微系统集成技术。

微型机械加工技术领域的前沿关键技术有：

(1) 微型系统设计技术：主要是微结构设计数据库、有限元和边界分析、CAD/CAM、仿真和拟实技术、微系统建模等。微小型化的尺寸效应和微小型化理论基础研究也是设计研究不可缺少的课题，如：力的尺寸效应、微结构表面效应、微观摩擦机理、热传导、误差效应和微构件材料性能等。

(2) 微细加工技术：主要指高深宽比多层微结构的硅表面加工和体加工技术；利用 X 射线光刻、电铸的 L1GA 和利用紫外光刻的准 LIGA 加工技术；微结构特种精密加工技术，包括微电火花加工、能束加工、立体光刻成形加工；特殊材料特别是功能材料微结构的加工技术；多种加工方法的结合；微系统的集成技术；微细加工新工艺探索等。

(3) 微型机械组装和封装技术：主要指使用粘接材料的粘接、硅玻璃静电封接、硅硅键合技术和自对准组装技术；具有三维可动部件的封装技术、真空封装技术等；新封装技术的探索。

(4) 微系统的表征和测试技术：主要有微结构材料特性测试技术；微小力学、电学等物理量的测量技术；微型器件和微型系统性能的表征和测试技术；微型系统动态特性测试技术；微结构、微型器件和微型系统的可靠性的测量与评价技术。

2.6.5 微纳米加工技术

1. 概述

科学技术正在向微小领域发展，由毫米级、微米级继而涉足纳米级，人们把这个领域的技术称之为微米/纳米技术(Micro & Nano-Technology)。

当前，微米/纳米技术在国际上已初露头角，它使人类在改造自然方面进入一个新的层次，即以微米层次深入到原子、分子级的纳米层次。它一种新兴的高技术，发展十分迅猛，并由此开创了纳米电子、纳米材料、纳米生物、纳米机械、纳米制造、纳米测量等新的高技术群。正像产业革命、抗菌素、核能以及微电子技术的出现和应用所产生的巨大影响一样，微米/纳米技术将开发物质潜在的信息和结构潜力，使单位体积物质储存、处理信息和运动控制的能力实现又一次飞跃；在信息、材料、生物、医疗等方面，导致人类认识和改造世界的能力取得重大突破。从技术手段上，传统的机械加工、IC 工艺和特种工艺(如电子束、离子束、分子束、激光束加工等)将有很大的发展；从技术和产业领域上，精密机械、材料科学技术、微电子技术、光学技术、信息技术、精细化工、物理和生命科学技术、生态农业将产生新的突破。所以，目前发达国家都在国家科学研究规划中投入大量的资金和人力的同时，开始注意对关键微米/纳米技术实行保密与技术封锁。

2. 微米/纳米技术

自微电子技术问世以来，人们不断追求越来越完善的微小尺度结构的装置，并对生物、环境控制、医学、航空航天、先进传感器与数字通信等领域，不断提出微小型化方面的更新更高的要求。微米/纳米技术已成为现代科技研究的前沿，成为世界先进国家科技发展竞争的科技高峰之一。按照习惯的划分，微米技术是指在微米级(0.1～100 μm)的材料、设计、制造、测量、控制和应用技术。

从微米/纳米技术研究的技术途径可将其分为两类：一种是分子、原子组装技术的办法，即把具有特定理化性质的功能分子、原子，借助分子、原子内的作用力，精细地组成纳米尺度的分子线、膜和其他结构，再由纳米结构与功能单元进而集成为微米系统，这种方法称为由小到大的方法(bottom-up)；另一种是用刻蚀等微细加工方法将特大的材料割小，或将现有的系统采用大规模集成电路中应用的制造技术实现系统微型化，这种方法亦称为由大到小的方法(top-down)。从目前的技术基础分析，top-down 的方法可能是我们主要应用的方法。

微米/纳米技术作为本世纪的高技术，发展十分迅猛，美、日及欧洲一些国家均投入相当的人力与财力进行开发。美国国家关键技术委员会将微米和纳米级制造列为国家重点支持的 22 项关键技术之一，在许多著名大学都设有纳米技术研究机构，如北卡罗纳大学的精密工程中心，路易斯安那大学的微米制造中心，康乃尔大学的国家纳米加工实验室，亚利桑那大学的纳米工程工作站(NEWS)等。美国国家基金会亦将微米/纳米技术列为优先支持的关键技术，特别是美国国防部高级研究计划局支持并建造了一条微型机电系统(MEMS)工艺线，来促进微米/纳米技术的开发与研究。日本亦将微米/纳米技术列为高技术探索研究计划(ERATO)中六项优先支持的高技术探索研究项目之一，投资 2 亿美元发展该技术，其筑波科学城的交叉学科研究中心把微米/纳米技术列为两个主要发展方向之一。英国国家纳米技术(NION)计划已开始实施，并成立了纳米技术战略委员会。由英国科学与工程研究委员会(SERC)支持的有关纳米技术的合作研究计划(LINK 计划)已于 1990 年开始执行，并正式出版了(纳米技术)学术期刊。在英国的 Cranfield 研究院建立了世界著名的以微米/纳米技术为研究目标的精密工程中心。欧洲其他国家也不甘示弱，将微米/纳米技术列入"尤里卡计划"。

微米/纳米技术作为一项新兴的、交叉的高技术研究领域，面临着许多研究课题，按其尺度可粗略地将它们分为微米技术和纳米技术两大研究领域。

3. 微纳米加工技术

微细加工技术包含超精机械加工、IC 工艺、化学腐蚀、能量束加工等诸多方法。对于简单的面、线轮廓的加工，可以采用单点金刚石和 CBN 切削、磨削、抛光等技术来实现，如激光陀螺的平面反射镜和平面度误差要求小于 30 nm，表面粗糙度 R_a 值小于 1 nm 等。而对于稍稍复杂一点的结构，用机械加工的方法是不可能的，特别是制造复合结构，当今较为成熟的技术仍是 IC 工艺硅加工技术，如美国研制出直径仅为 60～120 μm 的硅微型静电马达等。另外，建立在深层同步辐射光刻、电镀、铸塑技术基础的 LIGA 技术，在制作具有很大纵横比的复杂微结构方面取得重大进展，并日趋成熟，其横向尺寸可小到 0.5 μm，加工精度达 0.1 μm。同时，能量束加工如离子束加工、分子束加工、激光束加工以及电化学加工、精密电火花加工等，在微细加工甚至纳米加工领域发挥着越来越重要的作用。

纳米加工技术的发展面临两大途径：一方面是将传统的超精加工技术，如机械加工(单点金刚石和 CBN 刀具切削、磨削、抛光)、电化学加工(ECM)、电火花加工(EDM)、离子和等离子体蚀刻、分子束外延(MBE)、物理和化学气相沉积、激光束加工、LIGA 技术等向其极限精度逼近，使其具有纳米的加工能力；另一方面，开拓新效应的加工方法，如 STM 对表面的纳米加工可操纵原子和分子，并对表面进行刻蚀。美国的 IBM 公司利用 STM 将 35 个原子排出"IBM"字样，且在硅片上覆盖一层 20 nm 厚的聚甲基丙烯甲酯(PMMA)，再利用 STM 光刻，得到 10 nm 宽的线条。

2.7　快速成形技术

2.7.1　国内外研究与发展状况

20 世纪 80 年代后期发展起来的快速成形技术，被认为是近 20 年里制造技术领域的一次重大突破，其对制造行业的影响可与数控技术的出现相比。RP 系统综合机械工程、CAD、数控技术、激光技术及材料科学技术，可以自动直接快速、精确地将设计思想物化为具有一定功能的原型或直接制造零件/模具，有效地缩短产品的研究开发周期。它最早采用的英文名称是 Rapid Prototyping(RP，即快速成形、快速成型或快速原型制造)。在快速成形技术的发展过程中，各个研究机构和人员均按照自己的理解赋予其不同的称谓，如自由成形制造(Free Form Fabrication，FFF)、实体自由成形制造(Solid Freeform Fabrication，SFF)、分层制造(Layered Manufacturing，LM)、添加制造(Additive Manufacturing，AM)或材料添加制造(Material Increase Manufacturing，MIM)、直接 CAD 制造(Direct CAD Manufacturing，DCM)、即时制造(Instant Manufacturing，IM)，等等。

随着快速成形技术的迅速发展，世界上研究 RP 技术的机构数目也越来越多。据统计，1996 年世界上已有 230 多家机构开展了 RP 的研究，目前在互联网上有数百家大学、研究机构和企业介绍研究和开发 RP 技术的状况。在这一领域，美国一直处于领先地位，各种工艺大多在美国最先出现，其研究、开发的工艺种类也最多。日本仅次于美国，其研究主要集中在光固化树脂成形方面。欧洲也有许多研究机构和厂家开展多种快速成形工艺的研究。

我国 RP 方面的研究始于 20 世纪 90 年代初，最早是由清华大学于 1992 年开始首次从事 RP 技术的研究工作。目前，华中理工大学、西安交通大学、北京隆源自动成型有限公司和清华大学等单位在 RP 工艺原理研究、成形设备开发、材料和工艺参数优化研究等方面做了大量卓有成效的工作，有些单位开发的 RP 设备已接近或达到商品化机器的水平。南京航空航天大学、泉州华侨大学、大连理工大学、航空工艺研究所、哈尔滨工业大学、河北工业大学等十多家高等院校和科研机构也正在陆续开展 RP 的工艺、材料和应用方面的研究工作。

2.7.2　快速成形的原理和特点

快速成形技术不同于传统的在型腔内成型毛坯、切削加工后获得零件的方法，而是在计算机控制下，基于离散/堆积原理，采用不同方法堆积材料，最终完成零件的成型与制造的技术。从成型角度看，零件可视为"点"或"面"的叠加而成。从 CAD 电子模型中离散得到点、面的几何信息，再与成型工艺参数信息结合，控制材料有规律、精确地由点到面、由面到体地堆积零件。从制造角度看，它根据 CAD 造型生成零件三维几何信息，控制多维系统，通过激光束或其他方法将材料逐层堆积而形成原型或零件。

快速成形技术是由 CAD 模型直接驱动的快速制造复杂形状三维物理实体的技术的总称，其基本过程(如图 2-14 所示)是：首先由 CAD 软件设计出所需零件的计算机三维曲面或实体模型，即数字模型或称电子模型；然后根据工艺要求，按照一定的规则将该模型离散为一系列有序的单元，通常在 Z 向将其按一定厚度进行离散(习惯称为分层)，把原来的三维电子模型变成一系列的二维层片；再根据每个层片的轮廓信息，进行工艺规划，选择合理的加工参数，自动生成数控代码；最后由成形机接受控制指令制造一系列层片并自动将它们联接起来，得到一个三维物理实体。这样就将一个物理实体的复杂的三维加工离散成一系列层片的加工，大大降低了加工难度，并且成形过程的难度与待成形的物理实体形状和结构的复杂程度无关。

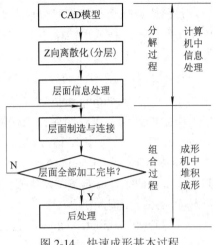

图 2-14　快速成形基本过程

快速成形技术具有以下特点。

(1) 高度柔性。快速成形技术的最突出特点就是柔性好，它取消了专用工具，在计算机管理和控制下可以制造出任意复杂形状的零件，把可重编程、重组、连续改变的生产装备用信息方式集成到一个制造系统中。

(2) 技术的高度集成。快速成形技术是计算机技术、数控技术、激光技术与材料技术的综合集成。在成形概念上，它以离散/堆积为指导，在控制上以计算机和数控为基础，以最大的柔性为目标。因此，只有在计算机技术、数控技术高度发展的今天，才有可能诞生快速成形技术。

(3) 设计制造一体化。快速成形技术的另一个显著特点就是 CAD/CAM 一体化。在传统的 CAD、CAM 技术中，由于成形思想的局限性，致使设计制造一体化很难实现。而对于快速成形技术来说，由于采用了离散/堆积分层制造工艺，因此能够很好地将 CAD、CAM 结合起来。

(4) 快速性。快速成形技术的一个重要特点就是其快速性。由于激光快速成形是建立在高度技术集成的基础之上，因此从 CAD 设计到原型的加工完成只需几小时至几十小时，比传统的成型方法速度要快得多，这一特点尤其适合于新产品的开发与管理。

(5) 自由成形制造(Free Form Fabrication，FFF)。快速成形技术的这一特点是基于自由成形制造的思想。自由的含义有两个方面：一是指根据零件的形状，不受任何专用工具(或模腔)的限制而自由成形；二是指不受零件任何复杂程度的限制。由于传统加工技术的复杂性和局限性，因此要达到零件的直接制造仍有很大距离。RP 技术大大简化了工艺规程、工装准备、装配等过程，很容易实现由产品模型驱动直接制造(或称自由制造)。

(6) 材料的广泛性。由于各种 RP 工艺的成形方式不同，因而材料的使用也各不相同，如金属、纸、塑料、光敏树脂、蜡、陶瓷，甚至纤维等材料在快速成形领域已有很好的应用。

2.7.3　快速成形技术的分类

目前快速成形技术在"分层制造"思想的基础上已出现了几十种工艺,并且新的工艺还在不断涌现。按成形的核心工具不同,RP 系统可以分为三大类:其使能技术分别为激光技术、微滴技术和激光微滴技术。

1) 使能技术为激光的快速成形工艺

(1) SL(Stereolithography)工艺:即光造型或三维光刻,是最早出现的一种快速成形工艺。它采用紫外激光一点点照射光固化液态树脂使之固化的方法成形原型。该工艺由美国 3D Systems 公司首先商业化开发成功。

(2) SGC(Solid Ground Curing)工艺:即实体磨削固化,采用掩膜版技术使一层光固化树脂整体一次成形。其与 SL 设备相比提高了原型制造速度。该工艺由以色列的 Cubital 公司开发成功并推出商品机器。

(3) LOM(Laminated Object Manufacturing)工艺:即分层实体制造,采用激光切割箔材,箔材之间靠热熔胶在热压辊的压力和传热作用下熔化并实现粘接,层层叠加制造原型。该工艺首先由美国 Helisys 公司商业化开发成功。

(4) 间接 SLS(Selective Laser Sintering)工艺:即间接选择性激光烧结,采用激光逐点照射粉末材料,使包覆于粉末材料外的固体粘接剂熔融而实现材料的联接。该工艺首先由美国 DTM 公司商品化。

(5) 直接 SLS 工艺:即直接选择性激光烧结,采用激光逐点照射粉末材料,使粉末材料熔融而实现材料的联接。

(6) 激光工程化净成形技术(Laser Engineering Net Shaping):此技术由美国 Sandia National Lab 提出,其方法是使用聚焦的 Nd.YAG 激光在金属基体上熔化一个局部区域,同时喷嘴将金属粉末喷射到熔融焊池里。金属粉末是从一个固定于机械顶部的料仓内送到喷嘴的,成形仓内充满了氩气以阻止熔融金属氧化。

2) 使能技术为微滴的快速成形工艺

(1) 3DP(Three Dimensional Printing)工艺:即三维印刷,采用逐点喷洒粘接剂来粘接粉末材料的方法制造原型。该工艺由美国 MIT 研究成功,由 Z.Coop 等公司将其商品化。

(2) PCM(Patternless Casting Manufacturing)工艺:即无木模铸造,采用逐点喷洒粘接剂和固化剂的方法来实现铸造砂粒间的粘接。该工艺由清华大学提出并开发成功。

(3) FDM(Fused Deposition Modeling)工艺:即熔融堆积成形,采用丝状热塑性成形材料,连续地送入喷头后在其中加热熔融并挤出喷嘴,逐步堆积原型。该工艺首先由美国 Stratasys 公司开发成功。

(4) BPM(Ballistic Particle Manufacturing)工艺:即弹道粒子制造,采用具有五轴自由度的喷头喷射熔融材料的方法制造原型。首先由美国 Perception Systems 公司开发并商品化。

(5) 3D Plotting(Three Dimensional Plotting):即三维绘图工艺,采用类似喷墨打印的方法喷射熔融材料来堆积原型。该工艺由美国 Sanders Prototype 公司开发并商品化。

(6) MJS(Multiple Jet Solidification)工艺:即多相喷射固化,采用活塞挤压熔融材料使其连续地挤出喷嘴的方法来堆积原型。由德国 Institute for Manufacturing Engineering and

Automation(IPA)和 Institute for Applied Materials Research(IFAM)共同开发。

(7) CC(Contour Craft)工艺：即轮廓成形工艺，采用堆积轮廓和浇铸熔融材料相结合的方法来成形原型。在堆积轮廓时采用了简单的模具，形成原型的层片为准三维。该工艺由美国 University of Southern California 开发。

3) 使能技术为激光微滴技术的快速成形工艺

这是目前最新出现的一种工艺，它结合了激光技术和微滴技术的优点，从而产生了新的特征。其代表是以色列的 Object Geometries 工艺。不同于 SLA 的是，它将喷射成形和光固化成形的优点结合在了一起。其基本过程是：1536 个喷墨喷嘴阵列沿着 X 方向在成形盘上方扫描，有选择地沉积 Object 所用的树脂，当喷头喷射树脂时，每一层都通过装配在喷头里的紫外灯曝光固化，因此相当于增加了材料输出单元和激光单元。这种结合使得成形效率大为提高。

2.7.4 SL 工艺原理

SL(Stereo Lithography)工艺由 Charles Hul 于 1984 年获美国专利。1988 年美国 3D Systems 公司推出商品化样机 SLA-1，这是世界上第一台快速原型成形机。目前，SLA 系列成形机占据着快速成形设备市场的较大份额。除了美国 3D Systems 公司的 SLA 系列成形机外，还有日本 CMET 公司的 SOUP 系列、D‐MEC(JSR/Sony) 公司的 SCS 系列和采用杜邦公司技术的 Teijin Seiki 公司的 Soliform。在欧洲有德国 EOS 公司的 STEREOS，Fockele&Schwarze 公司的 LMS 以及法国 Laser 3D 公司的 Stereo Photo Lithography(SPL)。

SL 工艺是基于液态光敏树脂的光聚合原理工作的。这种液态材料在一定波长和强度的紫外光的照射下能迅速发生光聚合反应，分子量急剧增大，材料也就从液态转变成固态。图 2-15 为 SL 工艺原理图。液槽中盛满液态光敏固化树脂；激光束在偏转镜作用下，能在液态表面上扫描，扫描的轨迹及激光的有无均由计算机控制，光点扫描到的地方，液体就固化。成型开始时，工作平台在液面下一个确定的深度，液面始终处于激光的焦平面，聚焦后的光斑在液面上按计算机的指令逐点扫描，即逐点固化。当一层扫描完成后，

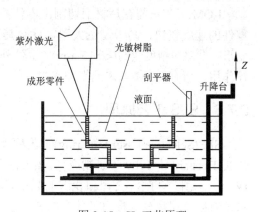

图 2-15 SL 工艺原理

未被照射的地方仍是液态树脂。然后升降台带动平台下降一层高度，已成型的层面上又布满一层树脂，刮平器将粘度较大的树脂液面刮平，然后再进行下一层的扫描。新固化的一层牢固地粘在前一层上，如此重复直到整个零件制造完毕，得到一个三维实体模型。

SL 方法是目前快速成形技术领域中研究得最多的方法，也是技术上最为成熟的方法。SL 工艺成形的零件精度较高，多年的研究改进了截面扫描方式和树脂成形性能，使该工艺的加工精度能达到 0.1 mm。但这种方法也有自身的局限性，比如需要支撑，树脂收缩导致精度下降，光敏固化树脂有一定的毒性等。

2.7.5　LOM 工艺原理

LOM(Laminated Object Manufacturing)工艺即叠层实体制造，也称为分层实体制造，由美国 Helisys 公司的 Michael Feygin 于 1986 年研制成功。该公司已推出 LOM-1050 和 LOM-2030 两种型号成形机。类似 LOM 工艺的快速成形工艺有日本 Kira 公司的 SC(Solid Center)、瑞典 Sparx 公司的 Sparx、新加坡 Kinergy 精技私人有限公司的 ZIPPY 以及我国清华大学的 SSM(Sliced Solid Manufacturing)和华中理工大学的 RPS (Rapid Prototyping System)。

LOM 工艺采用薄片材料，如纸、塑料薄膜等，片材表面事先涂覆上一层热熔胶。LOM 工艺原理如图 2-16 所示。加工时，热压辊热压片材，使之与下面已成形的工件粘接；用 CO_2 激光器在刚粘接的新层上切割出零件截面轮廓和工件外框，并在截面轮廓与外框之间多余的区域内切割出上下对齐的网格；激光切割完成后，工作台带动已成形的工件下降，与带状片材(料带)分离；供料机构转动收料轴和供料轴，带动料带移动，使新层移到加工区域；工作台上升到加工平面；热压辊热压，工件的层数增加一层，高度增加一

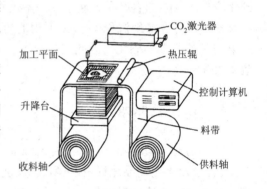

图 2-16　LOM 工艺原理

个料厚；再在新层上切割截面轮廓。如此反复，直至零件的所有截面粘接、切割完，得到分层制造的实体零件。

LOM 工艺只需在片材上切割出零件截面的轮廓，而不用扫描整个截面，因此成形厚壁零件的速度较快，易于制造大型零件。其工艺过程中不存在材料相变，因此不易引起翘曲变形，零件的精度较高(<0.15 mm)。工件外框与截面轮廓之间的多余材料在加工中起到了支撑作用，所有 LOM 工艺无需加支撑。

2.7.6　SLS 工艺原理

SLS(Selective Laser Sintering)工艺称为选择性烧结，由美国德克萨斯大学奥斯汀分校的 C. R. Dechard 于 1989 年研制成功。该方法已被美国 DTM 公司商品化，推出了 SLS Model125 成形机。德国的 EOS 公司和我国的北京隆源自动成形系统有限公司也分别推出了各自的 SLS 工艺成形机：EOSINT 和 AFS。

SLS 工艺是利用粉末状材料成形的。SLS 工艺原理如图 2-17 所示。将材料粉末铺洒在已成形零件的上表面，并刮平；用高强度的 CO_2 激光器在刚铺的新层上扫描出零件截面；材料粉末在高强度的激光照射下被烧结在一起，得到零件的截面，并与下面已成形的部分粘接；当一层截面烧结完后，铺上新的一层材料粉末，选择性地烧结下层截面。

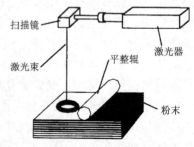

图 2-17　SLS 工艺原理

SLS 工艺的特点是材料适应面广，不仅能制造塑料零件，还能制造陶瓷、蜡等材料的零件，特别是可以直接制造金属零件，这使 SLS 工艺颇具吸引力。SLS 工艺无需加支撑，因为没有烧结的粉末起到了支撑的作用。

2.7.7　FDM 熔融沉积制造工艺原理

FDM(Fused Deposition Modeling)工艺由美国学者 Dr. Scott Crump 于 1988 年研制成功，并由美国 Stratasys 公司推出商品化的 3D Modeler 1000、1100 和 FDM1600、1650 等规格的系列产品，最新产品是制造大型 ABS 原型的 FDM8000、Quantum 等型号的产品。清华大学开发了与其工艺原理相近的 MEM(Melted Extrusion Manufacturing)工艺及系列产品。

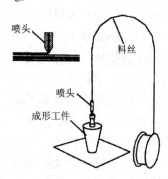

FDM 的材料一般是热塑性材料，如蜡、ABS、尼龙等，以丝状供料。FDM 工艺原理如图 2-18 所示。材料在喷头内被加热熔化；喷头沿零件截面轮廓和填充轨迹运动，同时将熔化的材料挤出；材料迅速固化，并与周围的材料粘结。

FDM 工艺不用激光，因此使用、维护简单，成本较低。用蜡成形的零件原型，可以直接用于失蜡铸造。用 ABS 制造的原型因具有较高强度而在产品设计、测试与评估等方面得到广泛应用。由于以 FDM 工艺为代表的熔融材料堆积成形具有一些显著优点，因此该工艺发展极为迅速。

图 2-18　FDM 工艺原理

2.7.8　3DP 三维印刷工艺原理

3DP(Three Dimension Printing)工艺是美国麻省理工学院 Emanual Sachs 等人研制的，已被美国的 Soligen 公司以 DSPC(Direct Shell Production Casting)名义商品化，用以制造铸造用的陶瓷壳体和芯子。

3DP 工艺与 SLS 工艺类似，采用粉末材料成形，如陶瓷粉末、金属粉末。所不同的是：3DP 工艺的材料粉末不是通过烧结连接起来的，而是通过喷头用粘接剂(如硅胶)将零件的截面"印刷"在材料粉末上面。3DP 工艺原理如图 2-19 所示。用粘接剂粘接的零件强度较低，还需后处理，即先烧掉粘接剂，然后在高温下渗入金属，使零件致密化，提高强度。

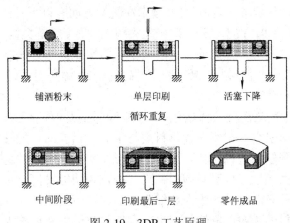

图 2-19　3DP 工艺原理

2.7.9　快速成形技术的应用

1) 产品设计评估与功能测验

RP 技术的第一个重要应用是产品的概念原型与功能原型制造。采用 RP 技术制造产品的概念原型，用于展示产品设计的整体概念、立体形态和布局安排，进行产品造型设计的宣传，可用于产品展示、投标、面市等。功能原型用于产品的结构设计检查，装配干涉检验，静、动力学试验和人机工程等，从而优化产品设计。同时，还可以通过产品的功能原型研究产品的一些物理性能、机械性能。通过 RP 技术快速制造出产品的功能原型，可以尽早地对产品设计进行测试、检查和评估，缩短产品设计反馈的周期和产品的开发周期，大大降低产品的开发费用，大幅度提高产品开发的成功率。

2) 快速模具制造

先进快速模具技术是近年来模具制造业中十分活跃的领域之一。限制产品推向市场时间的主要因素是模具及模型的设计时间。由于现代社会产品竞争十分激烈，产品快速响应市场往往是竞争制胜的关键，因此模具快速制造显得尤为重要。传统模具制造的方法如数控铣削加工、成形磨削、电火花加工、线切割加工、铸造模具、电解加工、电铸加工、压力加工和照相腐蚀等，工艺复杂、时间长、费用高，影响了新产品对于市场的响应速度。传统的快速模具(例如中低熔点合金模具、电铸模、喷涂模具等)又由于工艺粗糙、精度低、寿命短，很难完全满足用户的要求；特别是常常因为模具的设计与制造中出现的问题无法改正，而不能做到真正的“快速”。因此，应用 RP 技术制造快速模具，在最终生产模具开模之前进行产品的试制与小批量生产，可以大大提高产品开发的一次成功率，有效地节约开发时间和费用。在 RP 原型制造出来之后，以此原型作为基础，采用一次转换或多次转换工艺，制造出实际的大批量生产中或产品试制中零件使用的模具，称为间接模技术，目前是 RP 技术最重要的应用领域。

3) 医学上的仿生制造

RP 技术在医学方面有许多应用。根据 CT 扫描或 MRI 核磁共振的数据，采用 RP 技术可以快速制造人体骨骼和软组织的实体模型，这些人体器官实体模型可帮助医生进行病情辅助诊断和确定治疗方案，具有巨大的临床价值和学术价值。这些模型为每个个体的人设计和制造，提供了个性化服务。目前，RP 技术在医学方面有以下具体应用：

(1) 颅骨修复。采用 RP 技术迅速、准确地将病人颅骨的 CT 数据转换为三维实体模型，此模型在外科手术上具有非常重要的作用。由于采用快速原形方法制作的修复件成形精度高，能十分吻合病人颅骨几何形状，减少固定螺钉约 1/2，缩短手术时间，有利于病人恢复，材料国产化后可大大减轻病人负担。

(2) 组织工程大段骨成形。快速成形技术因其不可比拟的优势而被用来进行组织工程材料的人体器官诱导成形研究。组织工程材料是与生命体相容的、能够参与生命体代谢的、能在一定时间内逐渐降解的特种材料。用快速成形技术并采用这种材料制成的细胞载体框架结构能够创造一种微环境，以利细胞的粘附、增殖和功能发挥。它是一种极其复杂的非均质多孔结构，是一种充满生机的蛋白和细胞活动、繁衍的环境。在新的组织、器官生长完毕后，组织工程材料随代谢而降解、消失。在细胞载体框架结构支撑下生长的新器官完全是天然器官。采用可降解材料用快速成形方法制作多孔大段骨基底框架是全新的构想和研究。这一成果在清华大学激光快速成形中心生物材料快速原形组的诞生,为大段骨人工制造和修复提供了先进手段。

(3) 牙科应用。颅面外科美容和牙科手术需要在术前进行必要的手术设计和规划,在准备后也需对前期准备做必要的检验。快速成形制造技术可以为手术提供任意复杂的原形制作。

4) 艺术品制造

艺术品和建筑装饰品是根据设计者的灵感而构思设计出来的,采用 RP 可使艺术家的创作、制造一体化,为艺术家提供最佳的设计环境和成型条件。

5) 直接制造金属型

RP 技术不仅应用于设计过程,而且也延伸到制造领域。在制造业中,限制产品推向市场时间的主要因素是模具及模型的设计时间。RP 是快速设计的辅助手段,而更多的厂家则希望直接从 CAD 数据制成产品,所以快速制造(RM)技术就更令人关注。有关专家预测,未来零件的快速制造将越来越广泛,也就是说 RM 将很可能逐渐占据主导,使设计和制造更紧密地联接在一起。RP 出现的新工艺大部分都与直接制造金属型有关,例如三维焊接成型(Three-Dimensional Welding Shaping)、气相沉积成型 (Selective Area Laser Deposition)、激光工程化净成形技术(Laser Engineering Net Shaping)、液态金属微滴沉积技术(Liquid Metal Droplet Ejection and Deposition Techniques)和热化学反应的液相沉积型(Thermo chemical Liquid Deposition)等。最近,TerryWohlers 提出 RP will mean rapid production(RP 将意味快速生产)的新定义更加明确了这一发展方向。

目前,快速成形技术与其他领域出现的新结合点是:生物制造、微纳米制造和激光直写技术。

快速成形制造技术是一种新颖的、与传统制造方式迥然不同的制造技术,尽管因问世时间不长,目前还不够成熟,但其发展却异常迅猛,受到人们的广泛重视。据专家预测,这一新型制造技术对制造业的影响完全可与数控技术的影响相媲美。快速成形技术属于先进制造技术的范畴,该技术在制造思想的实现方式上具有革命性的突破,它可以自动、快捷地将设计思想物化为具有一定结构和功能的原型产品,从而可以对产品设计进行快速评价、修改及功能实验,有效地缩短了产品的研制周期。快速成形技术的出现,开辟了不使用刀具、模具等传统工具而制作各类零部件的新途径,并为目前尚不能制作或难以制作的零件和模型提供了一种新的制造手段。快速成形制造技术可为 CAD/CAM 系统提供极具实用价值的技术支持,使通过 CAD 获得的几何图形实体化。毫无疑问,这一具有革命性的制造技术的出现和发展,必将为科学研究、医疗、机械制造、模具制造等各个领域的技术创新带来突破性进展。

复习与思考题

(1) 什么是制造工艺技术?

(2) 材料加工工艺方法有哪些?

(3) 简述激光加工技术的基本原理和特点。

(4) 简述电子束和离子束加工技术的应用范围。

(5) 简述超精密加工技术在国家经济发展中的地位和作用。

(6) 微型机械加工技术的前沿关键技术有哪些?

(7) 什么是微纳米加工技术?

(8) 简述快速成形技术的基本原理和分类。

第3章 计算机辅助与综合自动化技术

随着电子技术、信息技术和计算机技术的发展，推动了制造技术向更深层次的发展，自 20 世纪 50 年代以来，NC、CNC、DNC、FMC、CAD、CAM、CAPP 等新的制造技术相继出现。作为对这些技术综合应用的结果，自 20 世纪 70 年代起，FMC 彻底改变了制造技术的内涵，更进一步发展了 CIMS 技术，使制造自动化技术进入了新的发展阶段。市场的变化迫使制造自动化技术向更加实用和柔性化的方向发展，以适应小批量、高效率、低成本的制造，从而满足产品不同生命周期动态变化的需要。

3.1 CAD/CAPP/CAM 一体化技术

在机械制造领域中，全球化经济的形成对产品的质量、产品更新换代的速度以及产品的生产周期都提出了越来越高的要求。这也要求必须采用先进的设计制造技术才能符合时代的需求。计算机技术和机械设计制造技术相互结合、渗透，就产生了计算机辅助设计与辅助制造(Computer Aided Design and Manufacturing)技术，简称 CAD/CAM。

3.1.1 CAD 技术

1. 概述

计算机辅助设计(CAD)是近几十年来形成的一门新兴学科。现在，CAD 技术已应用于各个行业，大至航空航天、造船、汽车、工程建筑、机械、电气，小至纺织印染业的花色设计、服装裁剪等。而在机械设计工作应用 CAD 之前，是由设计人员根据设计对象的要求，参考各种资料、计算公式，考虑采用的加工方法及生产设备条件，类比相似或同类产品的设计及自己的设计经验，由人来构思，拟订产品的初步方案，进行多次反复的计算分析、综合比较，选定在经济性、工艺性及可靠性等方面较为合理、完善的方案，根据这个初步设计绘制设计图纸并编制有关文件资料。这种传统的由人完成的机电产品设计，一般难以做到最终设计即优化设计，设计周期长。现在，只有使自己的新产品研制周期短、质量高、价格低，企业才能在国际国内市场的激烈竞争中生存和发展。计算机辅助设计便是根据这种需要而诞生的。

究竟什么是 CAD？CAD 技术可以从两个角度给予定义。

(1) CAD 是一个过程。"工程技术人员以计算机为工具，运用各自的专业知识，完成产品设计的创造、分析和修改，以达到预期的设计目标。"

(2) CAD 是一项产品建模技术。"CAD 技术把产品的物理模型转化为产品的数据模型，并将之存储在计算机内供后续的计算机辅助技术所共享，驱动产品生命周期的全过程。"

图 3-1 所示为 CAD 技术整个过程的流程图。

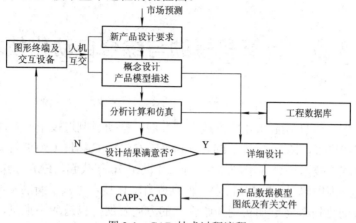

图 3-1　CAD 技术过程流程

CAD 的功能一般可归纳为四类：几何建模、工程分析、动态模拟、自动绘图。一个完整的 CAD 系统，由科学计算、图形系统和工程数据库等组成。科学计算包括有限元分析、可靠性分析、动态分析、产品的常规设计和优化设计等。图形系统包括几何造型、自动绘图(二维工程图、三维实体图)和动态仿真等。工程数据库对设计过程中需要使用和产生的数据、图形、文档等进行存储和管理。

要很好地应用 CAD 技术，除了要掌握一定的计算机知识外，还必须具备相应的丰富的工程背景。这些背景知识是长期工作经验的积累，大多数人不具备这样的经验，同时这样的经验很难长久地保留下去。于是，有人就考虑如何使这些经验得到更广泛的传播和应用，专家系统是一个比较好的解决办法。CAD 的开发人员研究将人工智能和专家系统加入 CAD 中，以大大提高设计的自动化水平，降低对设计人员背景知识的要求。

2. CAD 系统的组成

典型的 CAD 系统的构成如图 3-2 所示。当然，对于不同类型产品的不同要求，所需的 CAD 系统硬件也会有所不同。

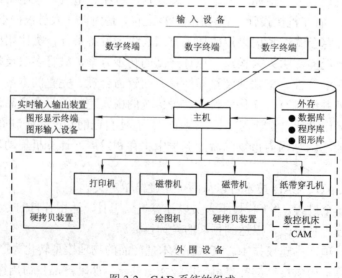

图 3-2　CAD 系统的组成

目前的 CAD 根据所用计算机的规格性能，大致分为以下四个层次。

(1) 基于大中型计算机的 CAD 系统。所需投资费用较昂贵，只有大的公司、企业才承担得起。例如，在大型汽车制造公司，可采用这种系统进行车身外形、车体及底盘结构、模具等的设计。它可以模拟车辆在各种条件下的状态，分析车辆的安全性及其它性能。通过在屏幕显示，设计人员可对车身或模具任意部位的设计进行修改，直至满意，然后输出设计图纸及全套技术文件。

(2) 成套系统。它是基于中小型计算机的 CAD 系统，由 CAD 供应商根据企业要求提供全部硬件及软件，企业人员只要经过培训即可投入使用。

(3) 基于工作站的 CAD 系统。它具有较强的图形及网络功能。

(4) 基于微机的 CAD 系统。微机价格低廉，配以图形显示终端、绘图机、打印机及图形输入板(数字化仪)等，就能构成一个基本的 CAD 工作站。它可以满足初步的计算机辅助设计要求。目前微机的价格低，而性能接近早期的工作站。所以，目前发展以微机为基础的 CAD，使众多的中小型企业能开展针对本企业产品的 CAD，有很大的意义。

微机也有其固有的弱点，如内存有限，大型程序的运行有一定的困难，数据运算、处理的功能不够强，特别是图形功能不如工作站系统。故基于微机的 CAD 的应用有一定局限性。

3.1.2 CAPP 技术

1. CAPP 的产生

CAPP 是计算机辅助工艺设计(Computer Aided Press Planning)的简称。工艺设计是生产准备工作的第一步，也是连接产品设计和产品制造之间的桥梁。工艺规程是进行工装设计制造和决定零件加工方法及加工路线的主要依据，它对组织生产、保证产品质量、提高劳动生产率、降低成本、缩短生产周期及改善劳动条件都有直接的影响，因此是生产中的关键工作。

工艺设计必须分析和处理大量的信息，既要考虑产品设计图上有关结构形状、尺寸公差、材料及热处理以及批量等方面的信息，又要了解加工制造中有关加工方法、加工设备、生产条件、加工成本及工时定额，甚至传统习惯等方面的信息。工艺设计包括查阅资料和手册，确定零件的加工方法，安排加工路线，选择设备、工装、切削参数，计算工序尺寸，绘制工序图，填写工艺卡片和表格文件等工作。

高速发展的计算机技术为工艺设计的自动化奠定了基础。计算机能有效地管理大量数据，并进行快速准确的计算，进行各种形式的比较和选择，自动绘图，编制表格文件和提供便利的编辑手段等。这些优势正是工艺设计所需要的，于是计算机辅助工艺设计(CAPP)便应运而生。

CAPP 是利用计算机技术，在工艺人员较少的参与下，完成过去完全由人工进行的工艺规程设计工作的一项技术。CAPP 系统不但能利用工艺人员的经验知识和各种工艺数据进行科学的决策，自动生成工艺规程，还能自动计算工艺尺寸，绘制工序图，选择切削参数，对工艺设计结果进行优化，从而设计出一致性良好、高质量的工艺规程。另外，由于计算机中存储的信息可以反复利用，从而大大提高了工艺设计的效率。

2. CAPP 的类型

CAPP 系统按其工作原理可分为派生式、创成式和混合式三类。

1) 派生式 CAPP 系统

根据成组技术相似性原理，如果零件的结构形状相似，则它们的工艺规程也有相似性。对于每一个相似零件组，可采用一个公共的制造方法来加工。这种公共的制造方法以标准工艺的形式出现，它可以集中专家、工艺人员的集体智慧和经验及生产实践的总结制订出来，然后存储在计算机中。当为一个新零件设计工艺规程时，从计算机中检索标准工艺文件，然后经过一定的编辑和修改就可以得到该零件的工艺规程。

当一个企业生产的大多数零件相似程度较高，划分成的零件族数较少，而每族中包括的零件种数很多时，该方式有明显的优点。该方式存在的问题是不能摆脱对有经验的工艺编制人员的依赖，不易适应生产技术和生产条件的发展。

2) 创成式 CAPP 系统

创成式 CAPP 系统是指由计算机软件系统根据加工能力知识库和工艺数据库中加工工艺信息和各种工艺决策逻辑，自动设计出零件的工艺规程。该系统的原理是让计算机模拟工艺人员的逻辑思维能力，自动进行各种决策，选择零件的加工方法，安排工艺路线，选择机床、刀具、夹具，计算切削参数和加工时间、加工成本，以及对工艺过程进行优化。人的任务仅在于监督计算机的工作，并在计算机决策过程中做一些简单问题的处理，对中间结果进行判断和评估等。

要实现完全创成式的 CAPP 系统，必须解决几个关键问题：零件信息要以计算机能识别的形式完全准确的描述；要收集大量的工艺设计知识和工艺规程决策逻辑等。目前，要解决这些问题在技术上还有一定的困难。因此，现在还没有一种真正意义上的创成式 CAPP 系统。

3) 混合式 CAPP 系统

混合式 CAPP 系统是将派生式和创成式互相结合，综合采用两种方法的优点。它沿用派生式为主的检索——编辑原理；当零件不能归入系统已存在的零件族时，则转向创成式工艺设计，或在工艺编辑时引入创成式的决策逻辑原理。目前世界各国研制出的号称创成式的 CAPP 系统，实际都属于这一类型，它们仅具有有限的创成功能。

评价一个 CAPP 系统水平的高低，不在于创成的决策数目多少，而在于能否不依赖于工艺人员的知识与经验，自动可靠地编制出高质量的工艺规程。企业开发 CAPP 系统时，应针对自己的产品和生产条件，从实际需求与效果出发，处理好"创成"、"检索"、"选择"、"规定"的关系。

3. CAPP 的发展趋势和存在的问题

CAPP 技术从 20 世纪 60 年代末诞生以来，其研究开发工作一直在国内外蓬勃发展，而且逐渐引起人们的重视。遗憾的是，尽管国内外在各种机加工工艺 CAPP 以及智能化、集成化方面取得了很大成绩，但应用基础还不很牢固，研究开发方向也和当前的实际需求有较大差距。CAPP 系统的开发研究中仍存在着许多有待解决的问题。

1) 存在的问题

(1) 零件信息的描述与输入问题。实际上就是一个 CAD 与 CAPP 的集成问题，它直接关系到 CAPP 系统能否真正实用化和商品化。事实证明，在 CAD 系统出图纸后，由 CAPP 系统使用者对照已有的图纸手工再次输入零件信息的方法，在生产中是不受欢迎的。

(2) CAPP 系统的通用性问题。 工艺设计是一项个性很强的工作，由于工艺决策问题本身的复杂性，其制约的因素很多且不易把握，导致设计 CAPP 系统十分费力费时。想解决 CAPP 系统的通用性问题，就必须解决 CAPP 系统结构、方法上的许多基础问题，解决工艺设计过程中的大量规范化、标准化的问题。

(3) CAPP 系统的柔性问题。CAPP 系统的应用环境千差万别，CAPP 开发者应向用户提供多种设计手段，以满足用户的不同需求。

(4) 工艺决策数据与知识的获取、表达和相应数据库与知识库的建造问题。如何组织和管理这些信息，并便于扩充和维护，使之适用于各种不同企业和产品，是 CAPP 系统需迫切解决的问题。

(5) 探索和研究有效的工艺决策方法和系统结构等问题。

(6) 工序尺寸的自动确定和工序图自动生成问题。

以上这些问题束缚了 CAPP 技术的发展。

2) CAPP 系统的发展趋势

纵观先进制造技术与先进制造系统的发展可以看出，未来的制造业是集成化和智能化的敏捷制造和"全球化"、"网络化"制造，未来的产品是基于信息和知识的产品，而 CAPP 系统的智能化、集成化和广泛应用是实现产品工艺过程信息化的前提，是实现产品设计与产品制造全过程集成的关键性环节之一。

(1) 集成化趋势。计算机集成制造是现代制造业的发展趋势。因此，未来的 CAPP 系统除了与 CAD 和 CAM 集成以外，还应能与制造自动化系统 MAS、管理信息系统 MIS 以及质量检测与控制系统 CAQ 等集成，这种集成已不是普通意义上的集成，而是统一在工程数据库上的集成。近几年，人们还提出了面向并行工程的 CAPP 系统等，在 CIMS 环境下，CAPP 系统接收来自 CAD 的产品总体信息、几何结构信息以及精度、粗糙度等工艺信息，进行工艺规划，并向 CAD 反馈产品结构的工艺评价结果；向 CAM 提供零件加工所需的设备、工装、切削参数、装夹参数和数控加工指令，并接受 CAM 反馈的工艺修改意见；向 MIS 提供工艺路线、设备、工装、工时、材料定额等信息，并接受 MIS 发出的技术准备计划、原材料库存、刀量具状况、设备变更等信息；向 MAS 提供各种工艺规程文件以及夹具、刀具等信息，并接受 MAS 的刀具使用报告和工艺修改意见；向 CAQ 提供工序、设备、工装等工艺数据，以及生成质量控制计划和质量检测规程，接受 CAQ 反馈的控制数据，用以修改工艺规程。

(2) 工具化趋势。通用性问题是 CAPP 系统面临的最主要的难点之一，也是制约 CAPP 系统实用化和商品化的一个重要因素。为解决生产实际中变化多端的问题，力求使 CAPP 系统也像 CAD 系统那样具有通用性，有人提出了 CAPP 专家系统建造工具的思路。工具化思想主要体现在以下几个方面：

① 工艺设计的共性与个性分开处理，使 CAPP 系统各工艺设计模块与系统所需的工艺数据与知识或规则完全独立。工艺设计的共性问题由系统开发者完成，即将推理控制策略和一些公用的算法固定于源程序中，并建立公用工艺数据与知识库。个性问题由用户根据实际需要进行扩充和修改。

② 工艺决策方式多样化。系统的工艺设计是通过推理机实现的，单一的推理控制策略不能满足用户的需要，系统应能给用户提供多种工艺设计方法。

③ 具有功能强大、使用方便和统一标准的数据与知识库管理平台。

④ 智能化输出。系统除了可按标准格式输出各种工艺文件外，还可输出由用户自定义的工艺文件。

(3) 智能化趋势。CAPP 所涉及的是典型的跨学科的复杂问题，不仅业务内容广泛、性质各异，而且许多决策大大依赖于专家个人的经验、技术和技巧。另一方面，制造业生产环境的差别也非常显著，要求 CAPP 系统具有很强的适应性和灵活性。依靠传统的过程性软件设计技术，如利用判定表或判定树进行工艺决策软件的设计等，已远远不能满足工程实际对 CAPP 的需求。而专家系统技术以及其他人工智能技术在获取、表达和处理各种知识的灵活性和有效性方面给 CAPP 的发展带来了生机。

目前人工智能技术已越来越广泛地应用于各种类型的 CAPP 系统之中，还有将人工神经元网络理论、遗传算法、模糊理论、黑板推理与实例推理等方法用于 CAPP 系统的开发中。

3.1.3　CAM 技术

CAM 是计算机辅助制造(Computer Aided Manufacturing)的简称，是指任何在计算机控制下的自动化控制过程。它源于 20 世纪 40 年代末到 50 年代数控机器的发展。1952 年研制成功数控机床，1955 年在通用计算机上研制成功自动编程系统，实现了数控编程的自动化，这标志着柔性制造时代的开始，成为 CAM 硬软件的开端。

CAM 的定义有广义和狭义之分。广义的 CAM 是指利用计算机辅助完成从原材料到产品的全部制造过程，其中包括直接制造和间接制造两个过程，涉及计算机辅助制造的环境，辅助设计和辅助制造的衔接，计算机辅助零件信息分类和编码的成组技术(GT)，计算机辅助工艺设计和工艺规划(CAPP)，计算机数控技术(CNC)，计算机辅助工装设计，计算机辅助质量管理和质量控制，计算机辅助数控编程，计算机加工过程仿真，数控加工工艺，计算机加工过程监控等。从狭义讲，CAM 就是计算机辅助机械加工(Computer Aided Machining)，更明确地讲也就是数控加工，它的输入信息是零件的工艺路线和工序的内容，输出信息是刀具加工时的运动轨迹和数控加工程序，其核心是数控编程和数控加工工艺的设计。计算机辅助制造是先进制造技术的重要组成部分和基础内容，而数控编程和数控加工则是计算机辅助制造的核心内容。

CAM 的应用分为 CAM 直接应用和 CAM 间接应用两大类。

1) CAM 直接应用

CAM 的直接应用就是计算机直接与制造过程连接，对制造过程进行监控和控制。这类应用可以分为计算机过程监视系统和计算机过程控制系统两种。

(1) 计算机过程监视系统。在这类系统中，计算机通过与制造系统的直接接口来监视系统的制造过程及其辅助装备的工作情况，并随时采集制造过程中的数据，以监视制造系统的运行状况。但在这种系统中，计算机并不直接对制造系统的制造过程中的各个工序进行控制，这些控制工作将由系统的操作者根据计算机给出的信息去手工完成，例如数显系统、坐标测量系统、切削力实时测量系统等。

(2) 计算机过程控制系统。这类系统不仅对制造系统进行监视，而且还对制造系统的制造过程和辅助装备实行控制，如数控机床上的计算机数字控制就属于此类。

2) CAM 间接应用

CAM 的间接应用中，计算机不直接与制造过程连接，只是用计算机作为制造过程的支持。此时，计算机是"离线"或"脱机"的，它只是用来提供生产计划、作业调度计划、发出指令及有关信息，以便使生产资源的管理更为有效。这些支持包括：

计算机辅助 NC 编程——为 NC 机床准备加工零件用的控制程序。

计算机辅助编制物料需求计划——计算机用于确定原材料和外购件的采购和订货时间以及确定完成生产计划所需订购的数量。

计算机辅助车间控制——计算机用于收集和整理工厂数据，并确定各不同车间进度计划。

3.1.4 CAD/CAPP/CAM 集成技术

1. CAD/CAPP/CAM 集成技术概述

CAD/CAPP/CAM 集成技术是一项利用计算机帮助人完成设计与制造任务的新技术。它是随着计算机技术、制造工程技术的发展和需求，从早期的 CAD、CAPP、CAM 技术发展演进而来的。这种技术将传统的设计与制造彼此相对分离的任务作为一个整体来规划和开发，实现信息处理的高度一体化。同时，它也是制造自动化技术的方向——CIMS 的主要组成部分。计算机集成制造系统 CIMS 是现代制造技术的重要发展方向，而实现 CAD/CAPP/CAM 集成是实现 CIMS 的重要条件。

CAD/CAPP/CAM 集成是指将计算机辅助产品设计(CAD)、计算机辅助工艺过程设计(CAPP)、计算机辅助制造(CAM)以及零件加工等有关信息实现自动传递和转换的技术。CAD、CAPP 和 CAM 分别在产品设计自动化、工艺过程设计自动化和数控编程自动化方面起到了重要作用。但是，这些各自独立的系统不能实现系统之间信息的自动传递和交换。用 CAD 系统进行产品设计的结果，只能输出图纸和有关的技术文档，这些信息不能直接为 CAPP 系统所接受。进行工艺过程设计时，还需由人工将这些图样、文档等纸面上的文件转换成 CAPP 系统所需的输入数据，并通过人机交互的方式输入给 CAPP 系统进行处理，输出零件加工的工艺规程。利用独立的 CAM 系统进行计算机辅助数控编程时，同样需要用人工将 CAD 或 CAM 输出的纸面文件转换成 CAM 系统所需的输入文件和数据，然后再输入 CAM 系统。

由于各独立系统所产生的信息需经人工转换，这不但影响工程设计效率的进一步提高，而且在人工转换过程中难免发生错误，将给生产带来极大的危害。为此，人们自 20 世纪 70 年代起，就开始研究 CAD、CAPP 和 CAM 之间的数据和信息的自动化传递与转换的问题，即 CAD/CAPP/CAM 集成技术。目前，这一技术在国内外均已取得了很大的进展，达到了实用的水平。

2. CAD/CAPP/CAM 系统集成方式

CAD/CAPP/CAM 系统的集成是通过不同数据结构的映射和数据交换，利用各种接口将 CAD/CAPP/CAM 的各应用程序和数据库连接成一个集成化的整体。CAD/CAPP/CAM 的集成涉及网络集成、功能集成和信息集成等诸多方面，其中信息集成是 CAD/CAPP/CAM 集成的核心。目前 CAD / CAM 信息集成一般可由如下三种方式实现。

(1) 通过专用格式文件的集成方式。在这种方式下，对于相同的开发和应用环境，可在各系统之间协调确定数据格式的文件层次上实现系统间的互联；而在不同的开发和应用环境下，则需要在各系统与专用数据文件之间开发专用的转换接口进行前置或后置处理，其集成方法如图 3-3 所示。该数据交换方式原理简单，转换接口程序易于实现，运行效率高，但无法实现广泛的数据共享，数据的安全性和可维护性较差。

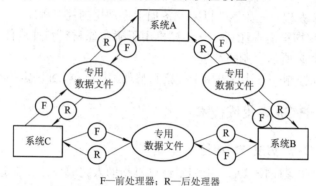

F—前处理器；R—后处理器

图 3-3　通过专用格式文件的集成方式

(2) 通过标准格式数据文件的集成方式。在这种方式下，采用统一格式的中性数据文件作为系统集成的工具，各个应用子系统通过前置或后置数据转换接口进行系统间数据的传输，其实现方式如图 3-4 所示。在这种集成方法中，每个子系统只与标准格式的中性数据文件打交道，无需知道另外的系统细节，由此减少了集成系统中的转换接口数，并降低了接口维护难度，便于应用者的开发和使用，是目前 CAD/CAM 集成系统应用较多的方法之一，许多图形系统的数据转换就是采用中性的标准格式数据文件，如 IGES、DXF 等。

(3) 利用公共工程数据库进行系统集成。这是一种较高层次的数据共享和集成方法，各子系统通过用户接口按工程数据库要求直接存取或操作数据库。采用工程数据库及其管理系统实现系统的集成，既可实现各子系统之间直接的交换，加快了系统的运行速度，又可集成系统而达到真正的数据一致、准确性、及时性和共享性。该集成方法原理如图 3-5 所示。

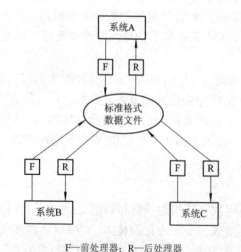

F—前处理器；R—后处理器

图 3-4　通过标准格式数据文件的集成方式　　图 3-5　利用工程数据库的集成方式

3. CAD/CAPP/CAM 系统集成的关键技术

CAD/CAPP/CAM 系统的集成就是按照产品设计与制造的实际进程，在计算机内实现各应用程序所需的信息处理和交换，形成连续的、协调的和科学的信息流。因而，产生公共信息的产品造型技术、存储和处理公共信息的工程数据库技术、进行数据交换的接口技术、对系统的资源进行统一管理、对系统的运行进行统一组织的执行控制程序以及实现系统内部的通信和数据等，构成了 CAD/CAPP/CAM 系统集成的关键技术。这些技术的实施水平将成为衡量 CAD/CAPP/CAM 系统集成度高低的主要依据。

1) 产品建模技术

为了实现信息的高度集成，产品建模是非常重要的。一个完善的产品设计模型是 CAD/CAPP/CAM 系统进行信息集成的基础，也是 CAD/CAPP/CAM 系统中共享数据的核心。传统的基于实体造型的 CAD 系统仅仅是产品几何形状的描述，缺乏产品制造工艺信息，从而造成设计与制造信息彼此分离，导致 CAD/CAPP/CAM 系统集成的困难。将特征概念引入 CAD/CAPP/CAM 系统，建立 CAD/CAPP/CAM 范围内相对统一的、基于特征的产品定义模型，该模型不仅支持从设计到制造各阶段所需的产品定义信息(信息包括几何信息、工艺信息和加工制造信息等)，而且还提供符合人们思维方式的高层次工程描述语言特征，能使设计和制造工程师用相同的方式考虑问题。它允许用一个数据结构同时满足设计和制造的需要，这就为 CAD/CAPP/CAM 系统提供了设计和制造之间相互通信和相互理解的基础，使之真正实现 CAD/CAPP/CAM 系统的一体化。因而就目前而言，基于特征的产品定义模型是解决产品建模关键技术的比较有效的途径。

2) 集成的数据管理技术

随着 CAD/CAPP/CAM 技术的自动化、集成化、智能化和柔性化程度的不断提高，集成系统中的数据管理问题日益复杂，传统的商用数据库已满足不了上述要求。CAD/CAPP/CAM 系统的集成应努力建立能处理复杂数据的工程数据处理环境，使 CAD/CAPP/CAM 各子系统能够有效地进行数据交换，尽量避免数据文件和格式转换，清除数据冗余，保证数据的一致性、安全性和保密性。采用工程数据库方法将成为开发新一代 CAD/CAPP/CAM 集成系统的主流，也是系统进行集成的核心。

3) 产品数据交换接口技术

数据交换的任务是在不同的计算机之间、不同操作系统之间、不同数据库之间和不同应用软件之间进行数据通信。为了克服以往各种 CAD/CAPP/CAM 系统之间，甚至各功能模块之间在开发过程中的孤岛现象，统一它们的机内数据表示格式，使不同系统间、不同模块间的数据交换顺利进行，充分发挥用户应用软件的效益，提高 CAD/CAPP/CAM 系统的生产率，必须制定国际性的数据交换规范和网络协议，开发各类系统接口。有了这种标准和规范，产品数据才能在各系统之间方便、流畅地传输。

4) 集成的执行控制程序

由于 CAD/CAPP/CAM 集成化系统的程序规模大、信息源多、传输路径不一，以及各模块的支撑环境多样化，因而没有一个对系统的资源统一管理、对系统的运行统一组织的执行控制程序是无法实现的。这种执行控制程序是系统集成的最基本要素之一。它的任务是把各个相关模块组织起来，按规定的运行方式完成规定的作业，并协调各模块之间的信息传输，提供统一的用户界面，进行故障处理等工作。

3.2 制造模拟仿真技术

3.2.1 模拟仿真技术的内涵

仿真(Simulation)顾名思义就是模拟真实系统，即是通过对模拟系统的实验去研究一个存在或设计中的系统。计算机仿真技术是以计算机为工具，对工程过程进行仿真建模、数值模拟、结果显示与处理的技术，也就是通常所说的 CAE 技术。它是 CAD/CAM 系统的重要组成部分。

对于机械产品的设计来说，仿真建模主要是用现代力学的理论和方法对产品的使用过程、生产过程及事故过程等进行数学描述，并根据数值模拟方法的要求将所涉及的工程过程的几何、物理等参数进行量化。

数值模拟是根据仿真模型的特点选择合适的数值求解技术，对仿真过程进行求解；其目前应用最广泛的方法包括有限元法(FEM)和有限差分法(FDM)等。

结果显示与处理就是将数值模拟的结果经可视化处理得出工程上有意义的量和结论。

仿真技术的本质是对真实的物理、化学系统或其他系统在某一层次上的抽象，在这个抽象出来的模型上，可以更高级、更灵活、更安全地对系统进行设计和了解。

人们在使用仿真系统时，希望在仿真系统中与在真实系统中所得到的感受尽可能的相同，同时希望能够沉浸在仿真系统之中，并能通过自然感官功能与仿真系统进行交互作用。也就是说，用户需要仿真系统具有身临其境的逼真感。另一方面，某些实际应用领域希望从仿真系统中得到真实世界中无法亲身体验到的感受，从而能突破物理空间和时间的限制，避开危及生命和环境的危险而又真切地体会和感受到某一过程。也就是说，需要仿真系统具有超越现实的虚拟性。这些客观需求推动了一种新兴的技术——虚拟现实(Virtual Reality, VR)技术的发展。

近年来不断涌现的迅速发展的高技术，如计算机仿真建模、CAD/CAM 及先期技术演示验证、可视化计算、遥控机器、计算机艺术等，都有一个共同的需求：建立一个比现有计算机系统更为真实方便的输入输出系统，使其能与各种传感器相连，组成更为友好的人机界面，实现人能够沉浸其中、超越其上、进出自如又能交互作用的多维化的信息环境。这个环境就是计算机虚拟现实系统(VRS)。在这个环境中从事设计的技术称为虚拟设计(VD, Virtual Design)。

3.2.2 模拟仿真技术的地位与作用

当前，计算机仿真技术已成为很多工程领域进行系统分析、设计、运行、评估和培训的重要手段。由于它可以替代费时、费力、费钱的真实实验，并在一项工程的设计和分析阶段就可以对设计对象进行一定程度的考察和评价，尤其是可以应用在某些难以实现或根本不可能实现的实验上，因而，近年来计算机仿真技术在国防和许多工程领域得到广泛应用，并受到各工业发达国家的高度重视。如 1991 年 3 月，在美国政府提出的 22 项国家关键技术报告里，计算机仿真技术被列为第六项。

VR 技术是人机完美结合环境下的先进设计技术，它使设计者可以用各种方式表达和实现自己的设计意图，最大限度地发挥创造力和想象力，在一种丰富自然的多维信息环境中完成一项工程或一个产品的设计、修改、制造、装配、测试和使用，从根本上改变产品设计的方式，使设计真正作为与产品的制造、装配乃至整个生命周期紧密联系在一起的"工程"，并融入企业的生产与营销的整个活动中，而不仅仅是产品生产的一个先行阶段。VR 技术可以广泛地应用于快速设计与快速原型(RP)、面向装配的设计(DFA)、面向制造的设计(DFM)、产品设计进入市场的并行处理和人员培训及产品维护等领域，为工程设计带来了革命性的进步。

综上所述，模拟仿真技术的作用及应用范围可以归纳如下。

1. 模拟仿真技术的作用

(1) 可以替代许多难以或无法实施的实验。例如：战争爆发与进程，地球气候变化等。

(2) 解决一般方法难以求解的大型系统问题。例如：计算机集成制造系统，核电站的控制与运行等。

(3) 降低投资风险、节省研究开发费用。计算机仿真研究实际系统的设计、规划，预测系统建成后的运行效果，从而增加决策的科学性，减少失误；并在系统的设计制造过程中提供随时修正设计的依据，以免建成后改动或重建的巨大浪费。

(4) 避免实际实验对生命、财产的危害。例如：电力调度、汽车驾驶等技术培训，如果从开始就在真实系统上实施，则相当危险。而用计算机仿真却可以较好地达到目的，避免对人员、财产的危害。

(5) 缩短实验时间，不受时空限制。许多系统的实验需要耗时几十小时，甚至数月、数年，还有场地条件要求。而计算机则不受这些客观条件的约束，即可缩短实验时间，又可多次重复进行。

2. 模拟仿真技术的应用

模拟仿真技术是 CAD/CAPP/CAM 系统中的重要技术之一。它主要应用于：

(1) 产品形态仿真。例如，产品的结构形状、外观、色彩等形象化的属性。

(2) 装配关系仿真。例如，零件之间装配关系与干涉检查，车间布局与设备、管道安装，电力、供暖、供气、冷却系统与机械设备布局规划等。

(3) 运动学仿真。模拟机构的运动过程。

(4) 零件工艺过程仿真。根据工艺路线的安排，模拟零件从毛坯到成品的金属去除过程，检验工艺路线的合理性、可行性和正确性。

(5) 加工过程仿真。例如，数控加工自动编程后的刀具运动轨迹模拟，刀具与夹具、机床的碰撞干涉检查，切削过程中刀具磨损、切屑形成，工件表面的加工生成等。

(6) 生产过程仿真。例如，产品制造过程仿真，模拟工件在系统中的流动过程，展示从上料、加工、换位一直到成品入库全部过程。

3.2.3 模拟仿真与虚拟设计技术的发展趋势

模拟仿真与虚拟设计技术的发展趋势体现在如下方面：

- 建模/仿真方法学、仿真计算机和仿真软件将仍然是计算机仿真技术中的重要课题。
- 科学计算的可视化(VISC, Visualization in Scientific Computation)作为仿真的重要基础将进一步向深入方向发展。
- 为了适应 VD 环境的要求,高质量地跟踪和控制仿真模型运行的方式将有很大发展;鉴于网络环境是由多台处理机(异构或同构)连接而成的分布仿真系统,将可支持多个子仿真系统的任务协调统一执行。分布仿真系统将成为我国电力、邮电、铁路、金融等行业的通用技术。
- 面向对象的建模仿真技术将逐步发展到面向特征、面向产品的加工和装配等;并发仿真环境将作为并行设计技术的一种支撑技术而形成通用的支撑系统;专家系统、模糊决策和人工神经网络技术将全面引入仿真系统。在仿真建模、仿真实验设计、仿真结果分析和模型的修正及维护等多个方面将大大提高仿真系统的适应性和仿真的准确性,形成高效的智能仿真系统。
- VR 技术将很快进入一个快速发展时期,其主要趋势是头盔式显示器(HMD)等可视化设备、人体(或四肢)方位跟踪系统、触觉系统等 VR 专用硬件将全面上市,其性能价格比会迅速提高。VR 技术所需求的高性能计算机将以用户可以接受的价格出现。
- VR 设备驱动软件和用新型传感装置测得大量数据的高效处理软件也将面市。ISO 标准化组织将推出有关的信息交换标准。VR 技术在 2010 年左右将普遍应用,但由于对人脑思维和人体行为的基础研究难以在短时期内突破,故 VR 技术还会有一个较长的发展时期。
- 仿真技术和 CAD/CAPP/CAM 发展的更高阶段是虚拟制造技术。利用虚拟现实技术、仿真技术等在计算机上建立起的虚拟制造环境是一种接近人们自然活动的"自然"环境,人们的视觉、触觉和听觉都与实际环境接近。人们在这样的环境中进行产品的开发时,可以充分发挥技术人员的想象力和创造力,相互协作发挥集体智慧,大大提高产品开发的质量和缩短开发周期。
- 虚拟制造技术的发展首先是在其支撑技术的发展上取得进展,例如,虚拟设计技术、仿真技术等。特别是一些单元技术与制造业的紧密结合,更推动了这些技术的进一步发展。同时,支撑技术和单元技术的不断成熟和在制造业中发挥越来越大的作用,也推动了虚拟制造技术的组合和集成。但由于各技术的相对独立性,其统一的特征模型的建立、数据共享和交换等遇到了巨大的挑战。基于 STEP、EDI、TCP/IP 等标准的集成技术是惟一的发展方向。
- 在 CAD/CAE/CAM 和仿真技术等发展的基础上,虚拟制造技术方面的研究也得到了迅猛的进步。例如:美国已经从虚拟制造的环境和虚拟现实技术、信息系统、仿真和控制、虚拟企业等方面进行了系统的研究和开发,多数单元技术已经进入实验和完善的阶段。像美国华盛顿大学的虚拟制造技术实验室发展的用于设计和制造的虚拟环境 VEDAM、用于设计和装配的虚拟环境等,已经初具规模。但虚拟制造作为一个完整的体系,尚没有进行全面的集成。我国机械科学研究院与同济大学、香港理工大学合作进行的分散网络化制造、异地设计与制造等技术的理论研究和实践活动已经取得了不少进展;清华大学进行了虚拟设计环境软件、虚拟现实、虚拟机床、虚拟汽车训练系统等方面的研究;浙江大学进行了分布式虚拟现实技术、VR 工作台、虚拟产品装配等研究;西安交大和北航进行了远程智能协同设计研究;天大、北京机床所、大连机床所进行了机床的虚拟设计和轴机床的研究;

西北工业大学进行了虚拟样机的研究等。

相信在计算机上实现产品从设计、加工和装配、检验、使用的整个生命周期的模拟和仿真，将不是遥远的梦。

3.2.4 热加工工艺的模拟及优化设计

模拟仿真技术在工程领域得到广泛应用，而其在制造业的应用主要集中在产品生产全过程或某部分过程的仿真和某一工艺过程的数值模拟两个层次上。热加工工艺的模拟和优化设计是后一层次上比较典型的应用，也是目前模拟仿真技术在制造业中成功应用的一个典范。

金属材料是目前应用最为广泛的结构材料，而热加工又是将金属制成零部件及工程构件的最重要的工序之一。金属材料的热加工过程是极其复杂的高温、动态、瞬时的过程。在这个过程中，材料发生了一系列复杂的物理、化学变化，这一切在现有的技术条件下不仅不能直接观察，间接测试也十分困难。因此，多年来，金属材料的热加工工艺的设计只能建立在经验的基础上。近年来，随着金属材料的热加工工艺模拟及优化设计技术的发展、成熟和广泛应用，这种现象得到了很大改观。

1. 热加工工艺模拟及优化设计技术的主要内容

热加工工艺模拟及优化设计技术的主要实现途径有以下三种：

(1) 数值模拟(Numerical Simulation)。数值模拟是本技术领域中最重要的核心技术，一般的流程是通过建立能准确描述某一热加工工艺过程的数学物理模型，然后应用数值方法。目前主要是有限元法，对数学物理方程求解，并以一定的方式动态、直观地显示工艺过程和预测的过程结果，进而根据这些模拟结果对工艺过程进行优化。

(2) 物理模拟(Physical Simulation)。物理模拟是一种辅助研究方法，它是按照相似原理，用相同或相似的材料制成一定比例的试样，同时将各种条件以一定的相似比例加载到试样上进行试验，得出工艺过程的有关规律和数据的模拟方法。

(3) 专家系统(Expert System)。专家系统是近几十年来人工智能领域取得的一个重要进展，它是一个计算机软件系统，把有关领域的专家知识按一定的结构表示成计算机能够利用并在用户需要时以一定的形式表达出来的形式，用于模仿专家的智能进行判断、分析和推理。它包括数据库、知识表达系统、推理机和人机接口等几个核心部分。由于影响热加工过程的因素十分复杂，因此对于工艺优化设计来讲，专家系统也是数值模拟的一个必要补充。

在热加工过程中涉及到的因素众多，且各因素间的关系复杂，难以在一个模拟进程中完成对所有考虑的因素的分析。通常，为了研究的方便，将模拟分为以下三个层次：

① 工艺过程的动态模拟：用数值模拟的方法在一定的精度要求范围内近似地预测并形象地显示工艺实施过程及材料在被加工过程中的一些基本参数，如形状尺寸、位移、变形、应力、温度等的演变和分布。这一层次模拟是最基本的，也是后续模拟的基础。

② 组织性能模拟及缺陷预测：预测在不同工艺条件下材料经过加工制成零件后的组织、性能和质量，其中质量的预测是以缺陷预报为主的。这一层次上的模拟过程的许多输入量要用到上一层次模拟的结果。

③ 优化工艺设计：通过在虚拟条件下对工艺参数的反复比较，得出最优工艺方案，变传统工艺设计时优化工艺的试验为计算机上修改构思。这一层次要用到大量前两个层次模拟的结果，甚至是前两个层次上多次模拟结果的对比。

2. 热加工工艺模拟及优化设计技术发展的意义

该技术是材料和制造两大行业的交叉技术，是材料热加工工艺研究中最重要的技术前沿和研究热点之一，是先进制造技术的重要组成部分。它的发展和广泛应用的意义在于：

(1) 使金属材料热加工由"技艺"走向"科学"，将能够彻底改变热加工工艺的设计和优化靠经验的面貌。

(2) 是预测并保证材料热加工过程质量的先进手段，特别对确保大型工件的一次制造成功具有重大的应用前景和效益。

(3) 是实现快速设计制造、拟实设计制造、分布设计制造的技术基础。

(4) 由于该技术领域是多学科的交叉，对应用高新技术改造传统产业进而开拓新兴工程技术学科具有重要意义。

3. 国内外的发展现状

材料热加工工艺模拟研究始于铸造过程，这是因为铸件凝固过程温度场模拟计算相对简单。1962 年，丹麦的 Forsund 首次采用计算机及有限差分法进行铸件凝固过程的传热计算之后，美国于 20 世纪 60 年代中期在 NSF 的资助下，开始进行大型铸钢件温度场的数值模拟研究。进入 20 世纪 70 年代后，更多的国家(我国从 70 年代末期开始)加入到这个研究行列，并从铸造逐步扩展到锻压、焊接、热处理，在全世界形成了一个材料热加工工艺模拟研究的热潮。在最近几十年召开的材料热加工各专业的国际会议上，该领域的论文数量居各类论文的首位；另外，从 1981 年开始，每两年还专门召开一届铸造和焊接过程的计算机数值模拟国际会议，锻压及热处理专业也定期分别召开计算机数值模拟的学术会议，如 NUMIFORM 和 NUMISHEET 会议。另外，针对高分子材料在注塑成形过程中的优化控制，也相继开展了非牛顿流体的充型、保压、冷却过程的数值模拟工作，形成了金属、非金属材料并进的局面。

在研究开发工作的同时，工艺模拟技术已经开始在热加工工艺生产中得到了比较广泛的应用。现在，已有 MSC 公司的 MARC、NASTRAN、AutoForge、SuperModel 和 ANSYS 公司的 ANSYS 以及其他公司的一些通用或专用的数值模拟软件得到了广泛应用。在军事、航空航天、汽车、机械制造、造船、核能等重要的制造业部门中，这一技术也得到了广泛应用。现在，世界最大的有限元分析和计算机仿真软件供应商——美国 MSC 公司的产品就覆盖了 100 多个国家中 92% 的机械制造部门、97% 的汽车公司、95% 的航空航天部门、98% 的军事研究及国防部门。美国福特、通用汽车公司在开发新车型时，已将板材冲压过程的数值模拟作为一个重要的技术环节。德国则应用此技术对 400 吨重的核电转子锻件的锻造工艺进行了校核、优化，确保了一次制造成功。同时，数值模拟已逐步成为新工艺研究开发的重要手段和方法。在工业发达国家，应用可靠的商业软件进行数值模拟已成为与实验同样重要的实现技术创新、开发新工艺的基本研究手段。我国一些重要的研究院所和大学也已开始应用数值模拟技术替代部分实验。

4．发展趋势

(1) 模拟研究的变量从宏观向微观发展。材料热加工工艺模拟的研究工作已普遍由建立在温度场、速度场、变形场基础上的旨在模拟预测宏观形状、尺寸等宏观改尺度上的模拟(mm—m 级)进入到以预测显微组织结构和性能为目的的微观尺度(mm—μm 级)上的模拟，研究对象中也包含了结晶、再结晶、相变等微观层次上的变化过程，甚至达到了单个晶粒的尺度。

(2) 模拟对象的变化从单一物理场向多种物理耦合发展。为真实模拟复杂的热加工过程，模拟功能已由单一的温度场、流场、应力应变场的模拟普遍进入了多种物理场相互耦合集成的阶段。在耦合场的模拟中，热加工工艺模拟最常见的热力耦合就是温度场与应力/应变场的耦合分析。此外还有流场—温度场、应力/应变场—电磁场等的耦合。

(3) 研究重点已从共性、通用的问题转向专用、特殊、极端问题的模拟。随着建立在温度场、流场、应力/应变场数值模拟基础上的常规热加工工艺模拟技术的日益成熟和商业化软件的不断出现和完善，一些共性、通用的问题的模拟已经进入成熟应用阶段，研究工作的前沿已经转向了特殊工艺或极端工艺条件的模拟研究，用以解决特种热加工工艺的模拟和工艺优化问题，深入认识并预防和消除热加工过程中出现的各种缺陷。

(4) 重视数值算法和物理模型的基础研究，以从根本上提高数值模拟的精度和效率。为达到这一目的，现在研究较多的方向有热加工过程基本理论、缺陷形成的机理和数值判据、精度和效率更高的数值求解算法等。

(5) 重视物理模拟技术和精确测试技术的研究。物理模拟是揭示工艺过程本质，获得准确的判据，检验、校核数值模拟结果的有力手段。其在模拟研究中得到了越来越多的重视，有以下一些新动向：

① 应用新技术成果，设计、开发新型物理模拟实验方法和装置。

② 注重物理模拟与数值模拟的合理搭配应用，根据模拟研究对象的不同，合理确定两者的应用比例。一般认为，工件越大，设备越庞大，则数值模拟的作用和工作量越大。以美国净成形工程研究中心(NSM/ERC)的研究工作为例，数值模拟上工作的大致比例为：模锻：80%；管件液压成形：50%；切削：30%。

通常，物理模拟由于代价较大，用作检验和校核数值模拟手段。要在准确了解数值模拟软件的功能、不足和产生误差的大小与因素等的基础上，通过实验或物理模拟进行修正。NSM/ERC 在管件成形研究中，先采用实验确定单道次胀形机理并修正有限元数值模拟的误差后，用有限元方法进行多道次工艺模拟，并完成预成形与最终胀形工序的协调，这样就充分发挥了两者的长处。通常认为，数值模拟均需实验或物理模拟方法校核，当两者有较大差别时，应以物理模拟或实验为准。

③ 重视基础数据的测试与积累。为要模拟材料的热加工过程，需要确定大量与工件、模具相关的参数。

(6) 注重工艺模拟与生产系统其他技术环节的结合与集成，成为先进制造系统的重要组成部分。现在，工艺模拟的应用已经与产品和模具的 CAD/CAE/CAM 系统、零件的加工制造系统、零件的可靠性等方面有了较好的结合。

(7) 在数值模拟研究中，选择适当的商业软件平台，结合具体问题进行二次开发或针对特殊问题进行改良，已经成为一种非常简便高效的研究模式。

3.3 工业机器人(Industrial Robot)

3.3.1 古代机器人和工业机器人的由来

人类很早就向往着造出一种像人一样聪明灵巧的机器。这种追求和愿望，在各种神话故事里得到充分的体现，而且古代人在当时的科学技术水平下也曾制造出许多构思巧妙的"机器人"。

早在公元前3世纪的古代希腊神话中就描述过一个克里特岛的青铜巨人"太罗斯"，这是作者为了塑造一个国王卫士的形象而虚构出来的"人工造人"。"太罗斯"的身体由青铜材料制成，刀枪不入，力量无穷，它每天在岛上巡逻数次，防止外来人偷渡到克里特岛上来。它可以扔下巨石砸沉船只，也可以使自己的身体变得炽热，以烧死周围的敌人。

1879年，在一位法国作家写的题为"未来的夏娃"小说中，也曾经出现过美丽的人工造人"阿达里"，它是由齿轮、发条、电线、电钮组成的复杂机器。但它的皮肤柔软，头脑可以思考问题，外形和人一模一样。

我国有关机器人的传说可追溯到公元前数百年的远古时代。成书于魏晋年代(公元220年～公元420年)的《列子·汤问篇》记述了公元前900多年周穆王出游曾遇到一位叫做偃师的巧匠，他做了一个会走动能歌舞，"千变万化，惟意所适"，称为"倡者"的机器人，所用原料不外"革、木、胶、漆、白、黑、丹、青……"等，结构特点是"内则肝、胆、心、肺、脾、肾、肠、胃，外则筋骨、支节、皮毛、齿发，皆假物也"。

2000多年以前，我国就出现了自动定向指南车，车辆运动过程中木人的手总指向南方，可以说这是一种定向机器人。传说中三国(公元220年～公元280年)时诸葛亮创造的木牛流马可能是一种人机型的移动机器人。

我国宋代科学家沈括在他的"梦溪笔谈"书中记载了一个"动木人抓老鼠"的故事："庆历中有一术士，姓李，多巧思。尝木刻一舞钟馗，高二、三尺，右手持铁简。以香饵置钟馗左手中，鼠缘手取食，则左手厄鼠，右手用简毙之。"

17世纪以后，随着各种机械装置的发明和应用，特别是随着机械计时装置的发展，先后出现了各种由发条、凸轮、齿轮和杠杆驱动且具有人形的自动机械装置。19世纪就出现了由人自己牵动的灵活的假肢。19世纪末发明了内燃机驱动的汽车原型，它们不是机器人但却发展成为今日世界上数量最多的人机型移动机器。

20世纪初，随着电气技术的发展，产生了各种自动机械装置的电气驱动和开关量控制。英语中的机器人即Robot，来源于斯拉夫语系，它是捷克作家K. Capek 1920年在他的剧本《罗沙姆万能机器人公司》中提出的。

现代机器人实体的诞生大致可以追溯到20世纪40年代，当时由于核工业的兴起，为了处理放射性材料采用了主从机械手，同时期还出现了电子计算机。1951年，美国麻省理工学院(MIT)开发成功第一代数控铣床。1954，美国人 George C. Devol 在他申请的专利"Programmed article transfer"中，首次提出了"示教/再现机器人的概念"。1958年，美国推出了世界上第一台工业机器人实验样机。工业机器人(Industrial Robot, 简称 IR)是 1960 年由《美国金属市场》报首先使用的。不久,Condec 公司与 Pulman 公司合并,成立了 Unimation 公司,并于 1961 年制造出了用于模铸生产的工业机器人(命名为 Unimation)。与此同时,美国 AMF 公司也研制生产出了另一种可编程的通用机器,并以 "Industrial Robot"(工业机器人)为商品广告投入市场。1970 年 4 月,在伊利诺伊工学院召开了第一届全美工业机器人会议。当时在美国已有 200 余台工业机器人用于自动生产线上。

日本的丰田和川崎公司于 1967 年分别引进了美国的工业机器人技术,经过消化、仿制、改进、创新,到 1980 年,机器人技术在日本取得了极大的成功与普及。1980 年被日本人称之为 "日本的机器人元年"。现在,日本拥有工业机器人的台数约占世界总台数的 65%。

我国机器人技术起步较晚,但近年来也有了很大的发展。1987 年,北京首届国际机器人展览会上,我国展出了 10 余台自行研制或仿制的工业机器人。经过 "七五"、"八五" 攻关,我国研制和生产的工业机器人已达到了工业应用水平。

3.3.2 工业机器人的定义

机器人技术作为 20 世纪人类最伟大的发明之一,自 60 年代初问世以来,经历 40 余年的发展已取得长足的进步。走向成熟的工业机器人和各种用途的特种机器人的实用化,昭示着机器人技术灿烂的明天。那么,何为机器人?

在科技界,科学家会给每一个科技术语一个明确的定义,但机器人问世已有几十年,机器人的定义仍然仁者见仁,智者见智,没有一个统一的意见。原因之一是机器人还在发展,新的机型、新的功能不断涌现。根本原因是因为机器人涉及到了人的概念,成为一个难以回答的哲学问题。就像机器人一词最早诞生于科幻小说之中一样,人们对机器人充满了幻想。也许正是由于机器人定义的模糊,才给了人们充分的想象和创造空间。

其实并不是人们不想给机器人一个完整的定义,自机器人诞生之日起人们就不断地尝试着说明到底什么是机器人。但随着机器人技术的飞速发展和信息时代的到来,机器人所涵盖的内容越来越丰富,机器人的定义也不断充实和创新。

关于工业机器人,目前世界各国尚无统一定义,分类方法也不尽相同。卡雷尔·查培克最早给 "机器人" 所下的定义是:"有劳动能力,没有思考能力,外形像人的东西。"

日本对工业机器人提出了各种定义,由于所强调的重点不同,因此差别较大。1971 年日本通产省 "工业机器人制造业高度化计划" 中的定义说:"工业机器人是整机能够回转,有抓取(或吸住)物件的手爪和能够进行伸缩、弯曲、升降(俯仰)、回转及其复合动作的臂部,带有记忆部件,可部分地代替人进行自动操作的具有通用性的机械"。另据报导,日本对现代工业机器人还有作如下定义的,即 "具有人体上肢(臂、手)动作功能,可进行多种动作的装置;或者具有感觉功能,可自主地进行多种动作的装置(智能机器人)"。

美国机器人协会(RIA)定义的机器人是 "一种用于移动各种材料、零部件、工具或专用装置的,通过程序化的动作来执行各种任务,并具有编程能力的多功能操作机"。国际标准化组织(ISO)的定义是 "机器人是一种自动的、位置可控的、具有编程能力的多功能操作机。这种操作机具有多个轴,能够借助可编程操作来处理各种材料、零部件、工具和专用装置,以执行各种任务"。

我国国家标准 GB/T 12643—90 将工业机器人定义为"一种能自动定位控制，可重复编程的，多功能的、多自由度的操作机。能搬运材料、零件或操持工具，用以完成各种作业。"操作机定义为"一种机器，其机构通常由一系列互相铰接或相对滑动的构件所组成。它通常有几个自由度，用以抓取或移动物体(工具或工件)"。

所以对工业机器人可以理解为：拟人手臂、手腕和手功能的机械电子装置；它可把任一物件或工具按空间位(置)姿(态)的时变要求进行移动，从而完成某一工业生产的作业要求，如夹持焊钳或焊枪，对汽车或摩托车车体进行点焊或弧焊；搬运压铸或冲压成型的零件或构件；进行激光切割；喷涂；装配机械零、部件等。

应当认识到工业机器人和机械手是有区别的，见表3-1。前者具有独立的控制系统，可通过编程方法实现动作程序的变化；而后者则只能完成简单的搬运、抓取及上下料工作，一般作为自动机和自动线上的附属装置，其程序固定不变。

表 3-1 工业机器人和机械手的区别

特　点	机　械　手	工　业　机　器　人
独立性	附属在主机上，为主机服务	独立的机构和控制系统
灵活性	程序固定不变，定位点不能灵活改变	程序和定位点容易改变
自由度	较少	较多
复杂性	动作简单重复，单一功能	动作较复杂，多功能
适用的生产方式	大批量单一(或少)品种	多品种中、小批量生产
涉及技术领域	主要是机械结构	机械、液压、气动、电气、自动控制、计算机、人工智能等

有人把机器人分为"类人型"和"非人型"两种，目前所说的工业机器人属于"非人型"。因为无论从它的外形或结构来说，都和人有很大差异。但是，它虽然不完全具备人体的许多机能(如四肢多自由度灵活运动机能、五官的感觉机能等)，但在做某些动作时，它具有和人相同甚至超过人的能力。

工业机器人以刚性高的机械手臂为主体，与人相比，可以有更快的运动速度，可以搬运更重的东西，而且定位精度相当高。它可以根据外部来的指令信号，自动进行各种操作。

现代科学技术的发展提供了工业机器人向智能化发展的可能性。目前，依靠先进技术(如电子计算机、各种传感器和伺服控制系统等)能使工业机器人具有一定的感觉、识别、判断功能，并且这种具有一定智能的机器人已经开始在生产中运用。

中国工程院院长宋健指出："机器人学的进步和应用是20世纪自动控制最有说服力的成就，是当代最高意义上的自动化"。机器人技术综合了多学科的发展成果，代表了高技术的发展前沿，它在人类生活应用领域的不断扩大正引起国际上重新认识机器人技术的作用和影响。

3.3.3　工业机器人的组成

目前使用的工业机器人多半是代替人上肢的部分功能，按给定程序、轨迹和要求，实现自动抓取、搬运或操作的自动机械。它主要由执行系统、驱动系统、控制系统以及检测机构组成。

1．执行系统

(1) 手部：又称手爪或抓取机构。其作用是直接抓取和放置物件(或工具)。

(2) 腕部：又称手腕，是连接手部和臂部的部件。其作用是调整或改变手部的方位(姿态)。

(3) 臂部：又称手臂，是支承腕部的部件。其作用是承受物件或工具的荷重，并把它传送到预定的工作位置。有时也将手臂和手腕统称为臂部。

(4) 立柱：是支承手臂的部件。其作用是带动臂部运动，扩大臂部的活动范围，如臂部的回转、升降和俯仰运动都与立柱有密切联系。

(5) 行走机构：目前大多数工业机器人没有行走机构，一般由机座支承整机。行走机构是为了扩大机器人使用空间，实现整机运动而设置的。其有两种形态：模仿动物步行形态的足；模仿车子行走形态的滚轮。

2．驱动系统

该系统是驱动执行机构运动的传动装置，常用的是液压传动、气压传动和电传动等。

3．控制系统

该系统通过对驱动系统的控制，使执行系统按照规定的要求进行工作。对示教再现型工业机器人来说，是指包括示教、存储、再现、操作等各环节的控制系统。按控制信号对执行机构发出指令，必要时对机器人的动作进行监视，当发生错误或故障时发出报警信号。控制系统还对生产系统(加工机械和其他辅助设备)的状况作出反应，产生相应的动作。控制系统是反映一台工业机器人的功能和水平的核心部分。

4．检测机构

该系统通过各种检测器、传感器，检测执行机构的运动情况，根据需要反馈给控制系统，在与设定值进行比较后，对执行机构进行调整，以保证其动作符合设计要求，主要是对位置、速度和力等各种外部和内部信息进行检测。

3.3.4　工业机器人的分类

目前还没有统一的机器人的分类标准，根据不同的要求可进行不同的分类。

1．按驱动方式分类

(1) 液动式。液压驱动机器人通常由液压机(各种油缸、油马达)、伺服阀、油泵、油箱等组成驱动系统，由驱动机器人的执行机构进行工作。通常它具有很大的抓举能力(高达几百公斤以上)，其特点是结构紧凑，动作平稳，耐冲击，耐振动，防爆性好，但液压元件要求有较高的制造精度和密封性能，否则漏油将污染环境。

(2) 气动式。其驱动系统通常由汽缸、气阀、气罐和空压机组成。其特点是气源方便，动作迅速，结构简单，造价较低，维修方便。但难以进行速度控制，气压不可太高，故抓举能力较低。

(3) 电动式。电力驱动是目前机器人使用的最多的一种驱动方式。其特点是电源方便，响应快，驱动力较大(关节型的持重已达 400 kg)，信号检测、传递、处理方便，并可以采用多种灵活的控制方案。驱动电机一般采用步进电机、直流伺服电机以及交流伺服电机(其中交流伺服电机为目前主要的驱动形式)。由于电机速度高,通常须采用减速机构(如谐波传动、RV 摆线针轮传动、齿轮传动、螺旋传动和多杆机构等)。目前,有些机器人已开始采用无减速机构的大转矩、低转速电机进行直接驱动,这既可以使机构简化,又可提高控制精度。

(4) 混合驱动。液—气或电—液混合驱动。

2．按用途分类

(1) 搬运机器人。这种机器人用途很广,一般只需点位控制,即被搬运零件无严格的运动轨迹要求,只要求始点和终点位置准确。如机床上用的上、下料机器人,工件堆垛机器人以及彩管搬运机器人等。

(2) 喷涂机器人。这种机器人多用于喷漆生产线上,重复位姿精度要求不高。但由于喷雾易燃,因此一般采用液压驱动或交流伺服电机驱动。

(3) 焊接机器人。这是目前使用最多的一类机器人,它又可分为点焊和弧焊两类。点焊机器人负荷大、动作快,工作点的位姿要求较严,一般要有 6 个自由度。弧焊机器人负载小、速度低,通常有 5 个自由度即能进行焊接作业。为了更好地满足焊接质量对焊枪姿势的要求,伴随机器人的通用化和系列化,现在大多使用 6 自由度机器人。弧焊对机器人的运动轨迹要求较严,必须实现连续路径控制,即在运动轨迹的每一点都必须实现预定的位置和姿态要求。

(4) 装配机器人。这类机器人要有较高的位姿精度,手腕具有较大的柔性。目前大多用于机电产品的装配作业。

(5) 专门用途的机器人。例如医用护理机器人、航天用机器人、探海用机器人以及探险作业机器人等。

3．按操作机的位置机构形式和自由度数量分类

机器人操作机的位置机构形式是机器人重要的外形特征,故常用作分类的依据。按这一分类标准,机器人可分为直角坐标型、圆柱坐标型、球(极)坐标型、关节型机器人(或拟人机器人)。

操作机本身的轴数(自由度数)最能反应机器人的工作能力,也是分类的重要依据。按这一分类机器人可分为 4 轴(自由度)、5 轴(自由度)、6 轴(自由度)和 7 轴(自由度)等机器人。

按其他的分类方式,机器人还可分为点位控制机器人和连续控制机器人;按负载大小可分为重型、中型、小型、微型机器人;按机座形式分为固定式和移动式机器人;按操作机运动链的形式可分为开链式、闭链式、局部闭链式机器人;按应用机能又可分为顺序控制机器人、示教再现机器人、数值控制机器人、智能机器人等。

3.3.5　现有工业机器人的应用技术

1．工业机器人运动学

机器人是由用若干关节(运动副)连在一起的构件所组成的具有多个自由度的开链型空间连杆机构。开链的一端固接在机座上,另一端是末端执行器,中间由一些构件(刚体)用转动关节或移动关节串连而成。机器人运动学就是要建立各运动构件与末端执行器空间的位置、姿态之间的关系,为机器人运动的控制提供分析的手段和方法。

机器人运动学主要研究两个问题:一个是运动学正问题,即给定机器人手臂、腕部等

各构件的几何参数及连接各构件运动的关节变量(位置、速度和加速度),求机器人末端执行器对于参考坐标系的位置和姿态;另一个是运动学逆问题,即已知各构件的几何参数,机器人末端执行器相对于参考坐标系的位置和姿态,求是否存在实现这个位姿的关节变量及有几种解。

2. 工业机器人动力学

工业机器人动力学主要是研究其机构的动力学。研究的主要目的是解决如何来控制工业机器人的问题,同时为工业机器人的最优化设计提供有力的证据。

在工业机器人动力学的研究中,要解决的问题很多,但归纳起来不外乎两大类。第一类问题是动力学的力分析,或称之为动力学的正问题。它是指已知系统必要的运动,通过运动学分析,计算与已知运动链各连杆间的位移、速度和加速度,而后求得各关节的驱动力或反力。第二类问题是动力学的运动分析,或称之为动力学的逆问题。它是指已知作用在机构上的外力和各关节上的驱动力,计算各关节和连杆的加速度和反力,而后对加速度进行积分,求得所需要的速度和位移。

研究和解决工业机器人动力学问题的方法很多,主要有两种最常用的方法:拉格朗日方程法和牛顿-欧拉方程法。

3. 工业机器人控制技术

控制系统是工业机器人的重要组成部分,它的机能类似于人的大脑。工业机器人要与外围设备协调动作,共同完成作业任务,就必须具备一个功能完善、灵敏可靠的控制系统。工业机器人的控制系统总的可分为两大部分:一部分是对其自身运动的控制,另一部分是工业机器人与周边设备的协调控制。工业机器人控制研究的重点是对自身的控制。

工业机器人控制系统的主要任务是控制工业机器人在工作空间中的运动位置、姿态和轨迹、操作顺序及动作的时间等项。其中有些项目的控制是非常复杂的,这就决定了工业机器人的控制系统应具有以下特点:

(1) 工业机器人的控制与其机构运动学和动力学有着密不可分的关系,因而要使工业机器人的臂、腕及末端执行器等部位在空间具有准确无误的位姿,就必须在不同的坐标系中描述它们,并且随着基准坐标系的不同而要做适当的坐标变换,同时要经常求解运动学和动力学问题。

(2) 描述工业机器人状态和运动的数学模型是一个非线性模型,随着工业机器人的运动及环境而改变。又因为工业机器人往往具有多个自由度,所以引起其运动变化的变量不止一个,而且各个变量之间一般都存在耦合问题。这就使得工业机器人的控制系统不仅是一个非线性系统,而且是一个多变量系统。

(3) 对工业机器人的任一位姿都可以通过不同的方式和路径达到,因而工业机器人的控制系统还必须解决优化的问题。

要有效地控制工业机器人,其控制系统就必须具备以下的功能:

(1) 示教再现功能。示教再现功能是指在执行新的任务之前,预先将作业的操作过程示教给工业机器人,由其再现示教的内容,以完成作业任务。

(2) 运动控制功能。运动控制功能是指对工业机器人末端执行器的位姿、速度、加速度等项的控制。

工业机器人的控制方式有多种多样，根据作业任务的不同，主要可分为点位控制方式和连续轨迹控制方式。点位控制又称 PTP 控制，其特点是只控制工业机器人末端执行器在作业空间中某些规定的离散点上的位姿。控制时只要求工业机器人快速、准确地实现相邻各点之间的运动，而对达到目标点的运动轨迹(包括移动路径和运动姿态)则不作任何规定。连续轨迹控制又称 CP 控制，其特点是连续地控制工业机器人末端执行器在作业空间中的位姿，要求其严格按照预定的轨迹和速度在一定的精度要求内运动，而且速度可控，轨迹光滑且运动平稳，以完成作业任务。

4. 工业机器人语言

使用工业机器人语言进行作业程序设计，使得包含感觉处理的复杂作业逻辑的编程成为可能，而且，也容易把各种基本的动作作为别的作业可以利用的通用程序库存储起来。

通用的工业机器人的语言一般都具有以下几个特点：

(1) 十分简洁地描述工业机器人的作业动作及工作环境，能描述复杂的操作内容、操作工艺和操作过程，并用尽可能简要的程序来实现。

(2) 和一般的实用程序语言一样，具有结构简明，概念统一，容易扩展等特点。

(3) 随着工业机器人语言的不断开发和研制，它们越来越接近自然语言，并且具有良好的对话性、兼容性、开发性和扩展性。

根据对作业任务描述水平的高低，机器人的语言通常可分为动作级、对象级和工作级三个级别。动作级的语言是以末端执行器的动作作为描述的中心，由一系列动作命令指令组成，即把机器人的动作用命令语句来表达。对象级的语言是以改变对象状态为着眼点编程的，即以对象物之间的相互关系为中心来描述作业，与机器人的动作没有关系。工作级的语言是以作业的最终目标状态来描述作业的，即只给出作业的目标，而完成这一作业的程序是自动产生的。这级语言目前只能作一些简单的研究，尚不能实际应用。

5. 工业机器人的环境感觉技术

工业机器人要能在变化的工作环境(工作对象、设备等)中完成作业任务，必须具备类似人类对环境的感觉功能：视觉、触觉和听觉等。机器人对工作环境的感觉称为外部状态感觉，机器人对本身状态(位置、速度和加速度等)的检测则称为内部状态感觉。

3.3.6　工业机器人的应用和发展

1. 工业机器人的应用和发展

工业机器人最早应用在汽车制造工业，常用于焊接、喷漆、上下料和搬运。工业机器人延伸了人的手足和大脑功能，它可代替人从事危险、有害、有毒、低温和高热等恶劣环境中的工作；代替人完成繁重、单调重复劳动，提高劳动生产率，保证产品质量。工业机器人与数控加工中心、自动搬运小车以及自动检测系统可组成柔性制造系统(FMS)和计算机集成制造系统(CIMS)，实现生产自动化。

随着工业机器人技术的发展，其应用已扩展到宇宙探索、深海开发、核科学研究和医疗福利领域。火星探测器就是一种遥控的太空作业机器人。工业机器人也可用于海底采矿、深海打捞和大陆架开发等。在核科学研究中，机器人常用于核工厂设备的检验和维修，如前苏联切尔诺贝利核电站发生事故后，就利用机器人进入放射性现场检修管道。在军事上，工业机器人则可用来排雷和装填炮弹。医疗福利和生活服务领域中，机器人应用更为广泛，如护理、导盲、擦窗户等。

工业机器人是精密机械技术和微电子技术相结合的机电一体化产品，它在工厂自动化和柔性生产系统中起着关键作用。工业机器人技术的发展趋势是：

(1) 提高运动速度和动作精度，减少重量和占用空间，加速机器人功能部件的标准化和模块组合化；将机器人的回转、伸缩、俯仰和摆动等各种功能的机械模块和控制模块、检测模块组合成结构和用途不同的机器人。

(2) 开发新型结构，如开发微动机构以保证动作精度；开发多关节、多自由度的手臂和手指；研制新型的行走机构，以适应各种作业需要。

(3) 研制各种传感检测装置，如视觉、触觉、听觉和测距传感器等，用传感器获取有关工作对象和外部环境信息，来完成模式识别，并采用专家系统进行问题求解，动作规则，采用微机控制。

机器人与生产技术是相辅相成、相互促进发展的关系。目前机器人技术的发展过于缓慢，已远远跟不上未来生产技术发展的速度，而机器人在未来生产技术中将担任更加重要的角色。因此，我们有理由相信，机器人技术及其应用工程在不远的将来必将产生第二次飞跃。

2. 目前研究热点及发展趋势

目前国际机器人界都在加大科研力度，进行机器人共性技术的研究，并朝着智能化和多样化方向发展。主要研究内容集中在以下 10 个方面：

(1) 工业机器人操作机构的优化设计技术：探索新的高强度轻质材料，进一步提高负载/自重比，同时机构向着模块化、可重构方向发展。

(2) 机器人控制技术：重点研究开放式、模块化控制系统，人机界面更加友好，语言、图形编程界面正在研制之中。机器人控制器的标准化和网络化以及基于 PC 机网络式控制器已成为研究热点。编程技术除进一步提高在线编程的可操作性之外，离线编程的实用化将成为研究重点。

(3) 多传感系统：为进一步提高机器人的智能和适应性，多种传感器的使用是其问题解决的关键。其研究热点在于有效可行的多传感器融合算法，特别是在非线性及非平稳、非正态分布的情形下的多传感器融合算法。另一问题就是传感系统的实用化。

(4) 机器人的结构灵巧，控制系统愈来愈小：二者正朝着一体化方向发展。

(5) 机器人遥控及监控技术，机器人半自主和自主技术：多机器人和操作者之间的协调控制，通过网络建立大范围内的机器人遥控系统，在有时延的情况下，建立预先显示进行遥控等。

(6) 虚拟机器人技术：基于多传感器、多媒体和虚拟现实以及临场感技术，实现机器人的虚拟遥操作和人机交互。

(7) 多智能体(Multi-Agent)控制技术：这是目前机器人研究的一个崭新领域，主要对多智能体的群体体系结构，相互间的通信与磋商机理，感知与学习方法，建模和规划，群体行为控制等方面进行研究。

(8) 微型和微小机器人技术(Micro/Miniature Robotics)：这是机器人研究的一个新的领域

和重点发展方向，过去在该领域的研究几乎是空白，因此该领域研究的进展将会引起机器人技术的一场革命，并且对社会进步和人类活动的各个方面将产生不可估量的影响。微小型机器人技术的研究主要集中在系统结构、运动方式、控制方法、传感技术、通信技术以及行走技术等方面。

(9) 软机器人技术(Soft Robotics)：主要用于医疗、护理、休闲和娱乐场合。传统机器人设计未考虑与人紧密共处，因此其结构材料多为金属或硬性材料。软机器人技术要求其结构、控制方式和所用传感系统在机器人意外地与环境或人碰撞时是安全的，机器人对人是友好的。

(10) 仿人和仿生技术：这是机器人技术发展的最高境界，目前仅在某些方面进行了一些基础研究。

提高机器人的智能化、机动性、可靠和安全性、以及与人类环境的完美的融入性，所追求的主要目标是"融入人类的生活，和人类一起协同工作。从事一些人类无法从事的工作，以更大的灵活性给人类社会带来更多的价值"。

目前机器人还存在以下三种新的发展趋势：

微型化：体积越来越小，结构越来越精细。

智能化：越来越脱离机械化的程式。

拟人化：机器人越来越接近人，不论结构还是功能。

当然，目前机器人技术的发展尚存在许多待解决的瓶颈问题，如驱动器、能源和控制器。因此，新型机器人关键器件技术的研究显得很重要。

3.4 柔性制造系统

随着市场对产品多样化、低制造成本及短制造周期等需求的日趋迫切，同时由于微电子技术、计算机技术、通信技术、机械与控制设备的进一步发展，制造技术已经向以信息密集的柔性自动化生产方式及知识密集的智能自动化方向发展。柔性制造技术是电子计算机技术在生产过程及其装备上的应用，是将微电子技术、智能化技术等与传统加工技术融合在一起，具有先进性、柔性化、自动化、效率高的现代制造技术。柔性制造技术的发展还进一步推动了生产模式的变革，是实现计算机集成制造(CIM)、智能制造(IM)、精良生产(LP)、敏捷制造(AM)等先进制造生产模式的基础。

柔性制造系统 FMS(Flexible Manufacturing System)是一个以网络为基础、面向车间的开放式集成制造系统，是实现 CIMS 的基础。它具有 CAD、数控编程、分布式数控、工夹具管理、数据采集和质量管理等功能。根据系统所含机床数量、机床的结构不同，可将系统分成三类：柔性制造装置(FMU)、柔性加工单元(FMC)、柔性制造系统(FMS)。

柔性制造装置(FMU)是以一台加工中心为主的系统。它装备托盘库、自动托盘交换站或机器人、一个自动化工具交换装置(可以部分无人照管)。

柔性加工单元(FMC)有多种配置形式，但至少有一台加工中心、托盘库、自动托盘交换站、每台机床的刀具交换装置。柔性加工单元的所有操作均以单元方式进行，并由 DNC 计算机控制。FMC 通常有固定的加工工艺流程，零件流是按固定工序顺序运行的，它不具有实时加工路线流控制、载荷平衡及生产调度计划逻辑的中央计算机控制。

　　柔性制造系统(FMS)至少由二个FMC组成，通过一个自动化传输系统——自动导向车、计算机控制搬运机等，把各个单元连接起来。该自动化传输系统用以移动托盘、工件和工具。整个系统处于一个监控计算机的控制之下，该计算机与企业主计算机相连。

　　FMC/FMS可针对不同制造工艺进行构造，如切削加工、成形加工、装配等。系统能够进行的功能有：作业调度、零件程序选择、刀具破损或磨损检测、托盘交换、自动测量、诊断检查。FMS主要由四部分组成：独立工作的数控机床和设备、工件和刀具的传输系统、计算机硬件和计算机软件。另外，切屑消除及冷却液处理等辅助系统也是FMS不可缺少的内容。

3.4.1　柔性制造系统概述

1. FMS 的产生和发展

　　机械制造自动化已有几十年的历史，从20世纪30年代到50年代，人们主要在大量生产领域里，建立由自动车床、组合机床或专用机床组成的刚性自动化生产线。这些自动线具有固定的生产节拍，要改变生产品种是非常困难和昂贵的。由于从20世纪60年代开始到70年代计算机技术得到了飞速发展，计算机控制的数控机床(CNC机床)在自动化领域中取代了机械式的自动机床，因此使建立适合于多品种、小批量生产的柔性加工生产线成为可能。作为这种技术具体应用的柔性制造系统(FMS)、柔性制造单元(FMC)和柔性制造自动线(FML)等柔性制造设备纷纷问世，其中柔性制造系统(FMS)最具代表性。FMS是一种高效率、高精度、高柔性的加工系统，是制造业向现代自动化发展(计算机集成制造系统、智能制造系统、无人工厂)的基础设备。柔性制造技术将数控技术、计算机技术、机器人技术以及生产管理技术等融为一体，通过计算机管理和控制实现生产过程的实时调度，最大限度地发挥设备的潜力，减少工件搬运过程中的等待时间损失，使多品种、中小批量生产的经济效益接近或达到大批量生产的水平，从而解决了机械制造业高效率与高柔性之间矛盾的难题，被称为是机械制造业中一次划时代的技术革命。自1967年世界上第一条FMS在英国问世以来，就显示出强大的生命力。经过10多年的发展和完善，到20世纪70年代末80年代初，FMS开始走出实验室而逐渐成为先进制造企业的主力装备。20世纪80年代中期以来，FMS获得迅猛发展，几乎成了生产自动化之热点。一方面是由于单项技术如NC加工中心、工业机器人、CAD/CAM、资源管理及高技术等的发展，提供了可供集成一个整体系统的技术基础；另一方面，世界市场发生了重大变化，由过去传统、相对稳定的市场，发展为动态多变的市场，为了在市场中求生存、求发展，提高企业对市场需求的应变能力，人们开始探索新的生产方法和经营模式。近年来，FMS作为一种现代化工业生产的科学"哲理"和工厂自动化的先进模式已为国际上所公认。FMS作为当今世界制造自动化技术发展的前沿科技，为未来机构制造工厂提供了一幅宏伟的蓝图，将成为21世纪机构制造业的主要生产模式。

　　1994年初，据统计世界各国已投入运行的FMS约有3000多个，其中日本拥有2100多个，占世界首位。目前反映工厂整体水平的FMS是第一代FMS，日本从1991年开始实施的"智能制造系统(IMS)"国际性开发项目，属于第二代FMS；而真正完善的第二代FMS在21世纪将会实现。届时，智能化机械与人之间将相互融合、柔性地全面协调从接受订单至生产、销售这一企业生产经营的全部活动。

2．FMS 的基本组成及主要功能

1）FMS 的定义及基本组成

在我国有关标准中，FMS 被定义为：由数控加工设备、物流储运装置和计算机控制系统等组成的自动化制造系统。它包括多个柔性制造单元，能根据制造任务或生产环境变化迅速进行调整，适用于多品种，中、小批量生产。

国外有关专家对 FMS 进行了更为直观的定义：柔性制造系统是至少由两台机床、一套物料运储系统(从装载到卸载具有高度自动化)和一套计算机控制系统所组成的制造系统，它通过简单地改变软件的方法便能制造出多种零件中的任何一种零件。

从上述定义可以看出，FMS 主要由三部分组成：多工位的数控加工系统、自动化的物料储运系统和计算机控制的信息系统。其构成框图如图 3-6 所示。

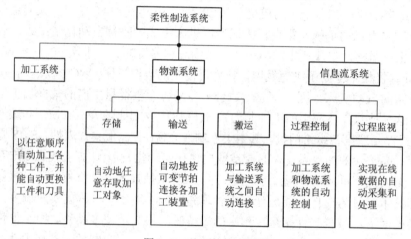

图 3-6　FMS 的构成框图

(1) 加工系统。加工系统的功能是以任意顺序自动加工各种工件，并能自动地更换工件和刀具。加工系统通常包括由两台以上的数控机床、加工中心或柔性制造单元(FMC)以及其他的加工设备所组成，例如测量机、清洗机、动平衡机和各种特种加工设备等。

(2) 物流系统。在 FMS 中，工件、工具流统称为物流，物流系统即物料储运系统，是柔性制造系统中的一个重要组成部分。物流系统由输送系统、储存系统和操作系统组成，通常包含有传送带、有轨运输车、无轨运输车、搬运机器人、上下料托盘、交换工作台等机构，能对刀具、工件和原材料等物料进行自动装卸和运储。

(3) 信息系统。信息系统包括过程控制及过程监视两个系统，能够实现对 FMS 的运行控制、刀具监控和管理、质量控制，以及 FMS 的数据管理和网络通信。

图 3-7 所示是一个典型的柔性制造系统示意图。该系统由 4 台卧式加工中心、3 台立式加工中心、2 台平面磨床、2 台自动导向运输车、2 台检验机器人组成，此外还包括自动仓库、托盘站和装卸站等。在装卸站由人工将工件毛坯安装在托盘夹具上；然后由物料传送系统把毛坯连同托盘夹具输送到第一道工序的加工机床旁边，排队等候加工；一旦该加工机床空闲，就由自动上下料装置立即将工件送上机床进行加工；当每道工序加工完成后，物料传送系统便将该机床加工完成的半成品取出，并送至执行下一道工序的机床处等候。如

此不停地运行，直至完成最后一道加工工序为止。在整个运作过程中，除了进行切削加工之外，若有必要则还需进行清洗、检验等工序，最后将加工结束的零件入库储存。

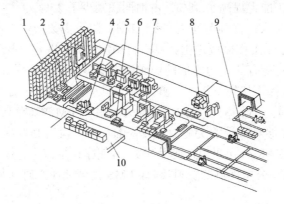

1—自动仓库；2—装卸站；3—托盘站；4—检验机器人；5—自动运输车；6—卧式加工中心；

7—立式加工中心；8—磨床；9—组装交付站；10—计算机控制室

图 3-7 典型的柔性制造系统

2) FMS 的主要功能

常见的 FMS 一般具有以下功能：

(1) 自动制造功能，在柔性制造系统中，由数控机床这类设备承担制造任务；

(2) 自动交换工件和刀具的功能；

(3) 自动输送工件和刀具的功能；

(4) 自动保管毛坯、工件、半成品、工夹具、模具的功能；

(5) 自动监视功能(即刀具磨损、破损的监测)，自动补偿，自诊断等；

(6) 作业计划与调度。

柔性制造系统的上述功能是在计算机系统的控制下协调一致地、连续地、有序地实现的。

制造系统运行所必需的作业计划以及加工或装配信息，预先存放在计算机系统中，根据作业计划，物流系统从仓库调出相应的毛坯、工夹具，并将它们交换到对应的机床上。在计算机系统的控制下，机床依据已经传送来的程序，执行预定的制造任务。柔性制造系统的"柔性"就是计算机系统赋予的，被加工的零件种类变更时，只需变换其"程序"，而不必改动设备。

3. FMS 的优点及效益

从 FMS 的构成和功能可以看出，FMS 具有下列的优点和效益：

(1) 有很强的柔性制造能力。由于 FMS 备有较多的刀具、夹具以及数控加工程序，因而能接受各种不同的零件加工，柔性度很高，有的企业将多至 400 种不同的零件安排在一个 FMS 中加工。FMS 的这一"柔性"特点，对新产品开发特别有利。

(2) 提高设备利用率。在 FMS 中，工件是安装在托盘上输送的，并通过托盘能够快速地在机床上进行定位与夹紧，节省了工件装夹时间。此外，因借助计算机管理而使加工不同零件时的准备时间大为减少，有很多准备工作可在机床工作时间内同时进行。因而，零件在加工过程中其等待时间大大减少，从而可使机床的利用率提高到 75%～90%。

(3) 减少设备成本与占地面积。机床利用率的提高使得每台机床的生产率提高，相应地可以减少设备数量。据美国通用电气公司的资料表明，一条具有 9 台机床的 FMS 代替了原来 29 台机床，还使加工能力提高了 38%，占地面积减少了 25%。

(4) 减少直接生产工人，提高劳动生产率。FMS 除了少数操作由人力控制外(如装卸、维修和调整)，可以说正常工作完成是由计算机自动控制的。在这一控制水平下，FMS 通常实施 24 小时工作制，将所有靠人力完成的操作集中安排在白班进行，晚班除留一人看管之外，系统完全处于无人操作状态下工作，直接生产工人大为减少，劳动生产率提高。

(5) 减少在制品数量，提高对市场的反应能力。由于 FMS 具有高柔性、高生产率以及准备时间短等特点，能够对市场的变化做出较快的反应，没有必要保持较大的在制品和成品库存量。按日本 MAZAK 公司报道，使用 FMS 可使库存量减少 75%，可缩短 90% 的制造周期；另据美国通用电气公司提供的资料反映，FMS 使全部加工时间从原来的 16 天减少到 16 小时。

(6) 产品质量提高。由于 FMS 自动化水平高，工件装夹次数和要经过机床数减少，夹具的耐久性好，这样，技术工人可把注意力更多地放在机床和零件的调整上，有助于零件加工质量的提高。

(7) FMS 可以逐步地实现实施计划。若建一条刚性自动线，则要等全部设备安装调试建成后才能投入生产，因此它的投资必须一次性投入。而 FMS 则可进行分步实施，每一步的实施都能进行产品的生产，因为 FMS 的各个加工单元都具有相对独立性。

3.4.2 车间自动化递阶结构

柔性制造系统担任系统的管理和协调，使整个生产过程自动进行。控制系统包括硬件和软件，如图 3-8 所示。大多数 FMS 控制系统采用多级计算机控制的递阶结构，将复杂的控制管理任务进行分解，分别由相应的控制级实现。

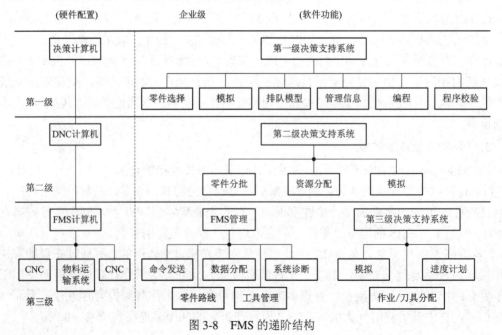

图 3-8　FMS 的递阶结构

FMS 的第一级控制任务是编制车间生产计划及其设备维修计划，给各单元分配任务，协调各单元的运行，追踪设备利用率。其计划时限可以是几周或数月。

FMS 的第二级是单元级控制，是对各工作站进行控制管理。控制管理对象包括自动加工单元、物料传送系统、刀具交换和管理系统、自动仓库和存取系统、清洗单元、在线测量单元等。其计划时限从几分钟到若干小时。

设备控制级是 FMS 的第三级控制，是对制造加工设备的运行进行过程控制或作程序控制的控制器，例如 CNC 控制装置、单板机控制器等。其计划时限为数毫秒或数分钟。

一个柔性自动化车间可以包括二个以上的柔性制造单元。一个车间控制器至少有一个柔性制造系统，或者由 FMS 与 FMC，以及多种 DNC 型数控机床群组合构成。FMS 模式是制造业的灵活模式。

3.4.3　FMS 工件传送及其管理系统

工件传送及其管理系统由物料仓库、夹具系统、装卸工作站、缓冲工作站、物料运输车组成。自动化物料运输系统是 FMS 必不可少的组成部分。

1) 物料仓库

FMS 物料仓库的用途是存储毛坯、在制品、夹具等。物料仓库分平面仓库和立体仓库两类。平面仓库的货位是按平面布局的，它适合于加工品种少、生产规模较小的单位。立体仓库的货位是由多层立体布局的，适合于大中型企业应用。

立体仓库由高架多层货架和堆垛机组成。高架仓库的货架是在堆垛机两侧呈双排列，有时也呈单排结构。货架上的货物均由该货架巷道内的堆垛机负责存取。堆垛机在计算机控制下沿巷道纵深方向移动和沿货架上下方向作升降运动，它的货叉被准确地定位在指定存取货物的货格上，货叉按照指令实现送货、取货动作。堆垛机的操纵控制通过安装在该机上的可编程控制器(PLC)实现。

2) 夹具系统

FMS 的夹具大多由具有可灵活组合的模块化拼装式夹具元件组成，它由夹具基本块、定位件、夹紧垫块、压板、连接件、压紧螺钉等拼装形成。一种快速夹紧液压气动装置可作为夹紧力的动力源，例如，安装在托盘上的夹具体就带有液压机构和基础装置，它的动力源装置被安置在装卸工作站上，当夹具和托盘在装卸站上装夹工件时，它通过快速连接管路与动力源装置相连，获得自动夹紧能源；当夹紧动作完成后，快速连接管路被断开，依靠自封接头保持压力，用蓄能装置维持夹具在加工期间所需要的夹紧力。

3) 装卸工作站

装卸工作站的功能是为制造单元提供已正确装夹的工件、夹具、托盘组件。在装卸工作站上，首先在托盘上按指定零件所需要的夹具拼装夹具和对它进行调整，然后完成指定零件在已装拼好的夹具中的定位和夹紧，已完成装夹的工件、夹具、托盘组件形成一体，最后将其加载到由计算机控制的物料运输车上，等待加工。装卸工作站有固定式和翻转式两种，翻转式用在卧式加工中心。

4) 缓冲工作站

缓冲工作站是一种待加工零件的中间存储站，也称托盘库。由于 FMS 不可能像单一的流水线或自动线那样到达各机床工作站的节拍完全相等，因而避免不了会产生加工工作站前的排队现象。缓冲工作站正是为此目的而设置的，起着缓冲物料的作用。缓冲工作站一般设置在加工机床的附近，有环形和往复直线形等多种形式，可储存若干只工件或托盘组合体，为了节约占地面积，可采用高架托盘缓冲库。若机床发出已准备好接受工件信号时，通过托盘交换器便可将工件从缓冲工作站送到机床上进行加工。在缓冲工作站的每个工位上安装有传感器，直接与 FMS 的控制管理系统连接。

5) 物料运输车

物料运输车分为两类：有轨运输车和无轨运输车。其作用是在各站点之间运载物料。

有轨运输车只能沿两条直线轨道运行，不能走曲线轨道，它的停靠站点设在直线轨道的两侧。取送托盘机构设置在车体上，通过带销钉的环形链条，托盘可从运输车上卸载到停靠站上或将托盘加载到运输车上。

无轨运输车的运行路线可以是曲线，甚至可连成多重环道。运输车运行路线的导引有多种方式：感应导引、红外导引、激光导引、CCD 数字图像—计算机制导方式，已用于商品化的方式是感应导引方式。

3.4.4 刀具交换系统及其管理

刀具交换系统由刀具存储库、刀具组装站、刀具预调站及刀具运输装置等部分组成。它的功能是适时地向加工单元提供加工所需的刀具，取走已用过和耐用度耗尽的刀具。表 3-2 列举了几种类型换刀方式的性能并作了比较。

表 3-2　换刀类型及其性能比较

项目 / 类型		中央刀库/机器人	运输车/机器人	盒式刀库	整体刀库
结构特点	换刀方式	在刀库与加工单元间，机器人执行换刀	在加工单元和刀具站，行走机器人执行换刀	无轨运输车实现刀盒运输	有轨运输系统运输整体刀库
	每次换刀数	1 把	10~50 把	12~48 把	40 把
	刀库容量	机床采用链式刀库 40、50、60 把	运输车刀架上刀具排列顺序与机床刀库一致	200 把	机床刀库与换刀刀库可互换
	其他	CNC 装置必须有动态换刀功能			
适用范围	自动化程度	全自动	全自动	半自动	全自动
	产品品种	变化频繁	多品种	每班每机床 1~2 种	多品种
	产品批量	小批量	小批量	中批量	小批量

3.4.5　FMS 加工单元

FMS 的主体是加工单元。作为加工单元的机床应具备如下条件：

(1) 有 CNC 计算机数控装置，有可以与计算机直接通信的 DNC 接口；

(2) 有自动工件托盘交换装置和自动刀具交换装置；

(3) 能完成所选零件族加工中尽可能多的工序和独立完整的加工工序。

FMS 的主要加工单元形式是加工中心和车削中心，其中以卧式加工中心为最多。加工中心选型取决于零件类型、尺寸、重量、应用情况以及用户的意向等多种因素的综合分析。

3.4.6 FMS 清洗工作站

清洗工序的主要目的是清除掉加工残留在工件上的切屑和油污，或者清除毛刺。有的加工中心自备强力冲洗装置。独立清洗设备形式多种多样，大致可分为两大类：间歇式清洗机和在线通过式清洗机。在线通过式清洗机适用于大批量生产，清洗件从清洗机一端依次送入，经过清洗喷淋、清水漂洗、热风干燥等工位，完成清洗后从另一端送出。间歇式清洗机又分为倾斜封闭门式清洗机、封闭门组件摇摆式清洗机、机器人操纵冲洗头式清洗机，最后一种清洗机是用来对付特别重大型零件的清洗。

3.4.7 FMS 在线测量工作站

计算机集成制造要求零件能很快完成检验，尽快发现误差并对其进行校正，测量机能在车间环境下进行测量作业等。测量机在计算机控制下具有尺寸偏差的确定能力和存取测量数据的能力——存储机器校正数据、产生统计处理控制数据、传输尺寸数据文件到主计算机、进行测量结果的比较、测量数据实时显示等。

测量机控制计算机与 FMS 控制计算机之间进行联网通信，主控计算机将测量作业任务单下达给测量机控制计算机。运输车通过主控计算机的控制将被测零件托盘送到测量机的托盘交换站上，主控计算机通知测量机控制计算机准备进入测量操作，当主控计算机接收到测量机完成零件托盘定位和夹紧工序的反馈信息后，主控计算机将零件测量程序下达到测量机控制计算机，测量机运行检测例行程序，自动将测量数据与预定公差带进行比较。若零件合格，则测量机控制计算机将测量数据反馈给主控计算机，等待主控计算机调度运输车运输零件托盘；若零件不合格，则测量机控制计算机将零件托盘送到复验站，请求主控计算机作复验处理。

托盘交换站的功能是将待测零件托盘传送到测量机工作台上并正确定位。该站的控制装置及其可编程控制器由测量机控制系统管理和操纵。

3.4.8 FMS 单元控制器和工作站控制器

1) 单元控制器

单元控制器是柔性制造单元的控制器，它的功能是协调和监控所有下属工作站的作业任务的执行。它与车间级计算机联网通信，并接受其控制。单元控制器包含一个监控工作站，该工作站用于监控 FMS 系统的运行，通过显示装置向用户提供监控信息。监控工作站的具体功能是采集底层设备的工况信息，显示各设备的实时运行和安全状态，生产数据统计和编写日志报告。

在分层递阶控制系统中的单元控制器，向上要与车间控制器互连通信，向下则要完成对 FMC、FMS、DNC 等制造系统的管理和控制，其任务包含：

① 单元中各加工设备的任务管理与调度，其中包括制造单元作业计划、计划的管理与调度、设备和单元运行状态的登录与上报。

② 单元内物流设备的管理与调度，这些设备包括传送带、有轨或无轨物料运输车、机器人、托盘系统、工件装卸站等。

③ 刀具系统的管理，包括向车间控制器和刀具预调站提出刀具请求、将刀具分发至需要它的机床等。

通常，单元控制器可分为三类：成组单元控制器、智能单元控制器和虚拟单元控制器。

成组单元控制器是一种模块化结构的综合软硬件系统。它按照事先制定好的作业计划运行，不具有完善的优化调度功能。成组单元控制器的功能是管理 NC 程序、工件数据、刀具数据，采集生产数据，进行作业调度和分配。此外，它还具有协调控制所管理的物流工作站、加工工作站和刀具工作站。

智能单元控制器的结构与成组单元控制器的结构相似。在功能上，它增加了较完善的优化调度功能和动态再调度功能。例如，当系统出现局部性故障或临时作业任务变更时，它能够根据系统资源状况调整上级下达的作业任务，以维持系统的降级运行，或将重新调整作业计划的信息反馈给上一级控制层。

虚拟单元控制器能够动态地重新组合车间资源，构成临时性的柔性制造单元，从而实现更合理地使用车间资源、减少跨单元的作业任务数量。当给定任务完成后，这种逻辑重构单元便消失；随着新任务的出现再做新的逻辑重构单元，为新任务服务等。虚拟单元控制器至今仍处于实验室研究之中。

2) 工作站控制器

工作站控制器位于计算机递阶控制系统的最低一级。它是计算机网络系统上的网络链接器，将系统最底层设备连接到计算机网络上。它还是单元控制器对底层设备进行控制的过程控制器。工作站控制器可分为加工工作站、刀具工作站和物料流工作站。

加工工作站运行在车间加工现场。它的主要任务是对加工单元进行控制和管理。一方面，加工工作站按单元控制器的作业加工指令调用所需的 NC 程序及其存储单元的控制参数，并对其进行处理，然后适时地传输给 CNC 控制装置和可编程控制器，为 NC 加工准备好全部必要的数据。这些数据是刀具补偿值、托盘控制面参数、工件托盘零位偏移值等。另一方面，加工工作站接收单元控制器关于零件托盘加载/卸载指令，与 CNC 装置和机床控制器进行协调，执行加载/卸载指令。同时，加工工作站根据单元控制器的换刀命令，完成外部换刀装置和加工单元换刀装置之间的刀具交换。加工工作站还可以接收单元控制器的远程控制指令，执行远程启动加工单元的功能，例如，查询系统运行状况、仿真控制面板操作等。加工工作站还负有采集加工单元运行情况信息的任务，并将信息反馈给单元控制器。

刀具工作站的作用是管理刀具和控制刀具交换。它的主要功能是新刀具进线管理、刀具调用管理和旧/破刀具离线管理。在刀具工作站中，常常是用户和机器人协同工作。例如，在新刀具的进线管理过程中，刀具工作站通过计算机网络获取新刀具的参数值，建立新刀具记录，其中刀具识别码必须由用户输入。将新刀具记录存于刀库的数据库中，该新刀具便获得一个存储库位，由机器人或用户将该新刀安置到指定的库位中。

物料流工作站的作用是物料识别控制和 FMS 的物料运输系统的控制管理。物料流工作站对配有条形码或磁卡装置的物料系统具有物料识别阅读和核验功能：实现正确的通过，不正确的拒收并产生报警信号。在控制管理 FMS 的物料运输系统过程中，物料流工作站不仅按单元控制器的存取物料作业指令检索物料仓库和向堆垛机发出存取物料命令，而且还根据单元控制器运输托盘指令向运输车控制站发出运输托盘命令，同时还动态地刷新工件托盘位置和状态信息。当物料运输过程中出现堵塞冲突现象时，物料流工作站按指定的排队策略将所运输物料送往相应的缓冲工作站，只要目的站"空闲"，自动调度运输车便会将该缓冲站物料送入目的站。

3.4.9 物料运输车

1) 有轨运输车

有轨运输车(Rail Guided Vehicle，RGV)用于直线往返输送物料。它往返于加工设备、装卸站与立体仓库之间，按指令自动运行到指定的工位(加工工位、装卸工位、清洗站或立体仓库位等)自动存取工件。常见的有轨运输车有两种：一种是链索牵引小车，它是在小车的底盘前后各装一个导向销，地面上布设一组固定路线的沟槽，导向销嵌入沟槽内，保证小车行进时沿着沟槽移动，如图 3-9(a)所示；另外一种是在导轨上行走，由车辆上的电动机牵引，如图 3-9(b)所示。

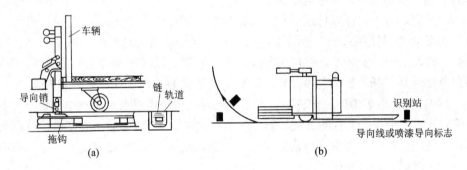

图 3-9　有轨运输车(RGV)

有轨运输车有三种工作方式：

(1) 在线工作方式：运输车接受上位计算机的指令工作。

(2) 离线自动工作方式：可利用操作面板上的键盘来编制工件输送程序，然后按启动按钮，使其按所编程序运行。

(3) 手动工作方式：可通过操作按钮进行手动控制。

有轨运输车沿轨道方向有较高的定位精度要求(一般为±0.2 mm)，通常采用光电码盘检测反馈的半闭环伺服驱动系统。

有轨运输车具有输送距离大、定位精度高和载重量大等优点；缺点是轨道铺设好就不便改动，另外转弯的角度不能太小，轨道一般宜采用直线布置。

2) 无轨运输车

无轨运输车即自动导向小车(Automatic Guided Vehicle，AGV)。AGV 是当前 FMS 中具有较大优势和潜力的运输装置，是高技术密集型产品，三十多年前当 AGV 刚刚问世时，被称为无人小车。近年来随着电子技术的进步，AGV 具有了更多的柔性和功能，真正被各种类型用户所接受，形成了现代自动化物流系统中的主要输送装置之一。AGV 的结构如图 3-10 所示。AGV 的主体是无人驾驶小车，小车的上部为一平台，平台上装备有托盘交换装置，托盘上夹持着夹具和工件，小车的开停、行走和导向均由计算机控制，小车的两端装有自动刹车缓冲器，以防意外。

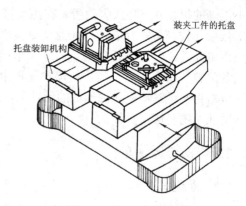

托盘装卸机构　　装夹工件的托盘

图 3-10　自动导向小车

AGV 具有以下特点：

(1) 较高的柔性。只要改变导向程序，就可以方便地改变、修改和扩充 AGV 的运输路线。与传送带和有轨小车比较，其运输轨道的改变工作量要小得多。

(2) 实时监视和扩展。由于计算机能够实时地对 AGV 进行监视和控制，不管小车在何处或处于何种状态，是运动还是静止，计算机都可以用调频等方法向任一特定的小车发出命令，只有频率相同的那一台小车才能响应这个命令，并根据命令完成某一点到另一点的移动、停止、装卸、再充电等一系列的动作。另一方面，小车也能向计算机发回信息，报告小车的状况、小车故障、蓄电池状态等。

(3) 安全可靠。AGV 能以低速运行，运行速度一般在 10～70 m/min 之间。通常，AGV 备有自身的微处理器控制系统，能与本区的其他控制系统进行通信，以防止相互之间的碰撞。有的 AGV 上面还安装了定位传感器或定中心装置，以保证准确定位。此外，AGV 也可装备报警信号灯、扬声器、急停按钮、防火安全连锁装置，以保证运输的安全。

(4) 维护方便。小车维护工作包括对小车蓄电池的再充电以及对小车电动机、车上控制器、通信装置、安全报警装置的常规检测等内容。大多数 AGV 都装备有蓄电池状况自动报警设施，当蓄电池的储备能量降到需要再充电的规定值时，AGV 便自动去充电站充电，一次充电一般可连续工作 8 小时以上。

根据应用及环境的要求，按制导系统的类型可将 AGV 分为如表 3-3 所示的类型。

表 3-3　AGV 制导分类

制导类型	说　　明
牵引	早期装置机械"街道小车"。由埋入地下的链条/缆绳牵引
有线制导	由小车的天线测向并跟随埋入地板下的带电导线行走
惯性制导	根据预定程序用车载微处理器驾驶小车，用声纳传感器检测障碍，用回转器改变方向
红外	发射红外线，并且用设备顶部的反射物反射红外光，类似于雷达的探测器传送信号到计算机进行计算和测量，以确定行走位置和方向
激光	激光扫描安装在壁面上的条形码反射器，通过已知的小车前轮行走，对距离和方向的测量可以准确地操作和定位 AGV
光学	采用带有荧光材料的油漆或色带在地板上绘制出运输路线图，由光传感器识别(感应)信号，控制 AGV 沿着绘制的路线行走
教学型	由行走学习制导路径，由于沿着要求的路线移动编程小车，小车实际上就在学习新路径，并反馈给控制计算机，存储在计算机中，然后由主计算机告诉新路途上的其他 AGV

3.5 虚拟轴机床技术

为了提高对生产环境的适应性，满足快速多变的市场需求，近年来全球机床制造业都在积极探索和研制新型多功能的制造装备与系统，其中在机床结构技术上的突破性进展当属 20 世纪 90 年代中期问世的虚拟轴机床(Virtual Axis Machine Tool)，又称并联机床(Parallel Machine Tool)或并联运动学机器(Parallel Kinematics Machine)。

3.5.1 虚拟轴机床概述

在人们所熟悉的传统机床中，机床的工作轴线是与三维直角坐标轴相对应的，而虚拟轴机床突破了传统机床的工作轴线的概念。这类机床由并联杆系构成，其典型结构是通过可以伸缩的 6 条"腿"连接定平台和动平台，每条"腿"各自单独驱动。控制 6 条"腿"的长度就可以控制装有主轴头的动平台在空间中的位置和姿态，以满足刀具运动轨迹的要求，实现具有 6 自由度运动的复杂曲面的加工。机床中没有传统机床那样固定的三维坐标轴，传统意义的 x、y、z 轴是自由地、虚拟地设定于机床控制系统之中。虚拟轴机床(Virtual Axis Machine Tools)的名称即由此得来，如图 3-11 所示。

图 3-11　虚拟轴机床示意图

虚拟轴机床实质上是机器人技术与机床技术结合的产物，其原理是并联机器人操作机，是按照 Stewart 平台并联机器人的运动原理和结构形式进行设计和工作的，因此又被称为 Stewart 机床。机床的形状酷似六足虫，所以也被称为六条腿(Hexapod)机床。机床的结构除了各种形式的 Stewart 平台外，还包括由杆件组成的多面体框架结构，其主体在运动学上属于并联运动机构，也有人把此类机床称为并联机床(Parallel-Structured Machine Tools)。

与实现等同功能的传统五坐标数控机床相比，虚拟轴机床具有如下优点：

(1) 刚度重量比大。因采用并联闭环静定或非静定杆系结构，且在准静态情况下，传动构件理论上为仅受拉压载荷的二力杆，故传动机构的单位重量具有很高的承载能力。

(2) 响应速度快。运动部件惯性的大幅度降低有效地改善了伺服控制器的动态品质，允许动平台获得很高的进给速度和加速度，因而特别适于各种高速数控作业。

(3) 环境适应性强。便于可重组和模块化设计，且可构成形式多样的布局和自由度组合。在动平台上安装刀具可进行多坐标铣、钻、磨、抛光，以及异型刀具刃磨等加工。装备机械手腕、高能束源或 CCD 摄像机等末端执行器，还可完成精密装配、特种加工与测量等作业。

(4) 技术附加值高。虚拟轴机床具有"硬件"简单，"软件"复杂的特点，是一种技术附加值很高的机电一体化产品，因此可望获得高额的经济回报。

由于虚拟轴机床采用闭环并联结构，形成全对称布局，故具有模块化程度高、重量轻、出力大、精度高、速度快和造价低等优点。在机床动平台装备机械手腕、电主轴、激光器或 CCD 摄像机等末端执行机构，在一定范围内可实现多坐标数控加工、装配与测量等多种功能。特别适合于复杂型腔、三元叶轮、叶片及异性零件等复杂三维空间曲面的加工，具有广阔的应用前景。

3.5.2 虚拟轴机床发展简史

虚拟轴机床的发展历史最早可以追溯到 19 世纪末。1890~1894 年，Clerk J.Maxwell 和 A.Mannheim 进行了空间机构理论研究。在 Maxwell 和 Mannheim 有关工作的基础上，1956 年 F.G.Altmann 设计了一种一个自由度的空间并联机构，用于在房间之间通过一种特定导轨移动物品。

1956 年，V. E. Gough 设计了一种用于轮胎检测的六自由度并联机构，该机构首次模拟"六足虫"结构，其运动平台通过六根长度可伸缩的连杆连到一个固定框架上，即静平台。但是，Gough 没有看到这种机构在机床方面的应用潜力。

1965 年，D.Stewart 采用六自由度的并联机构开发了飞行模拟器，如图 3-12 所示，并于 1966 年发表了论文"A Platform with Six Degrees of Freedom"。该论文奠定了 D.Stewart 在空间并联机构中的鼻祖地位，相应的平台机构也命名为 Stewart 平台。

1978 年，Hunt 提出将 Stewart 机构应用到工业机器人，形成一种六自由度的新型并联机构机器人。1979 年，D.T.Pham 和 H.M.Callion 将 Stewart 平台应用于机器人取得成功。1989 年，三自由度的并联结构——DELTA 结构诞生，其动平台总是平行于静平台。1990 年，可实现三维空间任意位姿定位的六自由度空间并联机构——HEXA 机构诞生。1993 年，美国德州自动化与机器人研究院研制出可完成铣、磨、钻、镗、抛光和高能束等多种加工的多功能并联加工机械手。

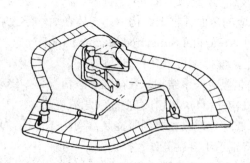

图 3-12　Stewart 的飞行模拟器

图 3-13　VARIAX 机床外观图

国际学术界和工程界对研究与开发虚拟轴机床非常重视，20 世纪 90 年代中期相继推出结构形式各异的产品化样机。在 1994 年的美国芝加哥国际机床博览会(IMTS'94)上，美国 Giddings & Lewis 公司费时 6 年研制成功的 VARIAX(变异型)加工中心首次亮相，它是一台以 Stewart 平台为基础的五坐标立式加工中心(如图 3-13 所示)，标志着机床设计开始采用并联机构，是机床结构重大改革的里程碑，受到举世瞩目。

被称为"21 世纪新一代数控加工设备"的虚拟轴机床的出现引起了世界各国的广泛关注，被誉为"机床结构的重大革命"，为制造业所高度重视。随后，世界各国的研究机构和企业开始大量投入虚拟轴机床的研究与开发，结构创新和理论研究成果大量涌现。俄罗斯、日本、瑞士、意大利等国纷纷加快研制步伐，开发了不同形式的虚拟轴机床样机。如美国英格索兰(Ingersoll)铣床公司开发了名为"Octahedral Hexapod"(直译为"8 面体的 6 足动物")的虚拟轴机床。俄罗斯 Lapik 公司研制了 TM 系列加工中心。日本丰田工机公司、丰田汽车公司和丰田中央研究所联合开发了并行连杆型机床，如图 3-14 所示。这些采用 6 条伸缩"腿"支撑主轴头平面的加工中心，虽然具体结构各不相同，但原理基本一致。

在 1997 年的德国汉诺威国际机床博览会(EMO'97)上，各国参展的虚拟轴机床已多达十余台，显示了虚拟轴机床技术的重大进展。美国 Ingersoll 铣床公司展出了 HOH-600 型卧式布局的虚拟轴机床。EMO'97 还在概念上将传统机床和新兴的虚拟轴机床从机构上划分为串联机构和并联机构，是人类对机床结构认识上的突破。英国 Geodetic 公司展出了并联与串联机构混合使用的 Evolution G 系列虚拟轴机床。图 3-15 所示为并联结构的杆系和串联结构的主轴头。此外，与虚拟轴机床相关的专用功能部件，如球铰、虎克铰、导轨、滚珠丝杠、控制器等的研究和开发也迅速崛起。

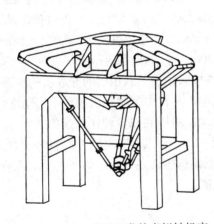

图 3-14　丰田公司开发的虚拟轴机床

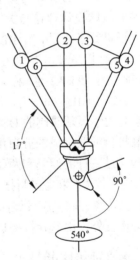

图 3-15　并联结构的杆系和串联结构的主轴头

我国的虚拟轴机床研究起步较晚，但成果显著。我国已将虚拟轴机床的研究与开发列入国家"九五"攻关计划和 863 高技术发展计划，相关基础理论研究连续得到国家自然科学基金和国家攀登计划的资助。部分高校还将虚拟轴机床的研发纳入教育部 211 工程重点建设项目，并得到地方政府部门的支持且吸引了机床骨干企业的参与。其中，清华大学是国内最早开始进行虚拟轴机床研究的单位之一，对虚拟轴机床以及多个相关领域进行了深入研究，在国家自然科学基金委员会的支持下，于 1997 年 12 月 25 日与天津大学合作，共同开发出我国第一台大型镗铣类虚拟轴机床原型样机——VAMTIY。该机在虚拟轴机床设计理论与样机建造等关键技术方面达到了国际先进水平，其中部分理论成果属国际首创。目前清华大学正在进行虚拟轴机床系列化、实用化的研究，与多家机床骨干厂家进行了新型虚拟轴机床商品化样机的研制工作，以期实现虚拟轴机床的产业化。其中与昆明机床股份有限公司、江东机床厂和大连机床厂联合研制的三种不同构型的机床已经问世，并与 2001 年在 CIMT 上展出，有望在近期实现商品化。与昆明机床股份有限公司共同研制的 XNZ63 虚拟轴机床，可实现多坐标联动数控加工、装配和测量等多种功能，更能满足复杂特种零件的加工，其综合指标达到了国际先进水平。与江东机床厂联合开发的一台龙门式虚拟轴机床，结构采用双柱龙门工作台移动式，可完成 4 坐标联动。与大连机床厂联合研制的 DCB-510 五轴联动串并联机床(如图 3-16 所示)，能够通过并联机构实现 X、Y 和 Z 方向的移动，采用传统的串联方式实现主轴头的 A 和 C 方向的转动。另外，由天津大学设计并与天津市第一机床厂联合研制的并联机床也获得成功并达到实用化水平。

图 3-16　DCB-510 型虚拟轴
机床外观

　　我国从事这方面研究的骨干力量，于 1999 年 6 月在清华大学召开了我国第一届并联机器人与并联机床设计理论与关键技术研讨会，对并联机床的发展现状、未来趋势以及亟待解决的问题进行了研讨。哈尔滨工业大学与齐齐哈尔第二机床企业集团联合研制了 BJ-1 虚拟轴机床(现有机型技术参数为：① 加工范围：400×250；② 主轴转速：0～8000 r/min；③ 电主轴功率：9 kW；④ 杆系伺服电机功率：0.75 kW；⑤ 重复性精度：0.002 mm(静态)；⑥ 定位精度：0.015 mm；⑦ 体积：1800×1500×2300；⑧ 数控系统：研华工控机+六轴联动卡)。东北大学最新研制的 DSX5-70 型三杆虚拟轴机床是由三自由度的并联机构和两自由度的串联机构混联组成的五自由度虚拟轴机床。其中，两自由度串联机构置于运动平台上，整个机构通过三杆的伸缩和两驱动轴可实现五轴联动，用以完成多种作业任务。

　　由国防科技大学和香港科技大学联合研制的银河-2000 虚拟轴机床是一种并联式六自由度机床，是由传统并联机床发展而来的，在保持原并联机构的诸多优点，如高刚度，高精度和高的运动速度外，用变异机构扩大了机床的运动范围。

3.5.3　虚拟轴机床的特点

　　虚拟轴机床为并联机构，不同于传统机床的串联机构。以清华大学研制的 VAMTIY 型虚拟轴机床原型样机为例。如图 3-17 所示，工件安装在工作台 1 上，刀具 2 和主轴 3 所在的动平台可在 6 根可变长度杆 4 的控制下改变工作位姿，6 根可变长杆安装在框架 5 上，刀具能够实现具有 6 个自由度运动的复杂曲面切削加工。它采用双 8 面体桁架结构和全对称控制轴结构，最大加工范围达到 φ500 mm，最大垂直行程超过 500 mm，最大刀具转角超过±25°。正是由于采用了空

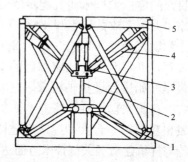

1-工作台；2-刀具；3-主轴；4-变长杆；5-框架

图 3-17　VAMTIY 型虚拟轴机床结构示意图

间并联结构，使得虚拟轴机床无论是在结构上，还是在工作性能上都显示出了许多突出的特点。

(1) 机床结构简单。虚拟轴机床主要由框架和可变长度杆等简单构件组成，对于复杂的曲面加工，不需要普通机床的 X、Y、Z 三个方向的工作台或刀架的复合运动，只要控制 6 杆长度即可。机床以较为复杂的控制换取结构的最大简化。

(2) 机床结构稳定、刚度高。传统机床因结构不对称，而使机床受力、受热不均匀。虚拟轴机床为对称的封闭框架结构，受力、受热均匀，主轴平台的受力由 6 根杆件分摊承担，每根杆的受力要小得多，且只承受拉力或压力，而不承受弯矩或扭矩。因此其刚度高，稳定性好，在相同的自重下具有高得多的承载能力。

(3) 机床动态性能好。在传统机床中，工作台、滑板等运动部件的质量较大，电机、导轨及传动系统往往也不得不放在运动着的部件上，这增加了系统的惯性，使动态性能恶化，在高速运动的情况下尤为突出。而虚拟轴机床采用并联结构，容易将电机及传动部件置于框架上，运动平台上仅安装加工所需的刀具，运动部件的数量少、质量轻，减少了运动负荷，使系统的动态性能得到改善，能够实现更快的动态响应。在高速加工时，并联结构的优点更加明显。

(4) 机床精度高。传统机床是串联传动结构，主轴或工作台的运动经各传动环节依次传递，存在误差积累和放大的问题。而虚拟轴机床采用并联结构，6 根驱动杆构成 6 个并联的传动链，6 杆长度各自控制，共同确定所需要的刀具的工作位置。机床的误差是 6 个轴的误差的平均值，而不像串联机构那样是各个轴的误差的叠加。因此，其误差小而加工精度高。

另外，虚拟轴机床的结构精度可以不依靠导轨正交的直线性和精度，而传统机床的结构则必须依靠这些。精度高还在于虚拟轴机床可以将所有的测量基准点都置于不可移动的框架结构上，这在传统的机床结构中是不可能实现的。除了这些，结构刚度的提高、运动部件质量的减小也会对加工精度产生良好的影响。

(5) 机床适应性强。虚拟轴机床的加工主要是通过连接刀具的动平台在空间改变位置和姿态实现的，而动平台的运动则是通过调整 6 杆的长度进行控制的。对于不同形状的零件，只要改变各杆的长度，就可以实现刀具位姿的变化。因此，对于复杂形状的零件，刀具调整方便，机床适应性强。

(6) 机床经济性好。虚拟轴机床结构简单，主要由框架和可变长度杆等简单构件组成，易于制造。虚拟轴机床产生运动可以不需要消耗材料多的、重量大的床身式直线导轨，不需要保持导轨正交状态的部件，不需要支撑横向负荷的部件，因而材料消耗少，既减轻了机床的重量，又降低了制造成本。

由于运动部件质量轻，机床的能量消耗少，同时，虚拟轴机床在保持高精度的情况下具有较好的动态响应，因而生产效率高。

虚拟轴机床的主要部件多为通用件，具有较强的模块化功能，有利于针对不同加工需要进行设备重组。虚拟轴机床不仅已在铣、镗、磨等加工工艺方面具有良好的应用前景，而且易于实现多坐标测量、装配、焊接等多种功能，显示出了良好的经济性能。

虚拟轴机床显示出来的上述特点，是由于它采用了不同于传统机床串联机构的并联机构所决定的。串联机构(传统机床)与并联机构(虚拟轴机床)基本特性的对比见表 3-4。

表 3-4　串联机构与并联机构的基本特性对比

基本特性	串 联 机 构	并 联 机 构
设计思想	串联连接，沿笛卡儿坐标系运动，切削等负荷不均匀分担	并联连接，不沿固定的坐标系运动，切削等负荷大致均匀分布
刚度	低，弹性相互叠加，构件承受拉、压力及弯矩、扭矩	高，刚性相互叠加，构件只承受拉、压力
误差传递	各个轴的误差相互叠加	各个轴的误差形成平均值
动态性能	随着机床尺寸的增加而变化	即使大型机床，也能保持良好
运动学性能	求运动学正解简单，一般不需要坐标变换	求运动学反解简单，需要坐标变换
运动部件	质量大，工件、工作台通常运动	质量小，工件、工作台通常不运动
运动耦合	只有少量耦合	紧密耦合且非线性
控制	简单，各轴分别控制，按笛卡儿坐标位置、速度的检测和反馈简单	复杂，只能作为一个完整系统加以控制，按笛卡儿坐标位置、速度的检测和反馈较复杂
调节与校正	相对简单且较成熟	复杂，只有少量试验
工作空间与机床所占空间之比	大	小
制造和成本	制造复杂，成本昂贵	制造简单，成本低廉

由表可见，相对于传统机床，虚拟轴机床尚未全面占优，也存在一些如机床控制较复杂、机床的工作空间相对于机床所占尺寸较小等缺点。事实上，尽管虚拟轴机床的问世带来了"机床结构的重大革命"，但串联结构的传统机床和并联结构的虚拟轴机床之间不是相互替代的关系，而是对偶、互补的关系。在某些采用串联结构的传统机床所不能涉足的领域，采用并联机构的虚拟轴机床就可能大显身手。

3.5.4　虚拟轴机床技术体系

虚拟轴机床的出现不仅给机床行业带来了新的生长点，也促成了整个虚拟轴机床技术体系的形成和不断发展。虚拟轴机床是机器人技术与机床技术相结合的产物，涉及到许多现代设计、制造、控制、测量、建模、仿真等高新技术，有大量理论和应用研究工作需要不断深入。虚拟轴机床技术的关键技术有以下几个方面。

(1) 虚拟轴机床的基础理论。

① 虚拟轴机床的设计理论。该理论包括 6 个伸缩杆的长度决定动平台位置的一般理论及特例、虚拟轴机床的运动分析、虚拟轴机床的力学分析等。这些技术涉及到机器人学、机构学、运动学、力学、数学等多个研究领域。

② 虚拟轴机床的控制技术。虚拟轴机床机械结构的简单是以控制系统的复杂为条件的。虚拟轴机床的控制技术包括虚拟轴机床的控制方法、控制精度、数控编程、故障自诊

断、安全运行保障、生产线总控等方面，其关键技术是通过对虚拟轴机床实轴(各驱动杆)的控制，实现虚拟轴(传统概念的 X、Y、Z 轴)的联动控制。

③ 虚拟轴机床的误差分析技术。虚拟轴机床虽然比传统机床具有更高的精度，但仍然存在影响加工精度的因素，且机床的校准、调整复杂而困难，因而需要专门的误差分析、校准、调节方法。

(2) 虚拟轴机床的制造技术。该技术包括虚拟轴机床的模块化技术、虚拟轴机床的标准化技术、数字式交流伺服控制系统及精确定位的机电技术等。

3.5.5 虚拟轴机床的应用展望

自世界上第一台虚拟轴机床在 1994 年美国芝加哥国际机床博览会(IMTS' 94)上面世以来，虚拟轴机床得到了突飞猛进的发展，已经从原型机制造、试验室试验阶段逐渐进入到了实用研究阶段。目前，虚拟轴机床的发展有以下几个特点。

(1) 虚拟轴机床的具体结构呈多样化。虚拟轴机床的原型为 Stewart 平台，但各种虚拟轴机床的具体结构却各不相同。这主要体现在 6 条腿与动平台的连接方式、6 条腿的驱动方式、6 条腿的运动方式等方面。

多数虚拟轴机床的 6 条腿与动平台的连接基本上在一个平面内，而德国 Mikromat 公司的 6X 型机床以主轴筒体取代了动平台，分别有三条腿位于筒体的上部和下部，如图 3-18所示。多数虚拟轴机床采用滚珠丝杠副和伺服电机驱动，英国 Geodetic 公司则采用滚珠螺母回转来驱动，俄罗斯的虚拟轴机床则采用液压或摩擦传动。

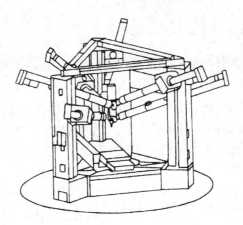

图 3-18　德国 Mikromat 公司的 6X 型虚拟轴机床

(2) 具有 3 个自由度的 3 杆机构已初步实现实用化。随着虚拟轴机床技术的进展，出现了一系列虚拟轴机床的变形机构，其中以具有 3 个自由度的 3 杆机构最为突出。比较典型的有：德国斯图加特大学机床与制造设备控制技术研究所开发的 Linapod 3 杆机床，如图 3-19所示；德国汉诺威大学生产工程和机床研究所开发的用于汽车工业钢板激光加工的 3 杆操作机，如图 3-20 所示；瑞典 NEOS 机器人公司研制的 Tricept 系列 3 杆机器人；天津大学与天津第一机床厂联合研制的 3-HSS 虚拟轴机床，如图 3-21 所示。

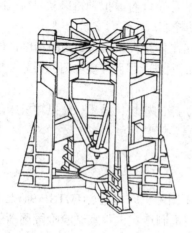

图 3-19　Linapod 3 杆虚拟轴机床

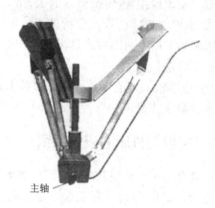

主轴

图 3-20　德国汉诺威大学的 3 杆操作机

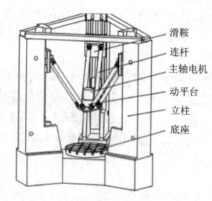

滑鞍
连杆
主轴电机
动平台
立柱
底座

图 3-21　天津大学与天津第一机床厂联合研制的 3-HSS 虚拟轴机床

(3) 与虚拟轴机床配套的功能部件已基本齐全。当一种新机床的应用前景较为明朗时，与之配套的功能部件就会相继面世。目前，虚拟轴机床专用的球面支承、万向联结器、伸缩杆、6 轴精密定位系统等关键部件都有专门的生产厂家制造生产。如果这些功能部件的尺寸规格齐全，制造一台虚拟轴机床本体则只需自制框架和工作台了。

虚拟轴机床出现后的几年之间，该技术取得了飞速的进展。虚拟轴机床的优越性和可能的应用前景已为越来越多的人们所重视，一些厂商设想到的应用前景也给人以启迪。当前机电产品的发展有一个总趋势，即将硬件(包括机械部件)的复杂性向软件(含计算机系统和应用软件)转移，从而得到构造简单而知识含量高的智能机电产品。虚拟轴机床的发展正符合这一大趋势。可以预见，虚拟轴机床今后将日益成熟和走向更大范围的应用，从而在某些领域内成为传统机床的补充，这是肯定无疑的。

3.6　生产物流技术

生产物流技术是先进制造技术中的重要组成部分，从其广义内涵分析可以看出，它已从以前简单的物料搬运发展到今天的集机械设计、计算机科学、管理学和自动化控制技术等于一身的综合技术。

进入 20 世纪 90 年代末，全世界的制造者和分销商继续承受着各种压力，其中包括：产品订单更小、更频繁，产品需求不断变化且更加用户化和服务价值升高等。经营者们必须使工厂的运行适应订单的混合、更短的订单周转时间和更高的生产能力；必须采取一定的策略来适应不断提高要求的库存管理、运行的柔性以及各种过程集成的程度。

3.6.1 物流的定义

1. 什么是物流

要想清楚地了解生产物流技术，必须首先知道什么是物流。物流这一概念最早起源于美国，它的英文名称是 Physical Distribution(即 PD)，本意是"实物分配"或货物配送，包括产品(物质资料及服务)从生产场所到消费场所的流动过程中所涉及到的各种经济活动。1963年被引入日本，当时的物流被理解为"在连接生产和消费之间对物资履行保管、运输、装卸、包装、加工等功能，以及作为控制这类功能后援的信息功能，它在物资销售中起了桥梁作用"。

物流是指为了满足客户的需要，以最低的成本，通过运输、保管、配送等方式，实现原材料、半成品、成品及相关信息由商品的产地到商品的消费地所进行的计划、实施和管理的全过程。它是以满足顾客需求为目标，以信息技术为基础，以运输技术为主要手段，在供应商、生产商、销售商和最终顾客所构成的供应链全程上，为上述各方提供稳定、高效的原材料供应与中间产品及产成品的流通服务的新型经济活动。

物流作为国民经济的动脉系统，对促进经济增长、提高运输效率起着重要作用。随着社会经济的不断发展，传统物流也在向现代物流转变。现代物流科学的发展为国民经济和企业生产带来巨大的经济效益，备受人们的重视，因此物流科学也被称为经济领域尚未被开发的"黑大陆"、企业的"第三利润源泉"等。

我国是在 20 世纪 80 年代才接触"物流"这个概念的，但是此时的物流已被称为Logistics，已经不是过去 PD 的概念了。Logistics 的原意为"后勤"，在二战期间，美国军事后勤部门发展了"后勤管理(Logistics Management)"的方法，用于军队管理运输武器、弹药和粮食等给养，它是为维持战争需要的一种后勤保障系统。在战后，Logistics 一词被引用到经济部门，应用于流通领域和生产经营管理全过程中所有与物品获取、运送、存储、分配等有关的活动。这时，物流就不单纯是考虑从生产者到消费者的货物配送问题，而且还要考虑从供应商到生产者对原材料的采购，以及生产者本身在产品制造过程中的运输、保管和信息等各个方面，全面地、综合性地提高经济效益和效率的问题。因此，现代物流是以满足消费者的需求为目标，把制造、运输、销售等市场情况统一起来考虑的一种战略措施，这与传统物流把它仅看做是"后勤保障系统"和"销售活动中起桥梁作用"的概念相比，在其含义的深度和广度上又有了进一步的发展。

目前国内的许多企业更多的开始关注现代物流尤其是物流技术在企业中的应用。一般来讲，企业的物流技术包括企业内部物料、半成品、产成品的搬运、装卸、包装、检验等方面。装卸搬运是附属性、伴生性的活动，是其它操作时不可缺少的组成部分，与任何其他物流活动进行衔接时，会影响其他物流活动的质量和速度，但由于它不是企业的主要的生产活动，因而时常被人忽略。我国对生产物流的统计，机械工厂每生产一吨成品，需进行252吨次的装卸搬运，其成本为加工成本的15.5%。因此，研究物流技术在企业生产过程中的应用具有重要意义。

2．物流的构成

物流的构成是：商品的运输、仓储、包装、搬运装卸、流通加工，以及相关的物流信息等环节。

物流活动的具体内容包括以下方面：

- 用户服务；
- 需求预测；
- 订单处理；
- 配送；
- 存货控制；
- 运输；
- 仓库管理；
- 工厂和仓库的布局与选址；
- 搬运装卸；
- 采购；
- 包装；
- 情报信息。

3.6.2 生产物流技术

1．生产物流技术

根据社会经济活动领域中物流对象不同、物流目的不同、物流范围范畴不同，物流活动可以按宏观物流和微观物流，社会物流和企业物流，国际物流和区域物流，一般物流和特殊物流等几种形式来划分。其中企业物流包括企业生产物流、企业供应物流、企业销售物流、企业回收物流和企业废弃物物流等。

企业生产物流是指在制品的流动以及废料余料的回收和处理。也就是说，原材料、燃料、外购件投入生产后，经过下料、发料，运送到各加工点和存储点，以在制品的形态，借助一定的运输装置，从一个生产单位(车间、工位或仓库)流入另一个生产单位，按照规定的工艺过程要求进行加工、储存，始终体现着物料实物形态的流转过程，从而构成了企业内部物流活动的全过程。企业生产物流的流程如图3-22所示。

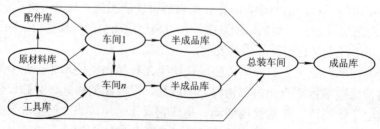

图 3-22　企业生产物流流程

工厂企业内的生产过程一般是原材料及外购件入厂后，存储在原材料库中，各车间根据需要到原材料库领取原材料，然后按照工艺要求进行加工；一道工序完成后，把工件转到下一道工序上去；一个零件加工完毕后，或者转到下一个车间去进行进一步的加工，或者转到半成品库暂时存储起来等待总装；各个加工好的零部件送到总装车间，装配成产品，检验合格后，进入成品仓库等待销售。在整个生产过程中，物料的大部分时间是处在存储、搬运中，厂内的搬运存储费用是很可观的。

工业生产企业物流是对应生产经营活动的物流，这种物流有四个子系统，即供应物流子系统、生产物流子系统、销售物流子系统及废弃物物流子系统。

(1) 供应物流突出的类型。这种物流系统，供应物流突出而其他物流较为简单，在组织各种类型工业企业物流时，供应物流组织和操作难度较大。例如，采取外协方式生产的机械、汽车制造等工业企业便属于这种物流系统。一个机械的几个甚至几万个零部件，可能来自全国各地甚至外国，这一供应物流范围大，难度大，成本也高，但当生产成一个大件产品(如汽车)以后，其销售物流便很简单了。

(2) 生产物流突出的类型。这种物流系统，生产物流突出而供应、销售物流较为简单。典型的例子是生产冶金产品的工业企业，供应是大宗矿石，销售是大宗冶金产品，而从原料转化为产品的生产过程及伴随购物流过程都很复杂，有些化工企业(如化肥企业)也具有这样的特点。

(3) 销售物流突出的类型。例如很多小商品、小五金等，大宗原材料进货，加工也不复杂，但销售却要遍及全国或很大的地域范围，是属于销售物流突出的工业企业物流类型。此外，如水泥、玻璃、化工危险品等，虽然生产物流也较为复杂，但其销售时物流难度更大，问题更严重，有时会出现大事故或花费大代价，因而也包含在销售物流突出的类型中。

(4) 废弃物物流突出的类型。有一些工业企业几乎没有废弃物的问题，但也有废弃物物流十分突出的企业，如制糖、选煤、造纸、印染等工业企业，废弃物物流组织得如何几乎决定企业能否生存。

2．生产物流技术的发展阶段

虽然自有生产以来就存在着物流活动，但是把生产物流技术作为一个专门的学科加以研究，却远远滞后于生产制造。在早期，人们把主要精力放在生产制造过程上，如研究高效率的加工机械、改进加工工艺以及采用新材料等。但是，随着制造业生产规模不断扩大，专业分工越来越细，自动化水平和柔性化水平的不断提高，物流技术落后的矛盾就越突出了。据统计，在现代产品生产的整个过程中，仅仅5%的时间用在加工制造，剩余95%的时间都用在储存、装卸、等待加工和输送等物流活动中了。美国是最早进行物流技术研究的国家。目前世界各地都普遍把改造物流结构、降低物流成本作为企业在竞争中取胜的重要措施。生产物流技术的发展大致可以划分为以下五个阶段。

第一代物流是人工物流。简单地说，就是人们在生产活动中的举、拉、推和计数等人工操作，这是最原始的物流形态，但同时也是最普遍的，即使在今天它也存在于几乎所有的系统中。

第二代物流是机械物流。从19世纪中叶开始，机械结构和机构被大规模地引入到制造业，物流能力得到了大幅度的提高。人们依靠这些设备可以更快、更好地移动更重的物体，在单位面积上可以存储更多的物料。一直到 20 世纪中叶，这种机械物流都占主导地位，而且也是当今很多物流系统的主要组成部分。

第三代物流是自动化物流。这个阶段是以自动存储系统、自动导引车、电子扫描器和条形码的应用为主要标志；同时也普遍采用机器人堆垛物料和包装、监视物流过程，自动输送机提供物料和工具的搬运，物流效率大大提高了。

第四代物流是集成物流。它强调在中央控制下各个自动化物流设备的协同性，中央控制通常由主计算机实现。这种物流系统是在自动化物流的基础上进一步将物流系统的信息集成起来，使得从物料计划、物料调度直至将物料运输到达生产的各个过程的信息通过计算机网络互相沟通。这样不仅使物流系统各单元之间达到协调，而且使生产与物流之间达到协调。

第五代物流是智能物流。在生产计划做出后，自动生成物料和人力需求；查看存货单和购货单，规划并完成物流。这种系统是将人工智能集成到物流系统中，其基本原理已经在一些物流系统中得到实现。

3.6.3　现代生产物流系统的基本组成

现代生产物流系统由管理层、控制层和执行层三大部分组成。各部分的功能如图 3-23 所示。

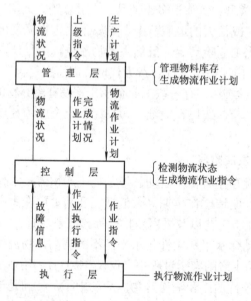

图 3-23　物流系统的组成及其功能

1) 管理层

管理层是一个计算机物流管理软件系统，是物流系统的中枢。它的主要工作是：

① 接收上级系统的指令(如月、日生产计划)，并将此计划下发。

② 调度运输作业。根据运输任务的紧急程度和调度原则，决定运输任务的优先级别；根据当前运输任务的执行情况形成运输指令和最佳运输路线。

③ 管理立体仓库库存。具体包括库存管理、入库管理、出库管理和出/入库协调管理。

④ 统计分析系统运行情况。统计分析物流设备利用率、物料库存状态及设备运行状态等。

⑤ 物流系统信息处理。管理层是具有数据处理能力且智能性要求较强的系统。

2) 控制层

控制层是物流系统的重要组成部分，它接收来自管理层的指令，控制物流机械完成指令所规定的任务。控制层本身的数据处理能力不强，主要是接收执行层的命令。控制层的另一任务是实时监控物流系统的状态，如物流设备情况、物料运输情况、物流系统各局部协调配合情况等，将检测的情况反馈给管理层，为管理层的调度决策提供参考。

3) 执行层

执行层由自动化的物流机械组成。物流设备的控制器接收控制层的指令，控制设备执行各种操作。执行层一般包括：

① 自动存储/提取系统，包括四部分：高层货架、堆垛机、出/入库台、缓冲站和仓库周边输送设备。

② 输送车辆，如自动导引车和空中单轨自动车。

③ 各种缓冲站。缓冲站是临时存储物料以便交接或移交的装置。在装配线上的缓冲站一般称为工位缓冲站；在加工系统中附属于各种加工中心的缓冲站称为加工缓冲站；此外还有装配缓冲站和测量缓冲站等。

根据管理层、控制层和执行层的不同分工，物流系统对各个层次的要求不同：对管理层要求具有较高的智能；对控制层要求具有较高的实时性；对执行层则要求具有较高可靠性。

3.6.4 生产物流活动的主要内容

生产物流是企业物流的主体，其主要活动有以下四个方面的内容。

(1) 工厂布置。工厂布置是指工厂范围内，各生产手段的位置确定、各生产手段之间的衔接和以何种方式实现这些生产手段。具体来讲，就是机械、装备、仓库、厂房等生产手段和实现生产手段的建筑设施的位置的确定。进行工厂布置时，要依据具体的生产工艺和物流过程。不同生产工艺决定各生产手段的能力、规模、配置数量、衔接方法和建筑设施。各种生产都有其既定的目的，都有其不同的工艺，不同工艺体现了这一生产方式的水平，决定着产品的性能、质量和成本，因而这是确定工厂布置的根本因素。但是，在确定工厂布置时，单考虑工艺是不够的，必须考虑整个物流过程，这一物流过程包含物料在车间之间的运动，物料在车间内部的运动，各储存、搬装设施的选择和位置的确定以及搬运路线、储存方式等。考虑工厂布置时，物流是既存在于工艺过程中，又可以独立存在的因素，物流是工厂布置的决定因素。

工厂布置的具体内容包括：

① 生产区域、仓库区域、料场区域及管理区域的相对位置的确定和占地面积、占地比例的确定。这些区域的占地大小主要依据生产规模，也与物流有关；而相对位置的确定，物流顺畅则是主要决定因素。

② 生产区域中的车间位置及占地大小的确定。生产区域中各车间的布局，主要是考虑

上下工序有效的衔接，以最短的搬运距离、最快的搬运速度实现这一衔接。

③ 车间内部各个设备位置的选择。各设备的确定是工艺的一部分，其前后关系也是由工艺流程决定的。

④ 仓储区域中库房位置及占地规模的确定。仓储区域中，需要按工艺要求设立原材料、燃料、工具、零部件、机械、产品等仓库。仓库规模及能力主要取决于生产要求和物流水平。依据仓库之间的衔接、仓库与车间之间的衔接确定各个库房的位置，以保证进货、向车间运货及取货三方面的顺畅和最短距离。

⑤ 仓库的装备布置。其主要目的就在方便收、发、存物流。

(2) 工艺流程。工厂的工艺流程即生产流程，对于加工类型的工厂又是加工流程，是工业生产从原材料投入，通过设备、机械、传送带、管道的不同加工、反应、变化过程直到生产出产品的全过程。工艺流程是技术加工过程、化学反应过程与物流过程的统一体。工艺流程有两种典型形式和许多种过渡形式，其中物流是工艺流程的重要组成部分。工艺流程的两种典型形式是：

① 被加工物基本固定位置，加工或制造操作处于运动的形式。其物流特点有两点。第一，虽然被加工物位置固定，但是各种原材料和零部件需要运到加工点，这就存在如何组织这些物料、物件向加工点的运动问题，尤其是加工点的操作空间有限，不可能设置暂存或不可能较大数量设置暂存，所以需要组织准时物流，建立准时物流系统以保证加工点连续操作。第二，加工或制造的技术手段，如工具、机械、设备需要按加工顺序要求不断地到达加工点。

② 被加工物在运动过程中由位置固定的加工手段完成加工的形式。这种工艺形式是广泛存在的形式，例如，化学工业中许多在管道或反应釜中的化学反应过程，水泥工业中窑炉内物料不停运动完成高温热化学反应过程，高炉冶金过程，轧钢过程，更典型的是流水线装配机械、汽车、电视机等，都属于这种类型。这种类型生产工艺的物流特点是，按工艺的技术要求和节奏组织物料和其他被加工物的运动，这一运动有时候可以利用通常的物流机械设备来实现。但是，由于这一运动的主要决定因素是工艺技术要求，因此，在很多情况下没有办法采取一般的物流机具，而需要设计成既能保证工艺技术实现，又能保证物流的设备，这就使很多专业技术设备也必然具有物流能力。

(3) 装卸搬运。生产物流中，装卸搬运是发生最广泛、发生频度最高的物流活动，这种物流活动甚至会决定整个生产方式和生产水平。例如，用传送带式取代"岛式"工艺，大大缩短了工艺时间，提高了工艺水平和质量。

生产物流中的装卸搬运主要有两种形式。一是衔接性装卸搬运。它是使各车间、各工艺环节联接成一体的装卸搬运，实际可以独立于各工艺过程之外，例如原材料的准备、出货、储存以及运送至生产线的装卸搬运。二是工艺性装卸搬运。工艺性装卸搬运时工艺技术中的一部分是工艺过程中和工艺操作中的装卸搬运活动，这些装卸搬运往往是基本操作的组成部分，在生产物流中是广泛存在的。

(4) 生产物流的物流节点。几乎所有的工厂都必须设置生产物流节点，这种节点以功能、作用乃至设计、技术都不同的仓库的形式存在。一般来说有三种类型的仓库：

① 存储型仓库。生产物流的存储型仓库主要是原材料库、燃料库等工艺流程前端的仓库。这种仓库的主要功能是保证生产的持续进行，因而其中要保有经常库存储备、保险库

存储备、季节库存储备等多种储备。

② 衔接型仓库。衔接型仓库是生产企业中各种类型中间仓库的统称，例如，半成品中间库，零部件中间库等。

③ 外运型仓库。生产物流的外运型仓库主要是产品外运库，是生产工艺过程最末段的仓库。

3.6.5 现代生产物流技术的发展趋势

近两年，物流越来越受到企业的关注。很多企业希望引入现代物流管理理念，借助于现代物流技术与装备，重建自己的物流系统，以降低成本，提高效益，增强市场竞争力。事实证明，通过实现企业物流的现代化来提升管理水平，获得最大的利润空间，已成为有远见的企业家成功的捷径。物流装备的市场需求将大幅增加，为整个行业提供了良好的发展契机。

随着市场竞争的加剧，国际分工协作进一步完善，以及计算机网络技术的不断发展，使现代物流技术的研究和开发出现了以下几个新趋势。

(1) 集成化物流系统技术的开发与应用加速。在国内，随着立体仓库数量的增加和立体仓库技术的普及，很多企业已经开始考虑如何使自动存储系统与整个企业的生产系统集成在一起，形成企业完整的合理化物流体系。国外这种集成的趋势表现在将企业内部的物流系统向前与供应商的物流系统连接，向后与销售体系的物流集成在一起，使社会物流(宏观物流)与生产物流(微观物流)融合在一起。

(2) 物流系统更加柔性化。随着市场变化的加快，产品寿命周期正在逐步缩短，小批量多品种的生产已经成为企业生存的关键。目前，国外许多适用于大批量制造的刚性生产线正在逐步改造为小批量多品种的柔性生产线，具体体现在以下方面：

① 工装夹具设计的柔性化。

② 托盘与包装箱设计的统一和标准化。

③ 生产线节拍的无级变化，输送系统调度的灵活性。

④ 柔性拼盘管理。

(3) 物流系统软件的开发与研究成为新的热点。企业对储运系统与生产系统的集成的要求越来越高，由于两个系统的集成主要取决于软件系统的完善与发展，因此目前物流系统的软件开发与研究有以下几个趋势：

① 集成化物流系统软件向深度和广度发展。

② 物流仿真系统软件已经成为虚拟制造系统的重要组成部分。

③ 制造执行系统软件与物流系统软件合二为一，并与 ERP 系统集成。

(4) 虚拟物流系统走向应用。随着全球卫星定位系统(GPS)的应用，社会大物流系统的动态调度、动态储存和动态运输将逐渐代替企业的静态固定仓库。由于物流系统的优化目的是减少库存直到零库存，这种动态仓储运输体系借助于全球卫星定位系统，充分体现了未来宏观物流系统的发展趋势；随着虚拟企业、虚拟制造技术的不断深入，虚拟物流系统已经成为企业内部虚拟制造系统一个重要的组成部分。英国一家公司采用三维仿真系统对拟建的一条汽车装配线及其相关的仓储输送系统进行了虚拟仿真，经过不断完善和修改，最终降低了系统成本，提高了效率。

(5) 绿色物流。随着环境和资源恶化程度的加深，这对人类生存和发展的威胁越大，因此人们对资源的利用和环境的保护越来越重视。对于物流系统中的托盘、包装箱、货架等资源消耗大的环节出现了以下几个方面的发展趋势：

① 包装箱材料采用可降解材料。

② 托盘的标准化使得可重用性提高。

③ 供应链管理的不断完善大大地降低了托盘和包装箱的使用。

总之，客户需求与科技进步将推动物流技术与装备不断向前发展。物流装备供应商应随时关注市场需求的变化，采用更加先进的技术，提供客户满意的产品与服务，提高物流行业整体发展的水平。

3.6.6　生产物流技术应用实例——华宝空调器厂生产物流系统

广东华宝空调器厂是国家 863 高科技计划 CIMS 主题的应用工厂。空调器等消费用电器的生产属于典型的市场驱动的存储型生产。为了获得规模效益，生产线的节拍非常高，如一个具有 660 多个零件包括室内体、室外体的柜式空调器，要求在 35 秒内生产一台；另外，空调器的零部件大部分是外购件，例如，其柜式空调器的零部件 90% 是外协外购件，只有 10% 的关键部件自己制造。这种生产系统的突出特点是"小制造大装配"，导致了庞大而复杂的物流系统。

1) 华宝空调物流系统的组成

该系统将自制件、外协件、外购件放入立体仓库，根据生产节拍以及缓冲站的需求，将货送往各个在线缓冲站，使生产系统在很高的生产节拍下保持及时生产。该系统主要由以下部分组成：

① 计算机系统：包括物流管理与监控系统，负责对在线立体仓库缓冲站的数据库进行管理，为入库/出库申请分配货位，调度控制各种运输任务，接收主控终端的输入信息，对各种异常情况进行处理；货物调度系统负责控制底层各种物流设备、采集各种信号以及运输车辆的各种状态、出库台与入库台的状态等，同时负责把物流管理与监控系统下发的运输命令变成控制信号下发各物流设备与底层设备控制系统。

② 生产线：有三条生产线，分布在两层结构的厂房里，其中有一条室外体和两条室内体生产线。对应这三条生产线在一层分别有三条预装线，预装后的室内体和室外体经过提升机送到二层装配线进行最后的装配。

③ 地面自动导引车及空中有轨小车：主要是将自动化仓库中的零配件输送到各个生产线上的缓冲站。

④ 缓冲站：停放自动导引车及空中有轨小车送来的货箱。

⑤ 立体仓库：根据不同需求以及货物特点分别设置了三座不同规模的自动化仓库，并且都配有堆垛机。

⑥ 积放链：主要是将自己生产的冷凝器和蒸发器送至生产线。

⑦ 空箱回收站：主要是回收自动导引车等送货后的空箱。

2) 华宝物流系统的特点

(1) 三层立体输送。由于该生产系统属于"小制造大装配"，物流品种多，尺寸差异大，工艺路线复杂，输送量大，平面配送系统无法满足生产要求。所以，采用了地面导引车、空中单轨自动车与辊道、皮带输送机、积放链、提升机等传统输送系统相配合，形成了空中、地面和地面以下的三层立体输送系统。

(2) 管理与控制的实时性高。由于装配线的生产节拍很快，要保证实现物料在恰当的时间运输到恰当的工位，物料系统底层计算机随时采集每个工位缓冲站物料消耗情况，并及时上报上层计算机。此外，各输送储存系统的控制站不断将各设备的状态、位置告知上位机。物料的管理计算机要根据大量的信息及时做出决定，并下达给各子系统，以协调它们之间的运行。

(3) 生产物料系统与 CIMS 系统集成。

3) 华宝物流系统的经济效益

在其生产物流与监控系统投入运行后，柜机单班产量从原来的 180 台增至 500 台，生产效率是原来的 2.32 倍；1996 年华宝全员劳动生产率为 218 万元/人，比 1995 年增长了 77.19%；全年销售总产值超过 20 亿元；增长了 79.3%；百元销售值占用流动资金 24.81 元，下降了 51.4%。该项目鉴定委员会一致认为："该系统总体水平已达到同行业的国际先进水平，为同类企业提供了实施 CIMS 成功的范例"。

复习与思考题

(1) 什么是 CAD 技术？CAD 技术的功能有哪些？

(2) 什么是 CAPP 技术？简述 CAPP 技术的发展趋势和存在的问题。

(3) CAD/CAPP/CAM 系统集成的方式和关键技术有哪些？

(4) 简述制造模拟仿真技术的作用和应用。

(5) 简述工业机器人的组成及其分类。

(6) 简述 FMS 的定义、基本组成和主要功能。

(7) 简述虚拟轴机床的特点。

(8) 什么是物流？现代生产物流系统的基本组成及其功能有哪些？

第 4 章　先进制造模式

先进制造技术是改造传统制造业的有效手段，是对传统制造模式及大批量生产模式的扬弃与创新，其目标是产品制造的高效率、低成本。尽管先进制造技术无论就其行业覆盖面及学科研究范围而言，迄今都没有明确的界定，但其内涵十分广泛则是公认的。自 20 世纪 80 年代以来，制造领域提出了一系列先进制造模式和管理理念，如计算机集成制造、绿色制造、敏捷制造、生物制造、网络制造、智能制造、虚拟制造、快速成形、微机电系统、制造资源规划、企业资源规划和产品数据管理等。

4.1　虚　拟　制　造

随着全球知识经济的兴起和快速变化，竞争日益激烈的现代市场对制造业提出了更为苛刻的要求，即要求交货期短、质量高、成本低、服务优；同时，可持续发展战略也要求制造业对环境的负面影响最小。面对这种挑战，将信息技术全面应用于传统的制造领域并对其改造，是制造业发展的必由之路。虚拟制造正是在这种背景下产生的，并且已成为 20 世纪 90 年代后期的研究热点。

4.1.1　虚拟现实

虚拟现实(Virtual Reality，简称 VR)或称虚拟环境(Virtual Environment，简称 VE)技术是由应用驱动的涉及众多学科的高新实用技术，是在计算机图形学、计算机仿真技术、人机接口技术、多媒体技术以及传感器技术的基础上发展起来的一门交叉技术。它利用计算机生成一种模拟环境，并通过多种传感设备使用户沉浸到该环境中去。虚拟现实系统旨在突破系统和用户环境之间的界限，突破用传统方法表达事物的局限，使人们不仅可以将任何想象的环境虚拟实现，并且可以在其中以自然的行为与这种虚拟现实进行交流。虚拟现实又被称为幻境或灵境技术。

虚拟现实技术具有以下特征：

(1) 多感知性。多感知性就是说除了一般计算机所具有的视觉感知外，还有听觉感知、力觉感知、触觉感知、运动感知，甚至包括味觉感知、嗅觉感知等。理想的虚拟现实就是应该具有人所具有的几乎所有的感知功能。

(2) 沉浸感。沉浸感又称临场感、存在感，是指用户感到作为主角存在于虚拟环境中的真实程度。理想的模拟环境应该达到使用户难以分辨真假的程度。这种沉浸感的实现是根据人类的视觉、听觉的生理心理特点，由计算机产生逼真的三维立体图像。用户戴上头盔显示器和数据手套等交互设备，便可将自己置身于虚拟环境中，成为虚拟环境中的一部分。用户与虚拟环境中的各种对象的相互作用，就如同在现实世界中一样。当用户移动头部时，虚拟环境中的图像也实时地发生变化，拿起物体可使物体随着手的移动而运动，而且还可以听到三维仿真声音。用户在虚拟环境中，一切感觉都是那么逼真，有一种身临其境的感觉。

(3) 交互性。交互性是指用户对模拟环境内物体的可操作程度和从环境得到反馈的自然程度(包括实时性)。例如，用户可以用手去直接抓取环境中的物体，这时手有握着东西的感觉，并可以感觉物体的重量，视场中的物体也随着手的移动而移动。虚拟现实系统中的人机交互是一种近乎自然的交互，用户不仅可以利用电脑键盘、鼠标进行交互，而且能够通过特殊头盔、数据手套等传感设备进行交互。计算机能根据用户的头、手、眼、语言及身体的运动，来调整系统呈现的图像及声音。用户通过自身的语言、身体运动或动作等自然技能，就能对虚拟环境中的对象进行考察或操作。

(4) 自主性。自主性是指虚拟环境中的物体反映一般规律的真实程度。例如，当受到力的推动时，物体会向施加力的方向移动，或翻倒，或从桌面落到地面等。

4.1.2　虚拟制造的概念及分类

1. 虚拟制造的概念

制造技术发展到今天，尽管比较成熟，但仍面临着许多新的需求，主要体现在如下方面：

(1) 人的需求、社会环境、生产竞争及生产技术的快速多变等令人无法预测，因此可以说制造业本身就处在一个湍流、混沌多变的环境中，要求以高的柔性与之相适应。

(2) 发展以人为中心的组织模式，通过人机高度集成来提高产品质量。制造活动对人类生存环境不可避免地会产生负面影响，从可持续发展战略出发，发展绿色清洁制造以控制这些负面影响是制造业发展的必然。

为了适应这些要求，自 20 世纪 90 年代以来，在制造领域产生了许多新概念、新思路、新理论，虚拟制造技术就是其中之一。许多学者从不同侧面对虚拟制造进行了探讨性研究，并提出了一系列相关定义。

例如，Kimura 提出的虚拟制造的定义是：① 在相关理论和已积累的知识的基础上对制造知识进行系统化组织；② 在此基础上，对工程对象和制造活动进行全面建模；③ 在建立真实制造系统前，采用计算机仿真来评估整个设计与制造活动；④ 由评估来消除不合理结果；⑤ 对模型进行日常维护来实现高质量的仿真。

美国佛罗里达大学 G.J.Wiens 将虚拟制造定义为：虚拟制造是这样一个概念，即与实际制造一样，只是在计算机上执行制造全过程，其中虚拟模型是在实际制造之前用于对产品的功能及可制造性的潜在问题的预测。

美国空军 Wright 实验室对虚拟制造的定义是：虚拟制造是仿真、建模与分析技术及工具的综合应用，以增加各层次制造设计和生产的决策与控制。

不难看出，虚拟制造技术可以理解为，借助计算机及相关环境模拟产品的制造和装配过程。换句话说，虚拟制造就是把实际制造过程，通过建模、仿真及虚拟现实技术映射到以计算机为手段的虚拟制造空间，实现产品设计、工艺规划、生产计划与调度、加工制造、性能分析与评价、质量检验以及企业各级的管理与控制等涉及产品制造本质的全部过程，以确定产品设计及生产的合理性，增强实际制造时各级的决策和控制能力。

由此可见，虚拟制造通过计算机提供的虚拟制造环境来模拟和预测评估产品的功能和性能，可制造性等方面可能存在的问题，从而提高了人们的预测和决策水平。它为设计师及制造工程师提供了从产品概念形成、结构设计到制造全过程的三维可视和交互的环境，使制造技术走出了主要凭经验的狭小天地，发展到了全方位预报的新阶段。

2. 虚拟制造的分类

虚拟制造既涉及到与产品设计及制造有关的工程活动，又包含与企业经营有关的管理活动，因此虚拟设计、生产和生产控制机制是虚拟制造的有机组成部分。按照这种思想，虚拟制造可以分成三类，即以设计为中心的虚拟制造，以生产为中心的虚拟制造和以控制为中心的虚拟制造。

(1) 以设计为中心的虚拟制造就是把制造信息引入到设计过程，利用仿真技术来优化产品设计，从而在设计阶段就可以对所设计的零件甚至整机进行可制造性分析，包括加工过程工艺分析，铸造过程的热力学分析，运动部件的运动分析，数控加工的轨迹分析，以及加工时间、费用和加工精度分析等。它主要解决的是该产品的性能、质量、加工性以及经济性的问题。

(2) 以生产为中心的虚拟制造是在制造过程中融入仿真技术，以评估和优化生产过程，快速地对不同工艺方案、资源计划、生产计划及调度结果作出评价，其目标是产品的可生产性，主要要解决"这样组织和实施生产是否合理"的问题。

(3) 以控制为中心的虚拟制造是将仿真加到控制模型和实际处理中，实现基于仿真的最优控制。其中虚拟仪器是当前的热点问题之一，它是利用计算机软硬件的强大功能，将传统的各种控制仪表、检测仪表的功能数字化，并可以灵活地进行各种功能的组合，形成不同的控制方案和模块。它主要解决"如何实现控制"的问题。

实际上，虚拟制造在本质上是利用计算机生产出的一种"虚拟产品"，但要实现和完成这个产品，则是一个跨学科的综合技术，涉及仿真、可视化、虚拟现实、数据继承、综合优化等领域。目前还缺乏全企业层次上的虚拟制造的研究，因此，今后应加强虚拟制造的运行环境、体系结构以及实现方法等方面的全面研究，使之在制造领域发挥更大的作用，为实际生产提供评价依据。

4.1.3 虚拟制造的体系结构

虚拟制造与其他制造概念有许多重叠之处，大体来看，主要包括虚拟制造技术VMT(Virtual Manufacturing Technologe)和虚拟企业 VE(Virtual Enterprise)两个部分。因此，在这里提出了一个虚拟制造体系结构，如图 4-1 所示。它主要由三大部分组成：VMT、VE和系统集成。

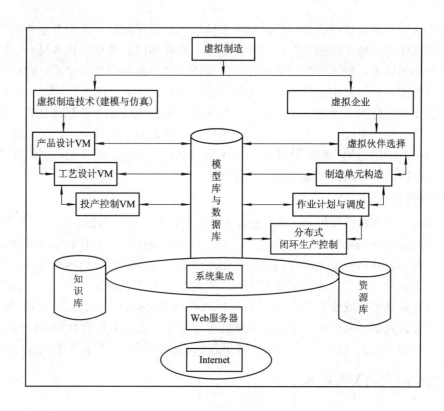

图 4-1　虚拟制造体系结构

1．虚拟制造技术 VMT

VMT 是由多学科知识形成的综合系统技术,其本质是以计算机支持的仿真技术为前提,对设计、制造等生产过程进行统一建模,在产品设计阶段,适时地、并行地模拟出产品未来制造全过程及其对产品设计的影响,预测产品性能、产品制造技术、产品的可制造性、产品的可装配性,从而更有效、更经济、柔性灵活地组织生产,使工厂和车间的设计与布局更合理、更有效,以达到产品的开发周期和成本的最小化,产品设计质量的最优化,生产率的最高化。因此,虚拟制造技术可以通俗而形象地理解为:在计算机上模拟产品的制造和装配过程。借助于建模和仿真技术,在产品设计时就可以把产品的制造过程、工艺设计、作业计划、生产调度、库存管理以及成本核算和零部件采购等生产活动在计算机屏幕上显示出来,以便全面确定产品设计和生产的合理性。虚拟制造技术是一种软件技术,它填补了 CAD/CAM 技术与生产过程和企业管理之间的技术鸿沟,把企业的生产和管理活动在产品投入生产之前就在计算机屏幕上加以显示和评价,使设计员和工程师能够预见可能发生的问题和后果。基于计算机模拟的产品开发环境使得人们能够在"真实地生产产品"之前"虚拟地生产产品"。零件生存周期的模拟将提供精确的数据,这些数据将排除开发难制造的或不能制造的产品设计。AM 被称为 21 世纪美国制造业的发展战略,而其关键技术之一就是虚拟制造技术。

2．虚拟企业 VE

虚拟企业也称虚拟公司,是虚拟制造环境下的一种企业生产模式和组织模式,是一种企业的合作伙伴关系。这些企业以快速响应市场机遇的快速配套、多重关系的网络形式所组成。合作伙伴在地域上可能是分布在不同地方，具有不同的规模和技术组合，对虚拟企业贡献其核心的能力，提高以准时方式提供价廉质优的产品的能力。它把不同地区的合作伙伴的现有资源，利用网络通信技术迅速组合成为一种跨企业、跨地区的统一指挥、协调工作的经营实体。有些学者把它看成是 AM 的核心，因为 AM 的主要思想是充分意识到小规模、模块化的生产方式。一个公司不追求全能，而应追求很有特色的、很先进的局部优势，当市场上新的机遇出现时，组织几个有关公司合作，各自贡献特长，以最快的速度、最优的组合赢得这一机遇，完成之后又独自经营。

3．系统集成

系统集成是综合建模和仿真、虚拟企业中产生的信息，并以数据、知识和模型的形式，通过建立交互通信的网络体系，支持分布式的、不同计算机平台的和开放式的虚拟制造环境。其目标是为合作伙伴制造企业的活动提供一个紧密集成的健壮结构和工具，并使虚拟企业共享合作伙伴企业的技术、资源和利益，以达到最大的敏捷性，即"在连续变化的、不可预见的环境里茁壮成长的能力"。通过国际互联网络交换合作伙伴之间的信息，是虚拟企业成功的关键问题。在这样一个虚拟企业里的合作伙伴通过建立基于 Internet 的 Web 服务器，共享产品、工艺过程、生产管理、零部件供应和产品销售和服务等信息。

4.1.4　虚拟制造的关键技术

1．软件方面的关键技术

● 可视化技术：以一种易理解的、有意义的虚拟方式向用户显示不同信息。

● 环境构造技术：开发一种像通用操作系统那样的环境，以便于促进可视化和其他 VM 功能。

● 信息描述技术：采用不同的方法、不同的语义或浯法表达不同的信息。

● 集成结构技术：定义、开发和建立位于模型交互基础上的模型。

● 仿真技术：在计算机中，设计一个实时系统模拟的过程。

● 方法论：找出用于开发和使用 VMS 的方法。

● 制造的特征化技术：获取、测量和分析影响制造过程中材料去除的变量。

● VMS 的检验、测试技术。

● 在 VM 环境下的人/机、人/人等人机工程学方面的评价和优化技术。

2．硬件方面的有关技术

● 输入/输出设备，如头盔式立体显示器(HMD)、适用的计算机屏幕、可视化眼镜、数据手套、三维鼠标、数据衣和游戏棒等。

● 与输入/输出有关的存储信息设备。

● 能支持各种设备、数据存储和高速运算的计算机系统，该系统应具有按用户需求实时提供高质量画面的能力。

● 网络结构(星形、总线、环形网络)设备，不同站点的硬件设备(小型机、UNIX / VAX 工作站、微机等)和连接硬件(光纤、同轴电缆、双绞线等)。

4.1.5　虚拟制造实例

1．销售

梅塞德斯–奔驰汽车公司在 1997 年的车展上，展示了其 VRF(Virtuelles Farhzeug，柏林 Art-com 公司开发)系统，顾客可按照自己的需求，在虚拟环境中对经过充分美术加工的 Mercedes A 级汽车的三维模型进行改造并亲身体验其中的感受，消费者可以利用触摸屏选择诸如喷漆颜色、车内装饰风格、镶边种类等可选部件。例如，单就座椅的位置和结构而言，消费者就有 72 种选择。然后，利用 SGI 的 onyx2 infinite reality 超级计算机对整个汽车模型(超过 500 万个多边形)进行渲染，生成十分逼真的三维模型。消费者还可以进一步控制一个可以自由移动的 50.8 cm(20 英寸)的 LCD 显示器，查看汽车模型的内部细节。通过推、拉、旋转等操作，消费者不仅可以从外部查看汽车的外形，还可以"进入"汽车内部，"坐"在不同的座位上环顾四周。

2．设计

波音 777 飞机有 300 万个零件，这些零件的设计以及整体设计在一个由数百台工作站组成的虚拟环境中得以成功进行。这个 VM 系统是在原有的 Boeing CAD 的基础上建立的。当设计师戴上头盔显示器后，就能穿行于这个虚拟的"飞机"中，审视其各项设计。过去为设计一架新型飞机，必须先建造两个实体模型，每个造价 60 万美元。应用 VMT 后，不只是节省了经费，也缩短了研制周期，使最终的实际飞机与原方案相比，偏差小于 1‰，且实现了机翼和机身结合的一次成功，缩短了数千小时设计工作量。

3．生产

John Deere 公司运用 VMT 进行弧焊生产系统的安装。此项目是用一个虚拟的 3D 环境进行机器人生产系统的设计、评价及测试。另外，EDS 公司还应用 DENEB 软件为通用汽车公司的中、高档豪华汽车分厂进行装配生产优化设计，包括对人员的行走路径、加工设备的摆放优化等。GM 公司因此节省了数百万美元，大大提前了上市时间。此外，VMT 还用于齿轮的并行设计和装配，机器人的训练、检测，人机工程分析、维修，安全性和维护性训练等许多工业领域。

4.2　计算机集成制造

4.2.1　CIM 与 CIMS 的概念

CIM(Computer Integrated Manufacturing，计算机集成制造)是美国约瑟夫·哈林顿博士于 1974 年在其"Computer Integrated Manufacturing"一书中首先提出的。哈林顿提出的 CIM 概念中有两个基本观点：

(1) 企业生产的各个环节，即从市场分析、产品设计、加工制造、经营管理到售后服务的全部生产活动是一个不可分割的整体，要紧密连接，统一考虑。

(2) 整个生产过程实质上是一个数据的采集、传递和加工处理的过程。最终形成的产品可以看做是数据的物质表现。

哈林顿当时是根据计算机技术在工业生产中的应用，预见其今后发展的必然趋势而提出 CIM 概念的，但当时并未引起人们广泛的注意。直到 20 世纪 80 年代，这一概念才被广泛接受，随着制造业的发展，CIM 的内涵也不断得以丰富和发展。目前取得的基本共识是，CIM 模式将成为工业企业新一代生产组织方式，并成为 21 世纪的主要生产方式。1986 年我国制定高技术研究发展计划(即"863 计划")时已将计算机集成制造系统(Computer Integrated Manufacturing System，简称 CIMS)确定为自动化领域研究主题之一。经过多年的研究和实践，各国都给出了 CIM 的概念和定义，但哈林顿的两个基本观点始终是 CIM 最核心的内容。我国"863 计划"CIMS 主题组在总结经验的基础上，对 CIM 提出了如下定义："CIM 是一种组织、管理与运行企业生产的新哲理，它借助计算机软硬件，综合运用现代管理技术，以实现产品高质、低耗、上市快，从而使企业赢得市场竞争。"

计算机集成制造系统 CIMS 是基于 CIM 哲理而组成的现代制造系统，是 CIM 思想的物理体现。我国"863 计划"CIMS 专家组将它定义为："CIMS 是通过计算机硬件和软件，并综合运用现代管理技术、制造技术、信息技术、自动化技术、系统工程技术，将企业生产全部过程中有关人、技术、经营管理三要素及其信息流与物流有机地集成并优化运行的复杂的大系统。"

CIMS 是一个复杂的大系统，根据企业的实际情况，在设计与开发实施 CIMS 工程时，各企业中实现的 CIMS 的规模、组成、实现途径及运行模式等方面将各有差异。换而言之，CIMS 没有一个固定的运行模式和一成不变的组成。对于各个企业，都可以引进和采用 CIM 的思想，即不可能购买到现成的适合本企业的 CIMS。由于市场竞争、产品更新以及科学技术的进步，CIMS 总是处于不断的发展之中。因此，国外有人认为，CIM 只是一个目标，永远没有终点。

4.2.2 CIMS 的基本组成

CIMS 一般可以划分为四个功能系统和两个支撑系统：管理信息系统、工程设计自动化系统、制造自动化系统、质量保证系统以及计算机网络支撑系统和数据库支撑系统。

(1) 管理信息系统：包括预测、经营决策、各级生产计划、生产技术准备、销售、供应、财务、成本、设备、人力资源的管理信息功能。

(2) 工程设计自动化系统：通过计算机来辅助产品设计、制造准备以及产品测试，即 CAD/CAPP/CAM 阶段。

(3) 制造自动化系统：是 CIMS 信息流和物流的结合点，是 CIMS 最终产生经济效益的聚集地，由数控机床、加工中心、清洗机、测量机、运输小车、立体仓库、多级分布式控制计算机等设备及相应的支持软件组成，根据产品工程技术信息、车间层加工指令，完成对零件毛坯的作业调度及制造。

(4) 质量保证系统：包括质量决策、质量检测、产品数据的采集、质量评价、生产加工过程中的质量控制与跟踪功能。该系统保证从产品设计、产品制造、产品检测到售后服务全过程的质量。

(5) 计算机网络支撑系统：即企业外部的广域网、内部的局域网及支持 CIMS 各子系统的开放型网络通信系统，采用标准协议可以实现异机互联、异构局域网和多种网络的互联。该系统满足不同子系统对网络服务提出的不同需求，支持资源共享、分布处理、分布数据库和适时控制。

(6) 数据库支撑系统：支持 CIMS 各子系统的数据共享和信息集成，覆盖了企业全部数据信息，在逻辑上是统一的，在物理上是分布式的数据库管理系统。

4.2.3 CIMS 的体系结构

在对传统的制造管理系统功能需求进行深入分析的基础上，美国国家标准技术研究院(AMRF)提出了共分五层的 CIMS 控制体系结构(如图 4-2 所示)，即工厂层、车间层、单元层、工作站层和设备层。每一层又可进一步分解为模块或子层，并都由数据驱动。

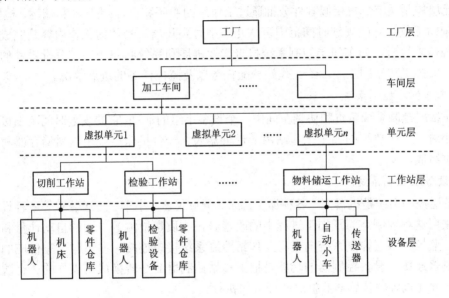

图 4-2　AMRF/CIMS 分级控制体系结构

1) 工厂层控制系统

工厂层控制系统为 CIMS 的最高一级控制，进行生产管理，履行"工厂"或"总公司"的职能。它的规划时间范围(指任何控制层完成任务的时间长度)可以从几个月到几年。该层按主要功能又可分为三个模块：生产管理模块、信息管理模块和制造工程模块。

(1) 生产管理模块。生产管理模块跟踪主要项目，制定长期生产计划，明确生产资源需求，确定所需的追加投资，计算出剩余生产能力，汇总质量性能数据，根据生产计划数据确定交给下一级的生产指令。

(2) 信息管理模块。信息管理模块通过用户—数据接口实现必要的行政或经营的管理功能，如成本估算、库存估计、用户订单处理、采购、人事管理以及工资单处理等。

(3) 制造工程模块。制造工程模块的功能一般都是通过用户—数据接口，在人的干预下实现的。该模块包括两个子模块：CAD 子模块和工艺过程设计子模块。CAD 子模块用于设计几何尺寸规格和提出部件、零件、刀具和夹具的材料表；工艺过程设计子模块则用于编制每个零件从原材料到成品的全部工艺过程。

2) 车间层控制系统

车间层控制系统负责协调车间的生产和辅助性工作，以及完成上述工作的资源配置。其规划时间范围从几周到几个月。它一般有以下两个主要模块：

(1) 任务管理模块。任务管理模块负责安排生产能力计划，对订单进行分批，把任务及资源分配给各单元，跟踪订单直到完成，跟踪设备利用情况，安排所有切削刀具、夹具、机器人、机床及物料运输设备的预防性维修，以及其他辅助性工作。

(2) 资源分配模块。资源分配模块负责分配单元层控制系统，进行各项目具体加工时所需的工作站、储存区、托盘、刀具及材料等。它还根据"按需分配"原则，把一些工作站分配给特定的"虚拟"单元，动态地改变其组织结构。

3) 单元层控制系统

单元层控制系统负责相似零件分批通过工作站的顺序和管理(诸如物料储运、检验)及其他有关辅助工作。它的规划时间范围可从几个小时到几周。具体的工作内容是完成任务分解，资源需求分析，向车间层控制系统报告作业进展和系统状态，决定分批零件的动态加工路线，安排工作站的工序，给工作站分配任务以及监控任务的进展情况。

4) 工作站层控制系统

工作站层控制系统负责和协调车间中一个设备小组的活动。它的规划时间范围可从几分钟到几小时。一个典型的加工工作站由一台机器人、一台机床、一个物料储存器和一台控制计算机组成。

5) 设备层控制系统

设备层控制系统是机器人、各种加工机床、测量仪器、小车、传送装置等各种设备的控制器。采用这种控制是为了加工过程中的改善修正、质量检测等方面的自动计量和自动在线检测、监控。该层控制系统向上与工作站控制系统接口连接，向下与厂家供应的各单元设备控制器连接。设备控制器的功能是把工作站控制器命令转换成可操作的、有次序的简单任务，并通过各种传感器监控这些任务的执行。

4.2.4　CIMS 的实施与经济效益

CIMS 系统是企业经营过程、人的作用发挥和新技术的应用三方面集成的产物。因此，CIMS 的实施要点也要从这几方面来考虑。

首先，要改造原有的经营模式、体制和组织，以适应市场竞争的需要。因为 CIMS 是多技术支持条件下的一种新的经营模式。

其次，在企业经营模式、体制和组织的改造过程中，对于人的因素要给予充分的重视，并妥善处理。因为人作为企业的第一资源，其知识水平、技能和观念等具有极大的能动性。

最后，CIMS 的实施是一个复杂的系统工程，整个实施过程必须有正确的方法论指导和规范化的实施步骤，以减少盲目性和不必要的疏漏。

4.2.5　CIMS 的研究发展趋势

20 世纪 80 年代中期以来，CIMS 逐渐成为制造工业的热点。CIMS 以其生产率高、生产周期短以及在制品少等一系列极有吸引力的优点，给一些大公司带来了显著的经济效益。

世界上很多国家和企业都把发展 CIMS 定为全国制造工业或企业的发展战略，制定了很多由政府或企业支持的计划，用以推动 CIMS 的开发应用。

在我国，尽管制造工业的技术和管理总体水平与工业发达国家还有较大差距，但也已将 CIMS 技术列入我国的高技术研究发展计划("863 计划")，其目的就是要在自动化领域跟踪世界的发展，力求缩小与国外先进制造技术的差距，为增强我国的综合国力服务。

CIMS 是现代信息技术、计算机技术、自动控制技术、生产制造技术、系统和管理技术的综合集成系统。CIMS 是一项投资大、涉及面广、实现时间长和技术上不断演变的系统工程，其中各项单元技术的发展、部分系统的运行都成功地表明 CIMS 工程的巨大潜力。

近些年，并行工程、人工智能及专家系统技术在 CIMS 中的应用大大推动了 CIMS 技术的发展，增强了 CIMS 的柔性和智能性。随着信息技术的发展，在 CIMS 基础上又提出了各种现代先进制造系统，诸如精良生产、敏捷技术、全球制造等。与此同时，不但将信息引入到制造业，而且将基因工程和生物模拟引入制造技术，力图建立一种具有更高柔性的开放的制造系统。

4.2.6 CIMS 成功应用的案例

成功应用 CIMS 的制造型企业都不同程度地提高了该企业的效率。具体体现在以下方面。

在工程设计自动化方面，可提高产品的研制和生产能力，便于开发技术含量高和结构复杂的产品，保证产品设计质量，缩短产品设计与工艺设计的周期，加速产品的更新换代速度，满足顾客需求，从而占领市场。

在制造自动化或柔性制造方面，加强了产品制造的质量和柔性，提高了设备利用率，缩短了产品制造周期，增强了生产能力，加强了产品供货能力。

在经营管理方面，使企业的经营决策和生产管理趋于科学化，使企业能够在市场竞争中快速、准确地报价，赢得时间，同时降低库存资金的占用，提高资金的周转效率。

早在 1985 年，美国科学院对美国在 CIMS 方面处于领先地位的五家公司——麦克唐纳道格拉斯飞机公司、迪尔拖拉机公司、通用汽车公司、英格索尔铣床公司和西屋公司进行调查和分析，认为采用 CIMS 可以获得如下收益：产品质量提高 200%~500%，生产率提高 40%~70%，设备利用率提高 200%~300%，生产周期缩短 30%~60%。

以波音 777 飞机从设计到投入市场采用 CIMS 的进展情况为例，它在以下方面有了巨大的改进：

(1) 无纸生产。整个设计、制造过程完全是数字量传递。

(2) 无需模型和样机。通过数字化预装配等虚拟制造技术，无需做出样机，一次成功。这在飞机制造史上是一个创举。

(3) 采用并行工程的协同工作小组。在一架波音 777 飞机设计中工作的、由多专业人员构成的协同工作小组达 238 个，因而使企业的管理发生重大变革。

(4) 在一个连接美国、加拿大、日本、英国的广域网上实现异地设计和异地制造。每天传递 5000 个文件，每周(按 5 天计)传递 6000 本 100 万汉字的书的信息量。

(5) 产品数据的交换过程是按国际标准——STEP 标准进行的。

可以说，波音 777 飞机的研制是集当代信息技术和先进管理模式之大成。由于波音公司对制造技术的重大贡献和 CIMS 对该公司的显著效益，波音公司获得 1996 年度美国制造工程师学会(SME)的"工业领先奖"。

当然，CIMS 的应用也有不少失败的例子，这与多种因素有关，如引进 CIMS 的企业内部人员不适应其管理方式及方法，企业无后续资金支持，企业无相关技术及管理人才，CIMS 本身还不太成熟等。

4.3 绿色制造

4.3.1 概念

20 世纪 60 年代以来，全球经济以前所未有的高速度持续发展。但由于忽略了环境污染，因而带来了全球变暖、臭氧层破坏、酸雨、空气污染、水源污染、土地沙化等恶果。与此同时，大量消费品因生命周期的缩短，造成废旧产品数量猛增。据统计，造成环境污染的排放物有 70%以上来自制造业，它们每年约产生出 55 亿吨无害废物和 7 亿吨有害废物。传统的环境治理方法是末端治理，但不能从根本上实现对环境的保护。要彻底解决这些环境污染问题，必须从源头上进行治理。具体到制造业，就是要考虑产品整个生命周期对环境的影响，最大限度地利用原材料、能源，减少有害废物(固体、液体、气体等)的排放，改进操作工艺，减轻对环境的污染。专家学者普遍认为，绿色制造(Green Manufacturing)是解决该问题的根本方法和途径，是 21 世纪制造业的必由之路。

制造业对环境的影响贯穿于产品生命周期的各个阶段。L.Alting 提出将产品的生命周期划分为 6 个阶段：需求识别、设计开发、制造、运输、使用以及处置或回收。R.Zust 等人进一步将产品的生命周期划分为 4 个阶段：产品开发(从概念设计到详细设计，设计过程中考虑产品整个生命周期的其他各个阶段)，产品制造(包括加工和装配)，产品使用及最后的产品处置(包括解体或拆卸、再使用、回收、开发、焚烧及掩埋)。

基于生命周期的概念，绿色制造可定义为：在不牺牲产品功能、质量和成本的前提下，系统考虑产品开发制造及其活动对环境的影响，使产品在整个生命周期中对环境的负面影响最小，资源利用率最高，并使企业经济效益和社会效益协调优化。

从上述定义可看出，绿色制造具有非常深刻的内涵，其要点主要有：

(1) 绿色制造涉及的问题领域包括三部分：一是制造问题，包括产品生命周期全过程；二是环境影响问题；三是资源优化问题。绿色制造就是这三部分内容的交叉和集成。

(2) 绿色制造中的"制造"涉及到产品整个生命周期，是一个"大制造"概念，同计算机集成制造、敏捷制造等概念中的"制造"一样。绿色制造体现了现代制造科学的"大制造、大过程、学科交叉"的特点。

(3) 由于绿色制造是一个面向产品生命周期全过程的大概念，因此近年来提出的绿色设计、绿色工艺规划、清洁生产、绿色包装等可看成是绿色制造的组成部分。

(4) 资源、环境、人口是当今人类社会面临的三大主要问题，绿色制造是一种充分考虑前两种问题的一种现代制造模式。

(5) 当前人类社会正在实施全球化的可持续发展战略，绿色制造实质上是人类社会可持续发展战略在现代制造业的体现。

4.3.2　绿色制造的研究现状

1. 典型机电产品的绿色设计

该领域的研究是结合几种典型的机电产品，研究具有环境意识的产品全生命周期设计的理论、方法及设计决策支持系统(含相应数据库、知识库)，并且该系统应尽量和 CAD 系统集成在一起。美国 Texas Tech University 先进制造实验室的 Hong C.Zhang 及 Kuo 开发出机电产品的回收拆卸模型，该模型用可产生拆卸顺序的图形加以描述。其中包含以下几个方面的信息：① 拆卸描述及其分析；② 回收成本计算；③ 设计支持和环境影响分析；④ 数据库及其管理。这样，对模型的研究转化为一个图形搜索问题，借助理论知识就可以判断拆卸的深度、顺序及其成本，从而选择适当的回收策略，监视材料的流动，并可对产品的环境兼容性做出评估。对他们的研究值得密切关注。

2. 智能绿色设计决策支持系统

设计过程的决策对产品的环境影响起着主导作用。要想在设计过程中满足功能、质量、环境等多目标，必须开发智能设计决策支持系统，提供各种各样的信息，帮助设计人员做出正确的决策。智能环境设计决策支持系统应能够识别和量化产品设计、材料消耗和废物产生之间的关系，并能够应用这些关系，比较不同的设计和制造方案所产生的环境后果。

有关智能环境设计的研究仍处于初级阶段。各种人工智能技术包括知识系统、模糊理论和神经网络在研究开发中可能会起到重要的作用。

3. 绿色制造数据库及信息系统

在实施绿色设计和制造过程中，数据和信息的共享是一个必须解决的关键问题。这是做出正确环境设计决策的前提。因此，需要研究开发适合绿色设计和制造的数据库与信息系统，如材料数据库、制造数据库及各种知识库。

4. 其他可能的研究领域

其他的研究领域可能还包括：材料的识别与回收问题、网络化产品环境信息管理、产品的全生命周期成本管理及其审计方法、电子产品的清洗问题、制造过程环境排放测量和监督，新型拆卸回收的方法和设备等。

4.3.3　绿色制造的研究内容

1. 绿色设计技术

绿色设计技术是绿色制造的重要子领域，是指在产品及其生命周期全过程的设计中，充分考虑对资源和环境的影响，充分考虑产品的功能、质量、开发周期和成本，优化各有关设计因素，使得产品及其制造过程对环境的总体影响减到最小，资源消耗最少。

绿色设计的主要研究内容包括：

(1) 面向环境的产品设计，涉及产品方案设计和产品结构设计。

(2) 面向环境的制造环境设计或重组。

(3) 面向环境的工艺设计。

(4) 面向环境的产品包装方案设计。

(5) 面向环境的产品回收处理方案设计。

2．制造企业的物能资源优化技术

制造企业的物能资源消耗不仅涉及人类有限资源的消耗问题，而且物能资源废弃物是当前环境污染的主要源头。因此应研究制造系统的物能资源消耗规律、面向环境的产品材料选择(即选用绿色产品材料)、物能资源的优化利用技术、面向产品生命周期和多个生命周期的物流和能源的管理与控制等。

3．绿色 ERP(企业资源计划)管理模式和绿色供应链

在绿色制造的企业中，企业的经营与生产管理必须考虑资源消耗和环境影响及其相应的资源成本和环保处理成本，以提高企业的经济效益与环境效益。其中，面向绿色制造的整个(多个)产品生命周期的绿色 MRP Ⅱ/ERP 管理模式及其绿色供应链将是重要的研究内容。

4．绿色制造的数据库和知识库

研究绿色制造的数据库和知识库，为绿色设计、绿色材料选择、绿色工艺规划和回收处理方案设计提供数据支撑和知识支撑。

5．绿色制造的实施工具和产品

研究绿色设计的支撑软件，包括计算机辅助设计系统、绿色工艺规划系统、绿色制造的决策支撑系统、ISO14000 国际认证的支撑系统等，可能会形成为一个新兴的软件产业。

6．绿色集成制造系统的运行模式

只有从系统集成的角度才可能真正有效地实施绿色制造。绿色集成制造系统将企业中各项活动中的人、技术、经营管理、物能资源和生态环境，以及信息流、物料流、能量流和资金流有机集成，并实现企业和生态环境整体优化，达到产品上市快、质量高、成本低、服务好、有利于环境，赢得竞争的目的。绿色集成制造系统的集成运行模式主要涉及绿色设计、产品生命周期及其物流过程、产品生命周期的外延及其相关环境等。

7．制造系统环境影响评估系统

环境影响评估系统要对产品生命周期中的各个环节的资源消耗和环境影响的情况进行评估，所评估的主要内容包括：制造过程物料资源的消耗状况，制造过程能源的消耗状况，制造过程对环境的污染状况，产品使用过程对环境的污染状况，产品寿命终结后对环境的污染状况等。

8．绿色制造的社会化问题研究

绿色制造是一种企业行为，但需以法律行为和政府行为作为保障和制约。研究绿色制造及其企业管理势必涉及社会对于环保的要求和相应的政府法规，只有合理制定对于资源优化利用和综合利用、环境保护等方面的法规，才能真正推动绿色制造的实施。

4.3.4 绿色制造的专题技术

1. 绿色材料的研究

绿色材料是指在满足一般功能要求的前提下，具有良好的环境兼容性的材料。绿色材料在制备、使用以及用后处置等生命周期的各阶段，应具有最大的资源利用率和最小的环境影响。绿色材料也被称为生态材料(Eco-material)或环境意识材料(Environmentally Conscious Materials)。选择绿色材料是实现绿色制造的前提和关键因素之一。

绿色制造选择材料应遵循以下几个原则：

① 优先选用可再生材料，尽量选用回收材料，提高资源利用率，实现可持续发展。

② 尽量选用低能耗、少污染的材料，材料在制造提取过程中应能耗低、污染小。

③ 尽量选择环境兼容性好的材料及零部件，并尽量避免选用有毒、有害和有辐射特性的材料，所用材料应易于再利用、回收、再制造或易于降解。

2. 清洁生产的研究

清洁生产要求对产品及其工艺不断实施综合的预防性措施。它的实现途径包括清洁材料、清洁工艺和清洁产品。清洁生产的实现途径包括：

(1) 改变原材料投入，有用副产品的利用，回收产品的再利用，以及对原材料的就地再利用，特别是在工艺过程中的循环利用。

(2) 改变生产工艺或制造技术，改善工艺控制，改造原有设备，将原材料消耗量、废物产生量、能源消耗、健康与安全风险以及生态的损坏减少到最低程度。

(3) 加强对自然资源的使用以及空气、土壤、水体和废物排放的环境评价，根据环境负荷的相对尺度，确定其对生物多样性、人体健康、自然资源的影响评价。

3. 绿色包装的研究

1) 选择绿色包装材料

产品的包装已经成为一个研究的热点。各式各样的包装材料占据了废弃物的很大份额。据报道，1990 年美国约产生 2 亿吨城市固体废物，其中 1/9 为产品包装。这些包装材料的使用和废弃后的处置给环境带来了极大的负担。尤其是一些塑料和复合化工产品，很多是难以回收和再利用的，只能焚烧或掩埋处理，有的降解周期可达上百年，给环境带来了极大的危害。因此，产品的包装应摒弃求新、求异的消费理念，简化包装，这样既可减少资源的浪费，又可减少对环境的污染和废弃后必需的处置费用。另外，产品包装应尽量选择无毒、无公害、可回收或易于降解的材料，如纸、可复用产品及可回收材料(如 EPS 聚苯乙烯产品)等。

2) 改进产品结构，改善包装

改进产品结构，减少重量，也可改善包装，降低成本并减小对环境的不利影响。如增加产品的结构强度及其抗破坏能力，从而降低对包装材料的要求。

4. 绿色产品使用的研究

1) 延长产品的生命周期

尽量延长产品的生命周期是一个在绿色产品设计中应给予足够重视的问题。显而易见，延长产品的生命周期可以最终减少产品报废后的各种处置工作，从而提高资源利用率，减少对环境的负面影响。要延长产品的生命周期，增加产品的可维护性是一个重要的方法，而要实现产品的易于维护性，则必须在设计阶段就考虑产品的拆卸性，尤其是易损件应易于拆卸和维修。

2) 面向能源节省的设计

越来越多的人已经在关注产品的使用所消耗的资源及其给环境带来的负担。德国联邦环境署的研究表明，德国家庭和办公室消耗的电力中，至少有 11%是被处于待机方式的设备消耗掉的。美国能源部估计，美国每年要为关机的电视机和录像机支付约 10 亿美元的电费。待机功耗已经引起了社会的广泛重视。

面向节省能源的研究也关心产品的储存和运输环节。产品的运输也要消耗能源，产生污染。如汽车运输要消耗燃油，汽车尾气的污染等也会对环境产生一定的影响。减少产品的重量，减小产品的体积，可能会减轻产品的运输给环境带来的负担。

5. 面向回收的设计

产品的回收在其生命周期工程中占有重要的位置，正是通过各种各样的回收策略，产品的生命周期形成了一个闭合的回路。寿命终了的产品最终通过回收又进入下一个生命周期的循环之中。可见，回收是实现生态工业的先决条件，它在产品的绿色制造中扮演着重要的角色。它正在引起人们的高度重视。

面向回收的设计思想，使产品设计师能考虑产品生命周期的全过程，既减少了对环境的影响，又使资源得到充分利用，同时还明显降低了产品成本。美、德、日等国家在汽车、家电等行业应用面向回收的产品设计思想，取得了良好的社会、经济效益。

4.3.5 绿色制造的发展趋势

绿色制造这几年以来的研究非常活跃，研究内容体系也正在形成。其研究发展趋势可归纳为以下几个方面。

1. 全球化

制造业对环境的影响往往是全球化的，而绿色产品的市场竞争随着制造战略的升级也将是全球化的。国际环境管理标准——ISO14000 系列标准的陆续出台增强了企业对实施绿色制造的信心，为绿色制造的全球化研究和应用奠定了很好的基础，实施绿色制造已是大势所趋。近年来许多国家要求进口产品要进行绿色性认定，要有"绿色标志"，特别是有些国家以保护本国环境为由，制定了极为苛刻的产品环境指标来限制外国产品进入本国市场，即设置"绿色贸易壁垒"。这就需要产品的绿色制造过程应具有全球化的特征。

2. 社会化

社会化是指绿色制造的社会支撑系统需要全社会的共同努力和参与。绿色制造涉及的社会支撑系统首先是立法和行政规定问题。其次，政府可制定经济政策，用市场经济的机制对绿色制造实施导向。企业要真正有效地实施绿色制造，必须考虑产品寿命终结后的处理，这就可能导致企业、产品、用户三者之间的新型集成关系的形成。这些也是绿色制造研究内容的重要组成部分。

3．集成化

集成化是指绿色制造将更加注重系统技术和集成技术的研究。绿色制造涉及到产品生命周期全过程，涉及到企业生产经营活动的各个方面，因而是一个复杂的系统工程问题。因此要真正有效地实施绿色制造，必须从系统的角度和集成的角度来考虑和研究绿色制造中的有关问题。

当前，绿色制造的集成功能目标体系、产品和工艺设计与材料选择系统的集成、用户需求与产品使用的集成、绿色制造的问题领域集成、绿色制造系统中的信息集成、绿色制造的过程集成等集成技术的研究将成为绿色制造的重要研究内容。绿色集成制造技术和绿色集成制造系统将可能成为今后绿色制造研究的热点。

4．并行化

并行化是指绿色并行工程。绿色并行工程又称为绿色并行设计，它是一个系统方法，以集成的、并行的方式设计产品及其生命周期全过程，力求使产品开发人员在设计一开始就考虑到产品整个生命周期中从概念形成到产品报废处理的所有因素，包括质量、成本、进度计划、用户要求、环境影响、资源消耗状况等。

5．产业化

产业化是指绿色制造的实施将导致一批新兴产业的形成。制造业不断研究、设计和开发各种绿色产品以取代传统的资源消耗和环境影响较大的产品，将使这方面的产业持续兴旺发展。企业实施绿色制造，需要大量实施工具和软件产品，如绿色设计的支撑软件(计算机辅助绿色产品设计系统、绿色工艺规划系统、绿色制造的决策系统、产品生命周期评估系统、ISO14000 国际认证的支撑系统等)，这将会推动一类新兴软件产业的形成。

4.4 敏 捷 制 造

4.4.1 敏捷制造的起源

1991 年，美国政府为了在世界经济中重振雄风，并在未来全球市场竞争中取得优势地位，由国防部、工业界和学术界联合研究未来制造技术，并完成了《21 世纪制造企业发展战略报告》。该报告明确提出了敏捷制造(Agile Manufacturing，简称 AM)的概念。敏捷制造的基本思想是通过把动态灵活的虚拟组织机构(Virtual Organization)或动态联盟、先进的柔性生产技术和高素质的人员进行全面集成，从而使企业能够从容应付快速变化和不可预测的市场需求，获得企业的长期经济效益。它是一种提高企业(群体)竞争能力的全新制造组织模式。敏捷制造概念一经提出，就在世界范围内引起了强烈反响。可以说，敏捷制造代表着 21 世纪制造业的发展方向。

1991 年以来，以美国为首的各发达国家对敏捷制造进行了大量广泛的研究。1992 年，由美国国会和工业界在里海(Lehigh)大学建立了美国敏捷制造协会(AMEF)，该协会每年召开一次有关敏捷制造的国际会议。1993 年，美国国家自然基金会和国防部联合在 NewYork、Lllinois、Texas 等州建立了三个敏捷制造国家研究中心，分别研究电子工业、机床工业和航天国防工业中的敏捷制造问题。目前，美国已有上百个公司、企业在进行敏捷制造的实践活动。欧洲也有不少公司正在进行企业改造和重组。

4.4.2 敏捷制造的内涵

美国机械工程师学会主办的《机械工程》杂志 1994 年的某一期中，对敏捷制造做了如下定义："敏捷制造就是指制造系统在满足低成本和高质量的同时，对变幻莫测的市场需求的快速反应"。因此，敏捷制造的企业，其敏捷能力应当反映在以下六个方面：

(1) 对市场的快速反应能力：判断和预见市场变化并对其快速地做出反应的能力。

(2) 竞争力：企业获得一定生产力、效率和有效参与竞争所需的技能。

(3) 柔性：以同样的设备与人员生产不同产品或实现不同目标的能力。

(4) 快速：以最短的时间执行任务(如产品开发、制造、供货等)的能力。

(5) 企业策略上的敏捷性：企业针对竞争规则及手段的变化、新的竞争对手的出现、国家政策法规的变化、社会形态的变化等做出快速反应的能力。

(6) 企业日常运行的敏捷性：企业对影响其日常运行的各种变化，如用户对产品规格、配置及售后服务要求的变化，用户订货量和供货时间的变化，原料供货出现问题及设备出现故障等做出快速反应的能力。

AM 的基本思想是通过把动态灵活的虚拟组织结构、先进的柔性生产技术和高素质的人员进行全方位的集成，从而使企业能够从容应付快速变化和不可预测的市场需求。它是一种提高企业竞争能力的全新制造组织模式。

4.4.3 敏捷制造企业的主要特征

敏捷制造企业的特征及要素构成了敏捷企业的基础结构，通过一系列功能子系统的支持使敏捷制造的战略目标得以实现。这些功能子系统一般称为"使能系统(Enablin System)"。敏捷企业的特征主要包括：

- 并行工作；
- 继续教育；
- 根据用户反应建立的组织结构；
- 动态多方合作；
- 尊重雇员；
- 向团队成员放权；
- 改善环境；
- 柔性重构；
- 可获得与可使用的信息；
- 具有丰富知识和适应能力的雇员；
- 开放的体系结构；
- 一次成功的产品设计；
- 产品终生质量保证；
- 缩短循环周期；
- 技术领先作用；

- 灵敏的技术装备；
- 整个企业集成；
- 具有远见卓识的领导。

4.4.4 敏捷制造的现状及发展前景

1. 国外的现状及发展前景

敏捷制造研究首先在美国开展。实际上，在敏捷制造这一概念提出之前，日本已有了敏捷制造的雏形，日本制造业的振兴与发展给美国企业施加了很大的压力。美国企业界分析总结日本制造业的成功因素，提出敏捷制造的概念。可见，敏捷制造起源于日本，诞生于美国，同时也说明敏捷制造是先有成果后有理论，这与其它制造模式是不同的。我国于1996年开始敏捷制造研究，"九五"规划已部分立项。敏捷制造的发展主要集中在美国、日本、韩国、法国及欧洲国家。

下面列出美国敏捷制造的主要研究机构及开发计划。

- 敏捷制造研究机构：德克萨斯大学宇航工业制造研究所、镭舍纳尔工业大学电子工业制造研究所、伊里诺斯大学机床工业研究所。

- 敏捷制造技术计划：参加敏捷制造技术计划的公司近百家，国家机构10多家，主要包括国家重点实验室、国家基金会等。其主要工作包括集成的产品设计工具、先进的仿真与建模能力、制造计划及控制、智能闭环过程控制、制造及经营系统集成工具等五个方面。

- 国家工业信息基础结构协议：是由美国国防部发起组建的一个开发集团，主要从事虚拟组织所用的系列计算机协议，提供软件结构、工具及机制。

- 莱特实验室：该实验室主要由美国空军资助，从事虚拟制造技术开发，主要研究虚拟制造的混合系统理论及完全现实虚拟制造的技术。

2. 我国敏捷制造的发展策略

(1) 为发展适合于我国国情的敏捷制造，应充分发展设备柔性化、可编程模块化、信息系统标准化、高质量标准、低成本的敏捷制造企业。

(2) 积极开展敏捷制造的原理研究，进行企业试点，同时加快我国制造业信息高速公路的建设。

(3) 更新CIMS的自动化制造概念，开发出实例，让企业界认知、接受，同时进行先进制造技术的理论方法研究，培养出具有高新技术观念的高科技工作人员。

(4) 积极开发敏捷制造的关键技术及柔性设备，为推广敏捷制造打下基础。

(5) 基于我国制造业自动化程度差，没有改进和维护旧模式的负担的情况，可以建立高起点的新型企业模式。

(6) 我国的社会制度为敏捷制造提供了很好的保证，可以借助于国家力量，尽快解决企业间的关系问题以及商务标准的制定，这是我国进入国际合作的捷径。

4.4.5 敏捷制造典型应用实例

图4-3是虚拟企业的一种敏捷制造实施方案，主要分为市场分析与技术评估、敏捷化设计、敏捷化制造合作、敏捷后勤与合作、敏捷化销售与服务合作等功能。

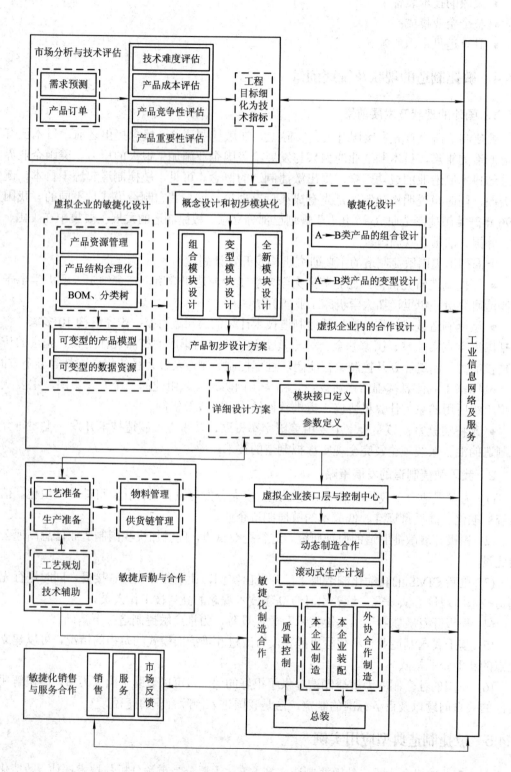

图 4-3　敏捷制造实施的一个框架性方案

该方案要求企业具有一定的敏捷化基础，具体要求如下：

(1) 以成组技术为核心的产品的结构简化和零件管理，包括 BOM(物料清单)管理和产品的 ABC 分类管理(将零部件分为三类，A 类是与用户需求有关的特殊零部件，B 类为典型的变型零件，C 类是标准件和外协件)基础上分类树管理；产品的编码；产品数据和产品技术文件的系统化；建立适用于变型设计的产品模型(包括产品的无参数的结构设计图、参数表等)。

(2) 敏捷制造实施的软件及硬件支撑环境，如宽带网络、管理信息系统、企业员工的管理思想的培训等。

该方案的核心业务过程如下：企业首先进行市场分析与技术评估，在需求预测和产品订单的基础上，按照市场需求、产品重要性、产品成本和技术难度等指标进行评价，将以上工程指标细化为对应的技术指标，之后进行敏捷化设计。

在产品开发过程(包括新产品设计和组合产品、变型产品设计)的基础上，以竞标方式得到产品初步设计方案，建立合作关系，采用群组合作方式，在产品模型基础上的合作设计，主要完成对本企业是 A 类零部件的模块设计，而对合作企业是 B 类零部件的模块设计。通过向下游的设计预发布，采用成熟的设计与工艺并结合物料情况，形成详细设计方案。然后，对设计方案进行技术经济评价，分析确定需要外购、外协的零部件，制定生产计划，动态调配资源组织制造活动，建立逻辑上的或实际的临时性功能组织，如企业综合调配中心，协调相应的组织关系、业务关系、动态配置资源，对企业的业务过程与产品信息进行集成管理。在生产系统与后勤方面相应调整，增加生产系统柔性，采用设备的成组布置、通用与专用设备的合理搭配，与工艺规划的适当结合，提高制造的品种能力和数量能力，适应分工协作制造的要求。对系统运行情况进行监控与评价，不断改进系统性能。

4.5 生 物 制 造

4.5.1 生物制造工程的体系结构

生命是物质的最高形式，有生命的生物体和生物分子与其他无生命的物质相比，具有繁殖、代谢、生长、遗传、重组等特点。随着人类对基因组计划的不断深入研究和实施，人为设计、制造生物也越来越有可能成为现实，因此，生物制造的概念应运而生。生物制造将生命科学、材料科学及生物技术融入制造技术之中，主要包含利用生物的机能进行制造(基因复制、生物去除或生物生长)及制造类生物或生物体。以生物制造技术为核心的生物制造工程的体系结构见图 4-4。

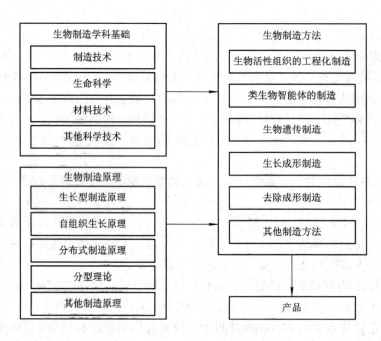

图 4-4　生物制造工程的体系结构

4.5.2　生物制造的研究方向

如何把制造科学、生命科学、计算机技术、信息技术、材料科学各领域的最新成果组合起来，使其彼此沟通起来用于制造业，是生物制造的主要任务。生物制造的研究方向主要有以下几个方面。

1. 生物活性组织的工程化制造

目前医学上采用金属等人工材料制成的器官替代物为医疗康复服务，但其缺点是异种组织器官存在人体的排异反应，无法参与人体的代谢活动，使康复工程有很大的局限性，因而需要开辟新的组织器官的制造方法。目前，医学上生长因子、活体细胞的培养技术已较成熟，科学家已可在鼠背上培育出人耳，利用人工方法成功培育出角膜等。但是这种单纯用组织工程的方法培养的速度相当慢，如骨骼的生长速度是 1 μm/24 h，单纯依靠基因生长法，无法满足医疗康复对活体组织的要求。于是，出现了生物活性组织的工程化制造方法。生物活性组织的工程化制造采用与生物体相容的材料，利用各种先进成形技术(如快速成形技术)，采用生物相容性和生物可降解性材料，制造出人工器官框架，注入细胞和生长因子，使细胞获得并行生长，可以大大加快人工器官的生长速度。

生物活性组织的工程化制造的研究主要包括人工骨、人造肺、肾、心脏、皮肤等的工程化制造方法。

2. 类生物智能体的制造

利用可以通过控制含水量来控制伸缩的高分子材料，能够制成人工肌肉。借鉴生命科学和生长技术，有望制造出分布式传感器、控制器与执行器为一体的，并可实现与外部通信功能的，可以受控的类生物智能体，它可以作为智能机器人构件。

类生物智能体的制造已初步得以实现，如由美国科学家研制成功的可使盲人重见光明的"眼睛芯片"。这种芯片是由一个无线录像装置和一个激光驱动的、固定在视网膜上的微型电脑芯片组成的。其工作原理为：装在眼镜上的微型录像装置拍摄到图像，并把图像进行数字化处理之后发送到电脑芯片，电脑芯片上的电极构成的图像信号则刺激视网膜神经细胞，使图像信号通过视神经传送到大脑，这样盲人就可以见到这些图像。

3．生物遗传制造

生物遗传制造主要依靠生物 DNA 的自我复制来实现，如何利用转基因实现一定几何形状、各几何形状位置不同的物理力学性能、生物材料和非生物材料的有机结合，将是这个方向的创新及前沿问题。

随着 DNA 的内部结构和遗传机制逐渐被认知，人们开始设想在分子的水平上去干预生物的遗传特性：将一种生物的 DNA 中的某个遗传密码片断连接到另外一种生物的 DNA 链上去，将 DNA 重新组织一下，按照人类的愿望，设计出新的遗传物质并创造出新的生物类型。这与过去培育生物、繁殖后代的传统做法完全不同，它很像技术科学的工程设计，即按照人类的需要把这种生物的这个"基因"与那种生物的那个"基因"重新"施工"，"组装"成新的基因组合，创造出新的生物。

工程界、生命科学界的科学家们正在对该种制造技术进行积极的研究。它涉及到材料、制造、生物、医疗等众多学科的知识，是包罗多种科学的先进制造方法，其制造过程是自组织成形的。但这一自组织的过程是比较缓慢的，甚至经历了上亿年的时光。生物遗传制造将大大加速这一过程，为人类文明服务。

4．利用生物机能的去除或生长进行成形加工

该技术的主要问题是发现和培养能对工程材料进行加工的微生物，或能快速繁殖、定向生长成形的微生物。如何进行控制是这一研究的关键问题，它决定了制造零件的结构精度和物理力学性能。利用分形几何来描述或控制生长将是一条途径。

利用微生物进行工程材料加工具有以下优点：

(1) 以生物为对象，不依赖地球上的有限资源，不受原材料的限制。

(2) 生物反应比化学合成反应所需的温度要低得多，可以简化生产步骤，节约能源，降低成本，减少对环境的污染。

(3) 可开辟一条安全有效的制造成本低、绿色的生物制品的新途径。

(4) 能解决传统技术或常规方法所不能解决的许多重大难题，如遗传疾病的诊治，并为肿瘤、能源、环境保护提供新的解决办法。

(5) 可定向创造新品种、新物种，适应多方面的需要，造福于人类。

4.6　精　益　生　产

精益生产(Lean Production，简称 LP)是美国麻省理工学院(MIT)几位专家对日本"丰田生产方式"的美称。精，即少而精，不投入多余的生产要素，只是在适当的时间生产必要数量的市场急需产品(或下道工序所需产品)；益，即所有经营活动都要有效有益，具有经济性。

4.6.1 精益生产的产生

20世纪初,从美国福特(Ford)汽车公司创立第一条汽车生产流水线以来,大规模的生产流水线生产方式一直是现代工业生产的主要特征。它以标准化、大批量生产来降低生产成本,提高生产效率。这种生产适应了美国当时的国情。20世纪50年代,日本丰田汽车公司的丰田和大野考察了福特公司的轿车生产,当时这个厂每天生产7000辆轿车,比日本丰田公司一年的产量还要多。但丰田并没有照搬福特的生产模式,并在他们的考察报告中写道:"那里的生产体制还有改进的可能"。

二战后的日本经济萧条,缺少资金和外汇,怎样建立日本的汽车工业是摆在他们面前的现实问题。丰田和大野分析了美日两国国情和文化背景的差别,在日本,家族观念强、服从纪律、团队精神以及严格的上下级关系是美国人所没有的,他们没有美国那么多的外籍人,也没有美国生活方式所形成的自由散漫和个人主义泛滥,但他们的经济基础和美国相差甚远。经过一系列的探索和实践,丰田汽车公司根据日本国情提出了解决问题的方法,建立起一套新的生产组织管理体系,这就是后来被美国人称之为"精益生产"的新的生产方式。经过30年的努力,使日本成为新的汽车王国,产量远远超过了美国。

4.6.2 精益生产的概念与体系结构

1. 精益生产的定义

精益生产模式是由日本人创立并经过长期实践而获得的,但把它提到理论上研究则是近几年的事。1989年,美国MIT的教授们在《改变世界的机器》一书中总结了丰田生产模式,并把这种模式称作"精益生产",但却未给出明确的定义。这里给出如下的定义:"精益生产是通过系统结构、人员组织、运行方式和市场供求关系等方面的变革,使生产系统能快速适应用户需求的不断变化,并能使生产过程中一切无用的、多余的或不增加附加值的环节被精简,以达到产品生命周期内的各方面最佳效果"。

精益生产的基本目的是,要在一个企业里同时获得极高的生产率、极佳的产品质量和很大的生产柔性。在生产组织中,它与泰勒方式不同,不是强调过细的分工,而是强调企业各部门相互密切合作的综合集成。综合集成不仅限于生产过程本身,尤其重视产品开发、生产准备和生产之间的合作和集成。精益生产不仅要求在技术上实现制造过程和信息流的自动化,更重要的是从系统工程的角度对企业的活动及其社会影响进行全面的、整体的优化。换句话说,精益生产不仅着眼于技术,还充分考虑到组织和人的因素。

2. 精益生产的特点

精益生产与技术性生产和大批大量生产不同的是,精益生产克服了二者的缺点,即避免了技术性生产的高费用和大批量生产的高刚性,与之相适应的是生产技术的柔性化,这主要得益于20世纪70年代以来的数控、FMS和集成制造技术。因此,精益生产采用的是由多功能工作小组和柔性很高的自动化设备所组成的制造系统。

精益生产的一切基础是"精简",与大批量生产相比,只需要一半的劳动强度,一半的制造空间,一半的工具投资,一半的开发时间,从而使库存大量减少,废品大大减少和品种大量增加。二者最大的区别在于追求的目标不同,大批大量生产强调"足够"的质量,故总是存在缺陷,而精益生产则追求尽善尽美。把二者特点加以总结,给出表 4-1 所示的比较结果。

表 4-1　精益生产与传统大量生产方式比较

项　目	精益生产方式	大量生产方式
生产目标	追求尽善尽美	尽可能好
分工方式	集成,综合工作组	分工、专门化
产品特征	面向用户和生产周期较短的产品	数量很大的标准产品
生产后勤	准时生产(JIT)的后勤支援	在所有工序均有在制品缓冲存储
产品质量	在生产过程的各个环节始终由工人开展质量保证活动	由检验部门事后进行质量检验
自动化	柔性自动化,但尽量精减简化	倾向于刚性和复杂的自动化
生产组织	加快速度的"同步工程"模式	依次实施顺序工程模式
工作关系	强调工作友谊,团结互助	感情疏远,工作单调,缺乏动力
供货方式	JIT 方式,零库存	靠库存调节生产
产品设计	并行方式	串行方式
用户关系	用户为上帝,产品面向用户	用户为上帝,但产品很少改变
供应商	同舟共济	无长期合作打算
雇员关系	终身雇用,以企业为家	可随时解雇,无保障

与大批量生产方式相比,日本采用精益生产的优越性主要表现在:

(1) 所需人力资源无论是在产品开发、生产系统,还是工厂的其他部门,与大量生产方式下的工厂相比,均能减至 1/2。

(2) 新产品开发周期可减至 1/2 或 2/3。

(3) 生产过程的在制品库存可减至大量生产方式下一般水平的 1/10。

(4) 工厂占用空间可减至采用大量生产方式工厂的 1/2。

(5) 成品库存可减至大量生产方式工厂平均库存水平的 1/4。

(6) 产品质量可提高 3 倍。

3. 精益生产的体系结构

如果把精益生产体系看做是一幢大厦,那么大厦的基础就是计算机网络支持下的小组工作方式。在此基础上的三根支柱就是:① 准时生产(JIT),是缩短生产周期、加快资金周转、降低生产成本、实现零库存的主要方法;② 成组技术(GT),是实现多品种、小批量、低成本、高柔性、按顾客订单组织生产的技术手段;③ 全面质量管理(TQC),是保证产品质量、树立企业形象和达到无缺陷目标的主要措施,如图 4-5 所示。

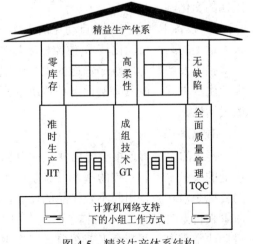

图 4-5　精益生产体系结构

精益生产是采用灵活的生产组织形式，根据市场需求的变化，及时、快速地调整生产，依靠严密细致的管理，力图通过"彻底排除浪费"，防止过量生产来实现企业的利润目标的。因此，精益生产的基本目的是要在一个企业里，同时获得极高的生产率、极佳的产品质量和很大的生产柔性。为实现这一基本目的，精益生产必须能很好地实现以下三个子目标：零库存、高柔性(多品种)、无缺陷。

1) 零库存

事实上，一个充满库存的生产系统会掩盖系统中存在的各种问题。例如，设备故障造成停机，工作质量低造成废品或返修，横向扯皮造成工期延误，计划不周造成生产脱节等，都可以运用各种库存使矛盾钝化、问题被淹没。表面上看，生产仍在平衡进行，实际上整个生产系统可能千疮百孔。更可怕的是，如果对生产系统存在的各种问题熟视无睹，麻木不仁，长此以往，紧迫感和进取心将丧失殆尽。因此，日本人称库存是"万恶之源"，是生产系统设计不合理、生产过程不协调、生产操作不良的证明，并提出"向零库存进军"的口号。所以，"零库存"就成为精益生产追求的主要目标。

2) 高柔性

高柔性是指企业的生产组织形式灵活多变，能适应市场需求多样化的要求，及时组织多品种生产，以提高企业的竞争能力。随着科学技术的迅速发展，新产品不断涌现，产品复杂程度也随之提高，而产品的市场寿命日益缩短，更新换代加速，大量生产方式遇到了挑战。因为在大量生产方式中，柔性和生产率是相互矛盾的。面临市场多变这一新问题，精益生产方式必须以高柔性为目标，实现高柔性与高生产率的统一。为实现高柔性和生产率的统一，精益生产必须在组织、劳动力、设备三方面表现出较高的柔性。

① 组织柔性。20 世纪初开始形成的大量生产方式是将刚性的设备、低水平的劳动力、有限的通讯和运输技术集成为一个集中管理、层次有序、具有较大权力的中央管理机构，这种体制现已走向衰落。在精益生产方式中，决策权力是分散下放的，而不是集中在指挥链上，它不采用以职能部门为基础的静态结构，而采用以项目小组为基础的动态结构。

② 劳动力柔性。市场需求波动时，要求劳动力也作相应调整。精益生产方式的劳动力是具有多面手技能的操作者，在需求发生变化时，可通过适当调整操作人员的操作来适应短期的变化。

③ 设备柔性。与刚性自动化的工序分散、固定节拍和流水生产的特性相反，精益生产采用适度的柔性自动化技术(数控机床与多功能的普通机床并存)，以工序相对集中、没有固定节拍以及物料的非顺序输送的生产组织方式，使精益生产在中小批量生产的条件下接近大量生产方式，既具有刚性自动化所达到的高效率和低成本，同时具有刚性自动化所没有的灵活性。

3) 无缺陷

传统的生产管理很少提出缺陷的目标，一般企业只提出可允许的不合格品百分比和可接受的质量水平。它们的基本假设是：不合格品达到一定数量是不可避免的。而精益生产的目标是消除各种引起不合格品的原因，在加工过程中每一工序都要求达到最好水平。高质量来自无缺陷的产品，"错了再改"得花费更多的金钱、时间与精力，强调"第一次就做对"非常重要。每一个人若在自己工作中养成了这种习惯，凡事先做好准备及预防工作，认真对待，防患于未然，在很多情况下就不会有质量问题了。因此，追求产品质量要有预防缺陷的观念，凡事第一次就要做好，建立"无缺陷"质量控制体系。过去一般企业总是对花在预防缺陷上的费用能省则省，结果却造成很多浪费，如材料、工时、检验费用、返修费用等。应该认识到，事后的检验是消极的、被动的，而且往往太迟。各种错误造成需要重做零件的成本，常常是几十倍的预防费用。因此，应多在缺陷预防上下功夫，也许开始时多花些费用，但很快便能收回成本。

精益生产的最终目标是追求"无缺陷"，是追求完美的历程，也是追求卓越的过程，这是支撑个人与企业生命的精神力量，是在永无止境的学习过程中获得自我满足的境界。请记住日本丰田汽车公司的一句名言："价格是可以商量的，但是质量是没有商量余地的"。

4. 精益生产体系的特征

综上所述，精益生产的特征可以总结为：以用户为上帝，以人为中心，以精简生产过程为手段，以产品的零缺陷为最终目标。

以用户为上帝：企业要面向用户，保持与用户的密切联系，真正体现用户是上帝。不仅要向用户提供服务，而且要了解用户的要求，以最快的速度和适宜的价格，以高质量的适销新产品去抢占市场。

以人为中心：现代企业一方面要不断技术进步，但更要以人为中心，大力推行更适应市场竞争的小组工作方式。让每一个人在工作中都有一定程度的制订计划、判断决策、分析复杂问题的权利，都有不断学习新的生产技术的机会，培养职工相互合作的品质。同时对职工素质的提高不断进行投资，提高职工的技能，充分发挥他们的积极性与创造性。此外，企业一方面要为职工创造工作条件和晋升途径，另一方面又要给予一定的工作压力和自主权，以同时满足人们学习新知识和实现自我价值的愿望，从而形成独特的、有竞争意识的企业文化。

以精简为手段：精益生产将去除生产过程中的一切多余的环节，实行精简化。在组织结构上，纵向减少层次，横向打破部门壁垒，将多层次、细分工的管理模式转化为分布式平行网络的管理结构。在生产过程中，采用先进的设备(例如采用加工中心，实行工序集中，尽可能在一个工作地完整地加工零件)，减少非直接生产工人，每个工人的工作都真正使产品增值。精简还包括在减少产品的复杂性的同时，提供多样化的产品。采用成组技术是实现精简化和提高柔性化双重目标的关键。

以零缺陷为目标：精益生产所追求的目标不是"尽可能好一些"，而是"零缺陷"，即最低的成本，最好的质量，无废品，零库存与产品的多样化。当然，一个企业不可能完全达到这样的境地，但永无止境地去追求这一目标，将会使企业发生惊人的变化。

4.6.3 精益生产的管理与控制技术

1. 生产计划

精益生产计划与传统生产计划相比，其最大的特点是：只向最后一道工序下达作为生产指令的投产顺序计划，而对最后一道工序以外的各个工序只出示每月大致的生产品种和数量计划，作为其安排作业的一种参考基准。例如，在汽车生产中，投产顺序计划指令只下达到总装配线，其余所有的机械加工工序及粗加工工序等的作业现场，没有任何生产计划表或生产指令书这样的文件，而是在需要的时候通过"看板"，由后道工序顺次向前道工序传递生产指令。这一特点与历来生产管理中的生产指令下达方式不同，见图4-6。

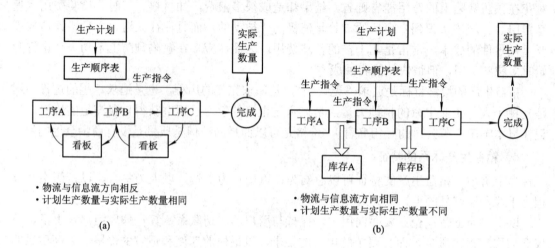

图 4-6 精益生产的生产管理系统体系

(a) 精益生产管理中的生产指令；(b) 传统生产管理中的生产指令

在传统的生产计划方式中，生产指令同时下达给各个工序，即使前后工序出现变化或异常，也与本工序无关，仍按原指令不断地生产。其结果造成工序间生产量的不平衡，因此，工序间存在在制品库存也就是很自然的事。而在精益生产方式中，由于生产指令只下达到最后一道工序，其余各道工序的生产指令是由"看板"在需要的时候向前工序传递，这就使得：第一，各工序只生产后工序所需要的产品，避免了生产不必要的产品；第二，因为只在后工序需要时才生产，所以避免和减少了不急需的库存量；第三，因为生产指令只下达给最后一道工序，最后的生产成品数量与生产指令的数量是一致的(在传统的生产计划下，最后这两者往往是不同的)；第四，生产顺序指令以天为单位，而且"只在需要的时候发出"，因此，能够反映最新的订货和市场需求，大大缩短了从订货或市场预测到产品投放市场的时间，从而提高了产品的市场竞争能力。

2. 生产组织

精益生产的核心思想就是力图通过"彻底排除浪费"来实现企业的盈利目标。所谓浪费，可以被定义为"只使成本增加的生产诸因素"，也就是说，不会带来任何附加价值的因素。这其中，最主要的有生产过剩(即库存)所引起的浪费，人员利用上的浪费以及不良品引起的浪费。因此，为了排除这些浪费，在生产组织过程中就相应地产生了同步化生产、弹性配置作业人数以及保证质量这样的实施措施。

3. 生产控制

精益生产要求生产系统的各环节，全面实现生产同步化、均衡化和准时化，因此这种生产控制中主要采用"看板"的方法来控制。"看板"作为控制的工具和手段，发挥着重要的作用。精益生产的管理思想十分丰富，管理方法也很多，如果孤立地看每一个思想、每一种方法，就不能把握精益生产的本质。例如，有人把精益生产理解为"看板"管理，也有人理解为零库存管理、零缺陷管理，这些都是片面的，从这些不同角度去理解精益生产是不可能学会精益生产的。精益生产的每个管理思想，每种管理方法都不是孤立的，相互之间是有联系有层次的，一种方法支持另一种方法，方法又保证思想的实现，只有把管理思想与方法有机地组合起来，构成一个完整的生产管理系统，才能发挥每种方法的功能，才能达到系统的最终目标——质量是好的、成本是低的、品种是多的、时间是快的。图 4-7 比较完整地表达出精益生产方式的生产管理系统的体系结构。

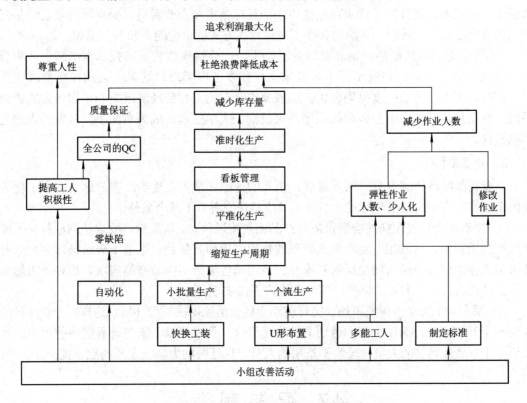

图 4-7　精益生产的生产管理系统体系

　　图中表明精益生产追求不断地增加利润，这是最高层次的目标。要增加利润只有一条路可走，就是通过杜绝一切浪费，降低成本。丰田公司奉行的经营观是：利润=价格-成本，价格市场决定，企业不能控制，所以增加利润只能靠降低成本。当时丰田公司的浪费主要发生在三方面，即不良品多、库存量大、劳动利用率低，生产管理体系就在这三方面采取降低成本的措施。

4.6.4　企业应用精益生产的条件

1. 内部条件

　　精益生产方式只有在生产秩序良好、各道工序设置合理、产品质量稳定的企业才有可能推行和实施。除此之外，企业还应具备下列条件：

　　(1) 企业领导对精益生产有深刻的认识和实施的决心。推行精益生产是管理思想的重大变革，它涉及生产管理系统重新设计，各功能的重新组合与调整，车间布局和作业划分的变更，管理人员和操作人员思想更新等等。这是一项全局性的工作，需要领导班子统一认识，在工作中密切配合才可能顺利实施。领导的认识和决心是推行精益生产成功的关键。

(2) 加强培训，更新职工观念，强化职工的参与意识。精益生产与传统管理思想大相径庭：传统管理把"保险储备"作为均衡生产的条件，而精益生产把超量生产视为万恶之源，把"零库存"作为追求的目标；传统管理强调职责分工，实行条块分割，而精益生产强调以现场为中心等。因此，推行精益生产必须更新观念，加强对职工的教育培训，深刻理解精益生产的精髓。要使职工认识到精益生产的目标是提高企业素质、提高经济效益，是同职工切身利益完全一致的，从而增强职工对新管理方式的承受能力和参与意识。

(3) 要制定相应的经济政策和有效的激励手段，促进操作者提高技术水平和生产积极性。实施精益生产后，普遍实行了多机床操作和多工序管理，这对工人的技术要求更高了，同时，工人的劳动强度也增大了。这就要求企业制定相应经济政策和采用一定的激励手段，贯彻按劳分配、多劳多得的原则，来鼓励工人学技术、成为多面手，激发工人的生产积极性。

2．外部条件

随着我国经济体制改革的深入发展，企业的外部环境正在逐步改善，这将有利于促进我国企业推广应用精益生产方式。当前尤其应尽快完善以下两个条件：

(1) 要有一个比较顺畅的物资供应和产品销售流通体系。精益生产要求达到原材料无库存，产品无积压，这就相应要求企业外部的物资供应和产品销售渠道十分通畅，否则企业就可能因预防供应中断而增加原材料库存，或因销售渠道不畅而产品积压。这种外来影响往往会造成精益生产方式的流产，使均衡生产无法实现。

(2) 要有一个劳动力调节市场，实行劳动力能自然流动的外部环境。这样，企业才可能成为一个开放系统，确保企业中劳动力的最优组合。企业可以不断与外界交换劳动力，吸收适合于本企业需要的人员，排除不适用的人员，保证劳动力队伍素质的稳步提高。

4.7 智 能 制 造

4.7.1 智能制造的起源

近几年来，由于市场竞争的冲击和信息技术的推动，传统的制造产业正经历着一场重大的变革，围绕提高制造业水平这一中心的新概念、新技术层出不穷，智能制造正是在这一背景下应运而生的。

从市场竞争方面来看，当前和未来企业面临的是一个多变的市场和激烈的国际化竞争环境。社会的需求使产品生产正从大批量产品生产转向小批量、客户化单件产品的生产。企业要在这样的市场环境中立于不败之地，必须从产品的时间、质量、成本和服务(TQCS)等方面提高自身的竞争力，以快速响应市场频繁的变化。企业在生产活动中的灵活性和智能性就显得尤为重要。

从制造系统自身来看，它是一个信息系统。制造过程是对市场信息、开发信息、制造信息、服务信息和管理信息等获取、加工和处理的过程。制造所得的产品实质上是物质、能量和信息三者的统一体。因此，制造水平提高的关键在于系统处理制造信息能力的提高。

市场的竞争，产品性能的完善，结构的复杂化和需求的个性化，导致现代制造过程中信息量的激增。信息种类多样化和信息质量的复杂化(残缺和冗余信息)，要求未来制造系统具有更强的信息加工能力，特别是信息的智能加工能力。

尽管对企业和制造系统有这样的要求，但是，由于过去人们对制造技术的注意力多集中在制造过程的自动化上，从而导致在制造过程中自动化水平不断提高的同时，产品设计及生产管理效率提高缓慢。生产过程中人们的体力劳动虽然得到了极大解放，但脑力劳动的自动化程度(即决策自动化程度)却很低，各种问题求解的最终决策在很大程度上仍依赖于人的智慧。并且，随着竞争的加剧和制造信息量的增加，这种依赖程度将越来越大。另一方面，从 20 世纪 70 年代开始，发达国家为了追求廉价的劳动力，逐渐将制造业移向了发展中国家，从而引起本国技术力量向其他行业的转移，同时发展中国家专业人才又严重短缺，其结果制约了制造业的发展。因此，制造产业希望减小对人类智慧的依赖，以解决人才供求的矛盾。智能制造技术(Intelligent Manufacturing Technology，IMT)和智能制造系统(Intelligent Manufacturing System，IMS)正是适应上述情况而得以发展的。

4.7.2 智能制造的定义及其特点

智能制造包括智能制造技术和智能制造系统。

1. 智能制造技术的概念

智能制造技术是指利用计算机模拟制造业人类专家的分析、判断、推理、构思和决策等智能活动，并将这些智能活动与智能机器有机地融合起来，将其贯穿应用于整个制造企业的各个子系统，以实现整个制造企业经营运作的高度柔性化和高度集成化，从而取代或延伸制造环境中人类专家的部分脑力劳动，并对制造业人类专家的智能信息进行搜集、存储、完善、共享、继承与发展。

2. 智能制造系统的概念

智能制造系统是一种智能化的制造系统，是由智能机器和人类专家结合而成的人机一体化的智能系统，它将智能技术融入制造系统的各个环节，通过模拟人类的智能活动，取代人类专家的部分智能活动，使系统具有智能特征。

智能制造系统基于智能制造技术，综合应用人工智能技术、信息技术、自动化技术、制造技术、并行工程、生命科学、现代管理技术和系统工程理论与方法，在国际标准化和互换性的基础上，使得整个企业制造系统中的各个子系统分别智能化，并使制造系统成为网络集成的高度自动化的制造系统。

智能制造系统是智能技术集成应用的环境，也是智能制造模式展现的载体。IMS 理念建立在自组织、分布自治和社会生态学机理上，目的是通过设备柔性和计算机人工智能控制，自动地完成设计、加工、控制管理过程，旨在解决适应高度变化环境的制造的有效性。

由于这种制造模式突出了知识在制造活动中的价值地位，而知识经济又是继工业经济后的主体经济形式，因此智能制造就成为影响未来经济发展过程的制造业的重要生产模式。

自 20 世纪 80 年代美国提出智能制造概念以来，智能制造系统一直受到众多国家的重视和关注，在智能制造领域中，最具有影响和代表性的当属日本的智能制造系统国际合作计划，它是迄今为止已启动的制造领域内最大的一项国际合作计划。

3．智能制造系统的特点

和传统的制造系统相比，智能制造系统具有以下特征。

(1) 自组织与超柔性能力。IMS 中的各组成单元能够依据工作任务的需要，自行集结成一种最合适的结构，并按照最优先的方式运行。其柔性不仅表现在运行方式上，而且表现在结构形式上，所以称这种柔性为超柔性，如同一群人类专家组成的群体具有生物特征。自组织能力是 IMS 的一个重要标志。

(2) 自律能力。即搜集与理解环境信息和自身的信息，并进行分析判断和规划自身行为的能力。强有力的知识库和基于知识的模型是自律能力的基础。IMS 能根据周围环境和自身作业状况的信息进行监测和处理，并根据处理结果自行调整控制策略，以采用最佳行动方案。这种自律能力使整个制造系统具备抗干扰、自适应和容错等能力。

(3) 自学习和自维护能力。IMS 能以原有的专家知识为基础，在实践中不断地充实与完善系统知识库，使知识库更趋合理。同时，在运行过程中还能对系统故障进行自我诊断、排除和修复。

(4) 人机一体化智能系统。IMS 不单纯是“人工智能”系统，而是人机一体化智能系统，是一种混合智能。人机一体化一方面突出人在制造系统中的核心地位，同时在智能机器的配合下，更好地发挥出人的潜能，使人机之间表现出一种平等共事、相互“理解”、相互协作的关系，使两者在不同的层次上各显其能，相辅相成。因此，在 IMS 中，高素质、高智能的人将发挥更好的作用，机器智能和人的智能将真正地集成在一起。IMS 的集成包括了经营决策、采购、产品设计、生产计划、制造装配、质量保证和市场销售等各个子系统，并把它们集成为一个有机整体，实现整体的智能化。

综上所述，可以看出智能制造作为一种模式，它是集自动化、柔性化、集成化和智能化于一身，并不断向纵深发展的先进制造系统。

4.7.3 智能制造的主要研究内容和目标

1．智能制造的研究内容

目前，IMT 和 IMS 的研究课题涉及的范围由最初仅一个企业内的市场分析、产品设计、生产计划、制造加工、过程控制、信息管理、设备维护等技术型环节的自动化，发展到今天的面向世界范围内的整个制造环境的集成化与自组织能力，包括制造智能处理技术、自组织加工单元、自组织机器人、智能生产管理信息系统、多级竞争式控制网络、全球通信与操作网等。

IMS 的研究内容包括智能活动、智能机器以及两者的有机融合技术，其中智能活动是问题的核心。在 IMS 研究的众多基础技术中，制造智能处理技术是最为关键和迫切需要研究的问题之一，因为它负责各环节的制造智能的集成和生成智能机器的智能活动。在一个国家甚至世界范围内，企业之间有着密切的联系，譬如，采用相同的生产设备和系统，有着类似的生产控制、管理方式、上下游产品之间的联系……其间存在的突出问题是产品和技术的规范化、标准化和通用化、信息自动交换形式与接口以及制造智能共享等。

2．智能制造的主要研究目标

(1) 整个制造过程的全面智能化，在实际制造系统中，以机器智能取代人的部分脑力劳动作为主要目标，强调整个企业生产经营过程大范围的自组织能力。

（2）信息和制造智能的集成与共享，强调智能型的集成自动化。IMT 与 IMS 的研究与开发对于提高产品质量、生产效率和降低成本，提高国家制造业响应市场变化的能力和速度，以及提高国家的经济实力和国民的生活水准，均具有重大的意义。其研究目标是要实现将市场适应性、经济性、人的重要性、适应自然和社会环境的能力、开放性和兼容能力等融合在一起的生产系统。

4.7.4 IMT、IMS 与 AI、CIMS 的关系

1. IMT、IMS 与人工智能

人工智能的研究，一开始就未能摆脱制造机器生物的思想，即"机器智能化"。这种以"自主"系统为目标的研究路线，严重地阻碍了人工智能研究的进展。许多学者已意识到这一点，Feigenbaum、Newell、钱学森等从计算机角度出发，提出了人与计算机相结合的智能系统概念。目前，国外对多媒体及虚拟技术研究进行大量投资，以及日本第五代智能计算机研制计划的搁浅等事例，就是智能系统研究目标有所改变的明证。

人工智能技术在机械制造领域中的应用涉及市场分析、产品设计、生产规划、过程控制、质量管理、材料处理、设备维护等诸方面。结果是开发出了种类繁多的面向特定领域的独立的专家系统、基于知识的系统或智能辅助系统，形成一系列的"智能化孤岛"。随着研究与应用的深入，人们逐渐认识到，未来的制造自动化应是高度集成化与智能化的人—机系统的有机融合，制造自动化程度的进一步提高要依赖于整个制造系统的自组织能力。如何提高这些"孤岛"的应用范围和在实际制造环境中处理问题的能力，成为人们的研究焦点。

人工智能在制造领域中的应用与 IMT 和 IMS 的一个重要区别在于，IMS 和 IMT 首次以部分取代制造中人的脑力劳动为研究目标，而不再仅起"辅助和支持"作用，在一定范围还需要能独立地适应周围环境并开展工作。

2. IMT、IMS 与 CIMS

CIMS 发展的道路不是一帆风顺的。今天，CIMS 的发展遇到了不可逾越的障碍，可能是刚开始时就对 CIMS 提出了过高的要求，也可能是 CIMS 本身就存在某种与生俱来的缺陷，今天的 CIMS 在国际上已不像几年前那样受到极大的关注与广泛的研究。从 CIMS 的发展来看，众多研究者把重点放在计算机集成上，从科学技术的现状看，要完成这样一个集成系统是很困难的。CIMS 作为一种连接生产线中的单个自动化子系统的策略，是一种提高制造效率的技术。它的技术基础具有集中式结构的递阶信息网络。尽管在这个递阶体系中有多个执行层次，但主要控制设施仍然是中心计算机。CIMS 存在的一个主要问题是用于异种环境必须互连时的复杂性。在 CIMS 概念下，手工操作要与高度自动化或半自动化操作集成起来是非常困难和昂贵的。

在 CIMS 深入发展和推广应用的今天，人们已经逐渐认识到，要想让 CIMS 真正发挥效益和大面积推广应用，有两大问题需要解决：人在系统中的作用和地位；在不做很大投资对现有设施进行技术改造的情况下也能应用 CIMS。

现有的 CIMS 概念是解决不了这两个难题的。今天，人力和自动化是一对技术矛盾，不能集成在一起，所能做的选择，或是昂贵的全自动化生产线，或是手工操作，而缺乏的是

人力和制造设备之间的相容性。人机工程只是一个方面的考虑，更重要的相容性考虑要体现在竞争、技能和决策能力上。人在制造中的作用需要被重新定义和加以重视。事实上，在 20 世纪 70 年代末和 80 年代初，人们已开始认识到人的因素在现代工业生产中的作用。英国出版公司于 1984 年就首次发起了第一届"制造中人的因素"研讨会，目的在于提高人们对制造环境中人的因素及其所起作用的认识。事实证明，人是 IMS 中制造智能的重要来源。

值得指出的是，CIMS 和 IMS 都是面向制造过程自动化的系统，两者密切相关但又有区别。CIMS 强调的是企业内部物流的集成和信息流的集成；而 IMS 强调的则是更大范围内的整个制造过程的自组织能力。从某种意义上讲，后者难度更大，但比 CIMS 更实用、更实际。CIMS 中的众多研究内容是 IMS 的发展基础，而 IMS 也将对 CIMS 提出更高的要求。集成是智能的基础，而智能也将反过来推动更高水平的集成。IMT 和 IMS 的研究成果将不只是面向 21 世纪的制造业，不只是促进 CIMS 达到高度集成，而且对于 FMS、CNC 以至一般的工业过程自动化或精密生产环境而言，均有潜在的应用价值。有识之士对人工智能技术、计算机科学和 CIMS 技术进行了全面的反思。他们在认识机器智能化的局限性的基础上，特别强调人在系统中的重要性。如何发挥人在系统中的作用，建立一种新型的人—机的协同关系，从而产生高效、高性能的生产系统，这是当前众多学者都会提出的问题，也正是 CIMS 所忽视的关键因素，这一因素导致了 CIMS 发展中不可逾越的障碍。

4.8　制造全球化和网络化

4.8.1　全球制造

全球制造(Global Manufaturing)是在世界范围内实现企业多种柔性和敏捷性的一种新的制造概念和模式。图 4-8 描述了各种制造哲理在活动空间和柔性范畴方面的比较，以及制造观念的变化和与信息技术应用的关系。

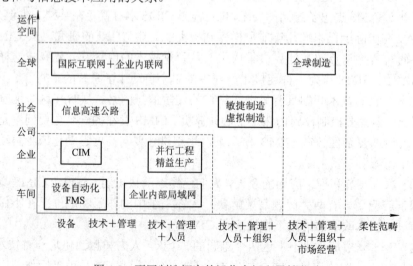

图 4-8　不同制造概念的运作空间和柔性范畴

1972 年，日本索尼公司在美国 Santiago 设立了第一家该公司的海外电视机制造厂，并提出了一个重要的基本准则："哪里有市场，就在哪里生产产品"，揭开了制造全球化的序幕。今天，索尼公司在日本本土有 34 家工厂，在世界各地有 40 家工厂。索尼公司的关键制造战略之一，就是有效利用当地的劳动力和设备资源，开拓区域性的市场，更快、更好地满足用户的要求，开拓和赢得新市场。

20 多年来，随着远距离交通和通信基础设施的迅速改善，世界变得越来越小。市场的国际化和世界贸易的急剧发展，进一步推动了制造的全球化，各种跨国公司不断涌现。全球制造的概念就是适应这种形势发展需要而提出的。全球制造的特点是制造工厂和销售服务遍布全世界，就在用户身边。全球化的产品通过网络协调和运作，把分布在世界各地的工厂和销售点联接成一个整体，它能够在任何时候与世界任何一个角落的用户或供应商打交道，这就构成了全球制造。它的目标之一是：与合作伙伴甚至竞争对手建立全球范围的设计、生产和经营的联盟网络，以加快产品开发能力，提高产品的质量和市场响应速度，确保竞争优势。网络技术是全球制造的最重要的技术基础。

4.8.2 正在来临的信息网络化时代

20 世纪 90 年代以来，美国进行了大量的信息化投资，微机累计产量在 8500 万台以上，同时微机 VAN 网络成员数量在 100 万人以上。家用信息电器的电子手册、系统手册以及美国阿波罗公司推出的个人数字辅助系统(PDA)等个人信息系统正在迅速普及。

由于数字信息技术的应用，因而重新调整了设计、制造、流通和企业的组织与业务。大量信息化投资的结果是：飞机、汽车等制造业的产品研究、开发周期大幅度缩短，产品成本和价格下降，取得了技术改造的效果。多媒体系统、CALS 技术(生产、准备、应用支援综合信息系统)、电子贸易系统等新的信息通信系统，远远超过从前的企业和集团内部的信息系统，已开始在全世界范围内运作。工业界正在迈入跨企业、跨国家和超越时间、空间的信息网络化时代。

由于文化和经济背景不同，因此国际市场并不仅仅是多个国家市场之和。全球市场更是一种考虑不同国家对产品的要求差异的新型国际市场。对现有的跨国公司和组织结构的发展过程和策略进行研究与调查分析后，得出不同国际制造网络的模式及其关系，以及如何向全球制造网络化系统发展的途径，如图 4-9 中箭头所示。

这个从传统的制造企业向全球制造网络化发展的模型，按照公司的经营策略、工厂的地理分布、文化背景以及技术和零部件供需来源可分为 6 种不同层次的模式：

① GMC3：分散网络化的全球制造模式，高度分散和流动，具有虚拟企业的特征，通过 Internet 和 Intranet 网络组织产品的设计、生产和销售。

② GMC2：多国制造模式，采取技术转移，在当地制造和销售的策略。

③ GMC1：区域制造模式，例如香港在内地设厂，制造产品在东南亚销售。

④ EMC3：全球出口模式，在本土或原料产地制造，向全球出口。

⑤ EMC2：多国出口模式，在本土或原料产地制造，向多国出口。

⑥ EMC1：区域出口模式，在本土制造，向邻近地区出口。

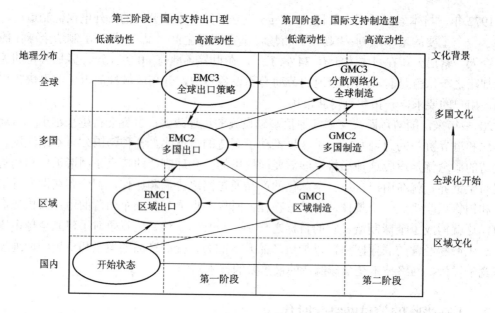

图 4-9 不同国际制造网络及其关系和发展途径

此外，各种模式之间并没有严格的界限，甚至可以相互逆转。

总之，信息技术正在改变我们的生产组织和经营方式。从跨国公司到网络化的全球制造，其关键就是如何发挥信息技术的潜力。通过国际互联网络和企业内联网，现在已经可以做到在总部接受世界角落任何一家顾客的订货，在一个国家进行高层次设计，为了经济的原因在另一国家进行细节设计，然后在最接近顾客的生产基地制造产品。网络还把零部件、原材料供应链的相关公司结合成快速响应的经营联盟，大大提高了市场竞争能力。

4.8.3 网络上的虚拟企业及其虚拟制造信息服务网

网络化的全球制造不仅是跨国公司的未来，中小企业也可以通过网络上的虚拟企业来实现全球制造。事实上，跨国公司为了实现全球制造，也正在逐步分布化和虚拟化。

什么是网络上的虚拟企业？这里的"虚拟"并非没有。推出高质量、低成本的新产品最快的办法是利用不同地区的现有资源，把它们迅速组合成为一种没有围墙的、超越空间约束的、靠电子手段联系的、统一指挥的经营实体——网络上的虚拟企业。网络上的虚拟企业的特点是企业功能上的不完整性、地域上的分散性和组织结构上的非永久性，即 ① 功能的虚拟化；② 组织的虚拟化；③ 地域的虚拟化。

虚拟企业可以根据目标和环境的变化进行组合，动态地调整组织结构，实时地进行资产重组，实现社会资源的优化。

虚拟制造信息服务网络(Virtual Manufacturing Information Service Network，VMISNET)是网络化制造系统控制的一个重要组成部分。组织虚拟企业的第一步就是寻找合适的伙伴。虚拟制造信息服务网络可以及时提供所需的各种信息，例如可查询：① 产品、价格和供货期；② 产品设计的技术服务或专利；③ 零件加工能力和费用；④ 特种加工工艺方法；⑤ 虚拟的产品展览室；⑥ 运输和仓储服务等。

虚拟制造信息服务网络是以 Internet 的网页为基础的专用信息网络。它可以显著加快信息的沟通，它是以 Internet 为基础的黄页采购手册，借助它可以进行市场调查研究，实现在网络上实时订货和交易。更重要的是，它可以提供和寻找专业技术或资源，为组织虚拟企业创造条件。

4.8.4　全球制造模式中的制造系统与设备的控制技术

全球制造模式中的产品开发、市场营销、加工制造、装配调试是分布在不同的地点，通过企业内部网络和国际互联网络加以连接，实现文件、数据、图像和声音的同时传送，各企业间的刀具和夹具的管理，零件图纸数控程序的编制方法、管理和分配，以及数控机床可用性的保证体系。图 4-10 所示为全球制造模式中的制造系统与设备的控制技术。下面是几个关键技术。

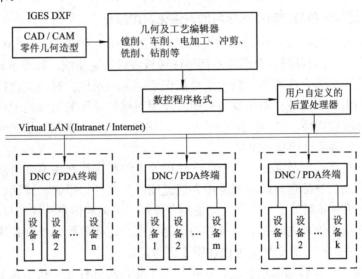

图 4-10　全球制造模式中的制造系统及设备的控制技术

1．数控自动编程系统及其后置处理

数控自动编程系统可以不占用机床时间，极其方便地用点、直线、圆、点阵、原点、典型轮廓等构成待加工工件的几何模型，缩短了机床的重新调整时间。借助于系统内的切削数据库和机床数据库自动选定和计算切削参数，经过数据处理后，系统输出与机床控制系统无关的、中性的数控程序。通过用户自定义的后置处理器，得到对应数控系统所要求的指令和程序格式。在生产实际中，这一点是非常需要的，当某台机床出现故障或者被其他加工任务占用时，编程人员可以很快地将这一加工任务调到其他机床上去，为生产调度提供了极大的灵活性。

2．工夹具管理

数控机床的正常运行除了数控程序的准备以外，还要进行工夹具的准备，三者缺一不可，这些准备工作是相互密切联系的。但是，在传统的生产组织结构中，往往被人为地孤立来处理了。一个工夹具管理系统应具有以下几方面的功能：① 工夹具供应数据库；② 刀、夹具数据库，包括模块化刀、夹具各组成部分的图形库；③ 工夹具装配数据库；④ 刀具调整数据库；⑤ 切削用量数据库；⑥ 输出具有刀具简图的刀具调整单；⑦ 工夹具 CAD 系统，如刀具与夹具之间的碰撞检查等。

很多企业已经购置了刀具预调仪，但是并没有将其纳入刀具管理系统(与刀具图库集成)。刀具管理系统具有专门的接口，将刀具参考数据传给刀具预调仪，测出的刀具实际数值可以返回给刀具数据库或通过 DNC 网络传给相应机床的数控系统，这样就可以实现刀具数据的自动修正。同时，通过加工过程的仿真，可以检查程序的正确性以及刀具的碰撞情况，以减少试切时间。

3. 数据程序管理及分配系统(Distribute Numerical Control，DNC)

该系统是一个数控编程机与机床之间的 NC 程序管理器。系统通过 DNC 和 PDA (Production Data Acquistion)终端在网络与机床之间传递/编辑程序，并通过网络沟通生产现场与指挥系统的联系，加速了信息的传递，又提高了可靠性，便于数控程序管理。

4. 制造系统与设备的控制技术应用的网络化、虚拟化

制造设备常与其他自动化系统(如与上料机、机器人和相应的传送系统)组成柔性制造系统(FMS)或加工、装配自动线。全部设备都可以通过各种传输系统，如滚子式传送带、直行式门架和轨道式小车等直接通达。数控系统能保证毫无问题地实时控制物料流和优化加工单元与机床的利用率。各种自动化设备的相互作用对这种系统的构成是十分重要的，其趋势是形成国际标准化网络。21 世纪是一个信息网络化时代，未来的制造系统既要实现设备的柔性自动化，更要实现信息网络化。

信息是一种重要的生产资源，整个生产过程的组织和进行都离不开信息。但在传统的生产中，信息的加工、处理与传递都是由人通过图纸、文件、报表、谈话、会议等形式来完成的，由此从毛坯备料、工夹量具的准备到零件加工之间的信息传递与反馈速度很缓慢，工艺设计与生产组织管理之间也缺乏及时的信息交换，这就导致生产准备周期过长，影响合理安排生产任务，产品的交货期也往往得不到保证。

强调物料流自动化转向以信息流自动化和网络化，将远程通信技术和多媒体技术引入制造系统。在全球制造模式中，由于企业功能上的不完整性、地域上的分散性和组织上的非永久性，企业是建立在"虚拟网络"上，根据时间的不同进行组合。

复习与思考题

(1) 简述虚拟制造的分类和体系结构。

(2) 简述 CIMS 的定义、基本组成和体系结构。

(3) 绿色制造的特点有哪些？

(4) 简述敏捷制造的现状和发展前景。

(5) 利用微生物进行工程材料加工具有哪些优点？

(6) 简述制造全球化和网络化的优点。

第 5 章　现代管理技术

近年来，制造企业经营管理的新概念、新模式不断涌现，反映了迅速发展的制造业对现代企业管理技术的迫切需要和现代企业管理技术相应的发展。目前，现代管理技术已成为一项综合性的系统技术，它在信息集成、功能集成、过程集成和资源集成的基础上，最大限度地发挥已有技术、设备、资源和人员的作用，最大限度地提高企业经济效益和竞争力。

5.1　现代管理技术概述

5.1.1　现代企业管理的基本范畴

企业的基本功能是生产经营市场需求的产品，即发掘和创造社会所需要的产品，提供顾客所需要的服务。企业管理范畴涉及到生产经营的各个方面，主要包括生产、技术、采购、销售、财务、人员等。其中，生产管理指对生产进行计划、组织与控制。它以生产计划为主线，使各种资源按计划所规定的流程、时间和地点进行合理配置与管理。通过生产管理，可使合同的项目要求与企业资源有机地结合，既满足顾客及合同要求，又使企业资源得到合理利用。其主要目标是通过最优地组织生产，使企业高效、低耗、高质、灵活、准时地生产市场需求的产品，并为顾客提供满意服务。

5.1.2　现代管理技术的定义

先进制造技术中的"现代管理技术"指用于设计、管理、控制、评价、改善制造业从市场研究、产品设计、产品制造、质量控制、物流直至销售与用户服务等一系列活动的管理思想、方法和技术的总称。它包括制造企业的制造策略、管理模式、生产组织方式以及相应的各种管理方法。它是在传统管理科学、行为科学、工业工程等多种学科的思想和方法的基础上，结合不断发展的先进制造技术而形成并不断发展起来的。

5.1.3　现代管理技术的特点

现代管理技术作为一项综合性系统技术，在制造企业中一直有着重要的地位。其特点十分明显，体现在以下各方面：

(1) 科学化。现代管理技术是以管理科学的思想和方法为基础的，每个新的管理模式都体现了新的管理哲理。

(2) 信息化。信息技术是现代管理技术的重要支持，管理信息系统就是现代管理技术与信息技术结合的产物。

(3) 集成化。现代企业管理系统集成了以往孤立的单项管理系统的功能和信息，能按照系统观点对企业进行全面管理。

(4) 智能化。随着人工智能技术在企业管理中应用的不断深入，智能化管理系统已成为现代管理技术的重要标志。

(5) 自动化。随着管理信息系统和办公室自动化系统功能的完善，企业管理自动化程度将不断提高。

(6) 网络化。随着企业范围的不断扩大和计算机网络的迅速发展，企业管理系统也日趋网络化。

现代管理技术不仅可以适应工厂先进制造技术的需求，优化协调企业内外部自动化技术要素，提高制造系统的整体效益；即使在生产工艺装备自动化水平不高的情况下，也能通过对企业经营战略、生产组织、产品过程优化、质量工程等，在一定程度上提高生产率和企业效益。因此，现代管理对于中国制造业和众多企业来说更具有现实意义。

5.1.4 现代管理技术的发展趋势

市场竞争不仅推动着制造业的迅速发展，也促进了企业生产管理模式的变革。早期的市场竞争主要是围绕降低劳动力成本而展开的，适应大批量生产方式的刚性流水线生产管理是当时的主要模式。20 世纪 70 年代，降低产品成本和提高企业整体效率成为市场竞争焦点，通过引进制造自动化技术提高企业生产效率，采用西方的物料需求计划(Material Requirement Planning，MRP)方法与日本的准时生产制(Just in Time，JIT)方法提高管理生产水平是该时期的主要手段。20 世纪 80 年代，全面满足用户要求成为市场竞争的核心，通过 CIMS 来改善产品上市时间、产品质量、产品成本和售后服务等方面是当时的主要竞争手段；同时，制造资源规划(Manufacturing Resources Planning，MRPⅡ)、MRPⅡ/JIT 和精益生产(LP)管理模式成为此时的企业生产管理的主流。20 世纪 90 年代以来，市场竞争的焦点转为如何以很短时间开发出顾客化的新产品，并通过企业间合作快速生产新产品，并行工程作为新产品开发集成技术成为竞争的重要手段。

21 世纪的世界市场竞争、制造技术与管理技术将在当前基础上进一步发展。目前，以产品及生产能力为主的企业竞争将发展到 21 世纪以满足顾客需求为基础的生产体系间的竞争，这就要求企业能够快速创造新产品和响应市场，在更大范围内组织生产，从而赢得竞争。可以预见，集成化的敏捷制造技术将是制造业在 21 世纪采用的主要竞争手段，基于制造企业合作的全球化生产体系与敏捷虚拟企业的管理模式将是未来管理技术的主要问题。对于企业内部，传统的面向功能的多级递阶组织管理体系将转向未来面向过程的平面式或扁平化的组织管理系统；多功能项目组将发挥越来越重要的作用。对于企业外部，将形成企业间动态联盟或敏捷虚拟公司的组织形式；建立在 Internet/Intranet 基础上的企业网将对企业管理起到直接的支撑作用。通过敏捷动态联盟组织与管理，制造企业将具备更好的可重用性、可重构性和规模可变性，并能对快速多变的世界市场做出迅速响应和赢得竞争。

5.2 制造资源规划

企业的生产计划要与其经营目标和规划紧密联系，企业的经济效益也最终要用资金形式表示。在20世纪70年代初，美国的物料需求计划(MRP)经过进一步发展和扩充，逐步形成了制造资源规划(MRPⅡ)的生产管理方式。因此，在介绍MRPⅡ之前，有必要先了解MRP这种管理技术。

5.2.1 物料需求计划

物料需求计划(MRP)是20世纪60年代末70年代初发展起来的一种新型的管理技术和方法，是现代生产管理系统中重要的组成部分。它从最终产品的时间和数量需求出发，按照产品结构进行展开，推算出所有零部件和原材料的需求量，并按照生产和采购过程所需的提前期推算出投放时间和物料采购时间。

MRP计划和管理的主要功能包括：

(1) 将主生产计划中的计划生产量、生产进度和产品结构清单进行综合，确定生产过程中所需的零部件和原材料及其时间期限。

(2) 充分利用库存来控制物料进出库的数量和时间，以保证按期交货并使库存成本降低到最少限度。

(3) 按工艺路线和产品的装配过程确定工厂能力需求计划。

(4) 实施动态跟踪计划，使之既可以根据主生产计划的变化来调整、更新物料需求计划，又可以根据实际的物料需求计划反过来修正主生产计划。

MRP作业是根据主生产计划、物料清单和库存记录所提供的数据进行工作的。主生产计划按时列出产品的需求量，而物料清单确定每种产品需要的原材料和零件数，库存记录文件则说明每种零件和原材料的当前和未来库存情况。MRP根据产品构成图，用逐级展开法计算零件和原材料的各种需求，从而形成一整套新的生产管理方法体系。因此，MRP也可称为是一种新的生产方式。

在MRP系统中，主生产计划(Master Production Scheme，MPS)、物料清单(Bill of Material，BOM)表和库存信息被称为三项基本要素。整个MRP系统就是在MPS的驱动下，基于BOM表与库存信息等基本数据来实现生产计划与控制的。MRP作为企业生产计划与控制系统，其主要包括：主生产计划、物料需求计划、能力需求计划、执行物料计划和执行能力计划等部分。图5-1给出了典型的MRP逻辑流程。

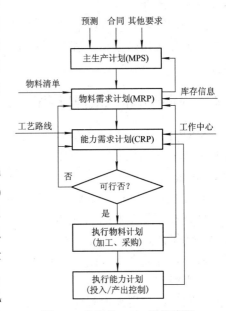

图 5-1 典型的 MRP 逻辑流程

5.2.2 MRPⅡ管理模式的特点

制造资源计划(MRPⅡ)是指以物料需求计划(MRP)为核心的闭环生产计划与控制系统。制造资源计划是在物料需求计划的基础上发展起来的，但它具有更丰富的内容，因物料需求计划与制造资源计划的英文缩写相同，为了区分，将制造资源计划称为MRPⅡ。

在MRPⅡ中，一切制造资源，包括人工、物料、设备、能源、市场、资金、技术、空间、时间等，都被考虑进来。它代表了一种新的生产管理模式和组织生产的方式。MRPⅡ的基本思想是：基于企业经营目标制定生产计划，围绕物料转化组织制造资源，实现按需、按时生产。从一定意义上讲，MRPⅡ系统实现了物质流、信息流与资金流在企业管理方面的集成，并能够有效地对企业各种有限制造资源进行周密计划，合理利用，提高企业的竞争力。

MRPⅡ管理模式的主要特点如下：

(1) 计划的一致性与可行性。MRPⅡ是一致计划主导型的管理模式，计划层次由宏观到微观，逐步细化，始终保持与企业经营目标的一致性，每个部分都有明确的管理目标。它通过计划的统一制定与闭环执行控制保持生产计划的有效性与可行性。

(2) 管理系统性。MRPⅡ是一种系统工程，把企业所有与经营生产直接相关的部门连成一个整体，按照科学的处理逻辑组成一个闭环系统；管理人员可以用它对企业进行系统管理。

(3) 数据共享性。MRPⅡ是一种管理信息系统，实现了企业的数据共享与信息集成，提高了企业信息的透明度与准确性，支持企业按照规范化的处理程序进行管理与决策。

(4) 模拟预见性与动态应变性。MRPⅡ是经营生产管理规律的反映，可以预见计划期内可能发生的问题，并能根据企业内外部环境变化迅速做出响应，动态调整生产计划，保持较短的生产周期。

(5) 物流与资金流的统一性。MRPⅡ包括了成本会计与财务功能，可以把生产中实物形态的物料流直接转换为价值形态的资金流，保证生产与财务数据的一致，提高企业的整体效益。

5.2.3 MRPⅡ系统结构与流程

MRPⅡ系统有5个计划层次：经营规划(Business Planning，BP)、销售与运作计划(Sales and Operations Planning，SOP)、主生产计划(MPS)、物料需求计划(MRP)和生产作业控制(Production Activity Control，PAC)。MRPⅡ计划层次体现了由宏观到微观，由战略到战术，由粗到细的深化过程。图5-2所示为MRPⅡ的逻辑流程图。

经营规划是企业的战略层规划，包括企业的最高层领导确定的企业经营目标与策略。销售与运作计划(生产规划或生产计划大纲)是企业的中长期计划，主要考虑经营规划、期末预计库存目标或期末未完成订单目标、市场预测、资源能力限制等；此时，要对产品大类或产品组编制生产计划大纲。主生产计划将生产计划大纲转换成特定的产品或产品部件的计划，它可以被用来编制物料需求计划和能力需求计划，起到从宏观计划向微观计划过渡的作用。生产计划大纲与主生产计划回答了"生产什么"的问题。MRPⅡ比较适合有计划的商品经济环境, 能把计划经济与市场调节有机地结合起来。图 5-3 描绘了市场销售计划与生产计划间的关系。

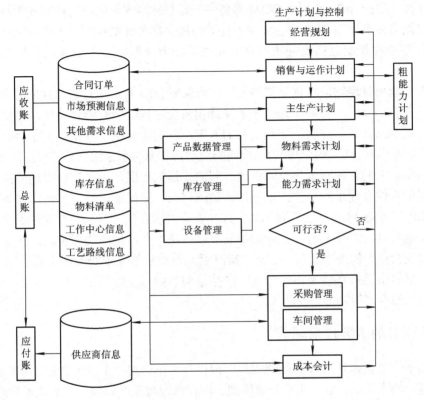

图 5-2　MRPⅡ逻辑流程图

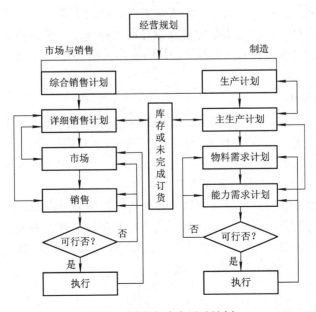

图 5-3　销售与生产活动计划

MRPⅡ系统的生产计划和执行过程与 MRP 系统有些相近。物料需求计划 MRP 是 MRPⅡ系统微观计划阶段的开始，主要回答"何时制造和采购什么"的问题。MRP 为了减少在制品库存，根据 MPS 计划和 BOM 等将生产计划按照零件组织生产方式进行展开与细化，并经过能力需求计划 CRP 对企业生产能力的细平衡与详细计划，形成可执行的生产计划。生产计划执行控制包括执行物料计划和执行能力计划，并主要体现在车间作业管理方面。

MRPⅡ系统要体现物流与资金流的统一。为保证 MRPⅡ生产计划与控制的顺利进行，物料管理是十分必要的。物料管理集中了支持物流全过程的所有管理功能，包括从采购到生产物料、在制品计划与控制，到产成品的入库、发货与分销，其重点是库存管理与采购管理。库存管理影响着整个生产计划与控制的活动，准确的库存信息是正确进行 MRP 计划的前提与基础。采购管理既是与车间管理并列的计划执行层，也是物料管理的重要内容。原材料和零配件的合理采购与供应是生产计划顺利执行的保证。另一方面，财务与成本管理是由 MRP 发展为 MRPⅡ的重要标志。成本管理可以在生产计划与控制的各个环节加强对产品成本的计划与控制；财务会计与管理可以控制生产过程中的资金流，并通过账务管理确定企业经营生产的经济效益。这样，MRPⅡ系统就能够实现企业的优化管理。

此外，MRPⅡ系统还涉及市场预测、产品结构数据与基础数据管理、工作中心及设备管理、工艺路线管理等功能。

5.2.4　MRPⅡ的主要技术环节

MRPⅡ的主要技术环节涉及经营规划、销售与运作计划、主生产计划、物料清单与物料需求计划、能力需求计划、生产作业管理、库存管理与采购管理、产品成本管理等。

1. 经营规划

经营规划要确定企业的长期战略经营目标与策略，如销售收入与利润、市场占有率、产品开发、质量标准、企业技术改造与职工培训等。经营规划用于协调市场需求与企业制造能力间的差距。企业经营规划由企业最高领导层主持制定，它是财务与经济效益方面的规划，往往用货币金额形式表示，是各层计划的依据。在 MRPⅡ系统中，企业销售目标和利润目标最为重要。

2. 销售与运作计划

销售与运作计划作为企业的中长期计划，是对经营规划的细化。它描绘了市场销售计划与生产计划间的关系，并把经营规划中用货币表达的目标转化为产品的产量目标。在 MRPⅡ系统中，该层次的主要内容是生产计划大纲的确定。生产计划大纲规定了企业各类产品在计划期内(1～3 年)的各年月份的产量及汇总量。

生产计划大纲用于协调满足经营规划所要求的产量与可用资源间的差距。它依据经营规划，还要考虑市场预测、资源需求、生产能力和库存水平等，来规定企业的计划年月产量。确定生产计划大纲的过程包括收集需求、编制生产计划大纲初稿、决定资源需求、生产计划大纲定稿、批准生产计划大纲等步骤。

3. 主生产计划

主生产计划以保证满足用户需求为前提，提出计划规定期内企业生产的具体目标。

这些目标指明生产什么产品，生产多少数量和生产周期，它们是物料需求计划的输入。

典型的主生产计划应含有如下数据：物件代码、计划发出日期、计划员代购及按时间段的生产量。

主生产计划是 MRPⅡ 的一个重要层次，它根据客户订货合同及预测，把经营与生产规划确定的产品大纲或产品系列进一步具体化，使之成为展开物料需求计划和能力需求计划的主要依据，起着承上启下、从宏观计划向微观计划过渡的作用。主生产计划又是联系市场及销售网点(面向企业外部)与生产制造(面向企业内部)的桥梁，使生产活动符合不断变化的市场需求，并向销售部门提供生产和库存的信息，起着沟通内外的作用。

4. 物料需求计划

物料需求计划(MRP)是以计算机为基础的生产计划和库存系统，亦称"按时间分配的物料需求计划"，具有严格按优先级划分的计划、物料控制以及重排计划的能力。它能使库存保持在最低水平，同时又能保证能获得所需的物料。

MRP 的主要功能有：

(1) 按主生产计划确定的品种，由物料清单(BOM)展开，获得对所有零部件的总需求量(或毛需求量)。

(2) 按总需求查库存，从总需求量中减去可用的已有库存量，获得净需求量。

(3) 将需求分为两类：一类属采购项目，由供应部门执行；另一类属自制项目，按产品工艺结构及装配时序，编制向车间下达的生产作业计划。

MRP 的计算实际上从最终产品开始，按零部件结构逐层求其总需求和净需求，然后根据给定的生产批量和提前期确定计划订单入库和计划订单下达的数量和周期。典型的物料需求计划应含有如下数据：物件代码、提前期、标准成本、ABC 分类码以及按时间段的总需求量、库存量和计划量。

物料需求计划是 MRPⅡ 微观计划的开始，是 MRPⅡ 的核心。它是主生产计划的展开，也是实现主生产计划的保证和支持。

5. 能力需求计划

能力需求计划(Capacity Requirement Planning，CRP)对所需的加工能力(设备、原材料等)进行计划和管理。它包括生产能力计算、生产负荷计算、生产能力与生产负荷平衡。

1) 生产能力计算

生产能力是针对一定的生产环节而言的，有单台设备的生产能力、工作中心生产能力、车间生产能力和企业生产能力。

生产能力计算主要是对生产设备能力和人员能力进行计算，可分别由下列公式导出：

设备能力=生产设备数量×设备有效工作时间×设备利用率

人员能力=人员数量×有效工作时间×工时利用率

2) 生产负荷计算

设备或人员所能承担的任务，即完成生产计划所需要的实际能力就是生产负荷。生产负荷的计算方法如下：

计划任务需设备能力=计划产量×单位产品台时定额

计划任务需人员能力=计划产量×单位产品计划工时定额

3) 生产能力与生产负荷平衡

算出生产能力和生产负荷以后，就可以根据计算结果进行综合平衡。

生产能力－生产负荷=负数(能力不足)

生产能力－生产负荷=正数(能力有余)

当生产能力不足或有余时，应采取措施进行负荷平衡，如采取交叉作业、分批生产、减少准备时间、取消订单、重排订单、修改订单数量等措施。如果能力需求计划无法解释矛盾，则要调整 MRP 或主生产计划。

6. 生产作业计划

主生产计划确定了企业产品的需求，MRP 运算结果之一是形成自制件的建议加工计划。生产作业计划就是根据建议加工计划，核实 MRP 下达的任务，生成以零件为对象的加工单和以工作中心为对象的派工单。这里的工作中心是管理信息系统中的一个重要概念，作业计划和能力平衡都将围绕着工作中心进行。通常根据车间的设备和劳动力的加工工艺特征，把能执行相同或相似工序的设备和劳动力划分为若干工作中心。

生产作业计划有以下特点：

(1) 只是执行计划，不再生成计划；

(2) 只控制工序的优先顺序(作业排序)，而不变动加工单的优先顺序；

(3) 只是妥善利用已有的车间资源，而不能再得到新资源(有限能力)。

车间作业计划阶段是动态信息比较多的作业阶段，要及时如实反馈执行计划的实际情况，作为分析和改进计划的依据。

7. 库存管理与采购管理

物料管理是 MRPⅡ系统的重要方面，是生产计划顺利执行的保证。物料管理的重点是库存管理与采购管理。库存管理是正确进行 MRP 计划的基础，也是供需之间的缓冲。库存可以减缓用户需求与生产能力间、装配与零部件制造间、生产制造与供应商间的供需矛盾。另一方面，库存也占用大量资金，影响企业效益，因此，要控制好库存量。通过合理的库存管理可以促进销售，提高生产率，提高库存周转次数，减少制造成本，提高经济效益。

采购管理接收 MRP 模块的输出，制定并管理零件采购计划。运行 MRP 的结果，一方面是生产计划的加工单，另一方面就是生成建议的采购单。制造业的一个共同特点就是必须购进原材料才能进行加工，必须购进配套件、标准件才能进行装配。加工单之所以可行，很大程度上还得靠采购作业来保证。企业生产能力的发挥，在一定程度上也要受采购工作的制约。而要实现按期交货以满足客户需求，则第一个保证环节就是采购作业。采购提前期在产品生命周期中占有很大的比例，不可轻视。在库存物料价值上，如果在制品和库存量能得到有效控制，那么占有库存资金的主要部分将是外购物料，可见采购管理直接影响库存价值。因此，采购管理在 MRPⅡ系统中具有重要的地位。

8. 产品成本管理

产品成本是综合反映企业生产经营活动的一项重要经济指标。MRPⅡ引入成本管理从而实现了物流与资金流的统一。其成本控制强调事前计划、执行控制、事后分析相结合，全面进行成本计划与控制。其内容主要包括成本的预测、计划、控制、核算、分析与考核。

成本管理中常用四种成本类型：标准成本、现行标准成本、实际成本和模拟成本。其中，标准成本是预先确定的在正常条件下的不变平均成本，主要包括直接材料费、直接人工费和间接材料费；现行标准成本是计划期内某时期的成本标准。标准成本主要用于确定计划成本或目标成本，并作为成本分析的依据。实际成本是生产过程中实际发生的成本，用于成本核算；模拟成本则是经软件模拟的建议成本，主要用于测算相关因素变化对成本的影响程度，支持成本模拟和产品销价模拟。

MRPⅡ按照成本中心进行成本核算。成本中心是企业内有责权独立控制成本的生产经营单位。成本中心一般被包含在利润中心之中。成本预测是为了确定一定时期内的成本水平和目标成本，是成本管理的前提。

5.3 企业资源规划

5.3.1 企业资源规划(ERP)概述

20世纪90年代以来，随着计算机技术的日益普及和应用的深入，以主生产计划库存管理为主线的闭环控制系统——MRPⅡ系统的管理哲理、管理思想和管理方法，在工业界得到了广泛的应用，对提高企业的现代化管理水平产生了深远的影响。但是，随着市场竞争的日趋激烈，新的管理思想不断涌现。尤其是企业集团作为现代单体企业与社会化大生产和市场经济矛盾发展的产物，作为现代企业管理制度和组织机构的高级形式，其特点是：规模大型化、产业金融一体化、经济多角化、成员多元化、布局分散化、结构层次化、文化多元化、组织机构柔性化、市场国际化。企业集团的管理体制、管理思想与单体企业相比发生了根本性的变化，以单体企业为背景，以主生产计划库存管理为主线的闭环控制系统——MRPⅡ已难于满足企业集团资源管理的需要。因此，在当前的形势下，研究基于集团化管理的新系统功能发展和体系，具有十分重要的意义。

1. ERP 的定义

制造资源计划 MRPⅡ是针对制造业生产经营活动所建立的一种模型。它实现了企业的生产计划和供应计划的管理，更详细地编制了能力需求计划和物料需求计划，并可以方便地对几种计划方案进行测试和评价。MRPⅡ系统提供了一组工具，管理人员可以用它来对企业进行有效的管理。MRPⅡ中的每个功能模块都有明确的管理目标。

企业资源计划 ERP 是在 MRPⅡ的基础上扩展了管理范围，给出了新的结构，把客户需求和企业内部的制造活动以及供应商的制造资源整合在一起，体现了完全按用户需求制造的思想。ERP 的基本思想是将制造业企业的制造流程看作是一个紧密连接的供应链，其中包括供应商、制造工厂、分销网络和客户等；将企业内部划分成几个相互协同作业的支持子系统，如财务、市场营销、生产制造、质量控制、服务维护、工程技术等，还包括对竞争对手的监视管理。

2. ERP 的特点

20世纪90年代以来，国际经济关系中出现了一些新情况，与此对应，在制造系统领域也出现了一些新理论。新情况对 ERP 提出了更高的要求，新理论丰富了 ERP 并提供了有力的支撑，从而为 ERP 技术的发展打下了良好的基础。由此而引起了 ERP 技术发展的一些新特点：

(1) 跨越企业的制造资源。ERP 除本制造企业外，还将主要上下游企业、客户的资源纳入到管理的范畴。

(2) 资源类别的扩大。ERP 所管理的制造资源除物料(包括原材料、毛坯、在制品、半成品、零件、组件、部件、总成、成品)、设备、资金外，还将组织与人这一更重要的资源也纳入了管理的范畴。

(3) 制造企业类型扩大。ERP 所管理的企业规模扩大到了中小型企业。中小型企业面广量大，但由于技术力量和资金的限制，实施 MRP II 有一定困难。ERP 针对中小型协作配套企业的特点，考虑到高档微机迅速发展的巨大潜力，设计了以 PC 为平台，采用 Client/Server 技术的微区区域网络。这种结构具有很强的处理能力，资源可以共享，能进行有效的信息集成，具有很强的针对性、扩充性，而且经济性和实用性好，既适合中小型企业需求，又适应当前信息处理技术发展的趋势。

(4) 资源之间的平衡协调。ERP 所适用的企业类型扩大到了混合型企业。事实上，单纯离散型或单纯流程型的企业并不多见，大多为混合型的，MRP II 并不具备这一功能。ERP 在原通用模块的基础上，增加了配方管理、批量跟踪、流程作业管理、设备维护管理及 JIT 管理等专用模块，以及不同生产类型输入、输出接口模块等供不同类型制造厂家选择，在生产制造类型上满足广义的要求。

(5) 企业内部组织机构改革。成功实施 ERP 的前提是企业内部组织机构的改革。在我国企业中，首先要适应市场经济的需求，在建立现代企业制度的过程中，建立起以市场销售、生产制造和财务会计三大支柱为主的相互制约的企业基本组织形式。为加快企业内部的信息传递，提高企业管理的效率，减少企业递阶结构的层次是一种必然趋势。因此，具有高效率、高柔性、高可靠性的分布式或适度递阶控制结构、矩阵组织结构应该越来越受到重视。

(6) 资源之中以人为核心。实施 ERP 要靠具有主人翁精神的人。欧共体研究项目 FAST 提出的一种先进的制造思想，主要观点是要对人员技能、组织协作和相应的高技术进行优化使用，被认为是有效的、富于竞争力的工业现代化工具。

(7) 持久的全员职工培训。实施 ERP 的保证是持久的不断更新的培训。ERP 起源于 MRP II，但它又高于 MRP II。ERP 在市场销售、生产计划、采购进货、财务成本、质量管理等方面都有其特点，而且，当今新技术、新概念还在不断涌现，因而 ERP 是一个不断演变的长期进程。特别是高层管理人员和即将进入高层管理的人员，必须培养采用 ERP 思想进行项目管理的能力，以及通过相互平等的沟通进行自我协调的能力。

(8) 制造资源之间的集成。ERP 的易集成性首先指在制造企业内部能与设计自动化分系统和制造自动化分系统集成。其次指当企业发生变化时，不论是组织机构、管理方式的改变，还是新技术、新设备的引进，企业都应适应这种变化，方便地导入这种变化，融合到原系统中去，集成为一体。再次指适应企业集团管理体制的纵向集成和适应供应商、制造企业、客户三位一体经营体制的横向集成。

5.3.2 ERP 系统结构及主要功能

根据现代企业的管理特点和要求，ERP 系统从管理功能上主要分集团层资源计划和成员企业层资源计划，如图 5-4 所示。

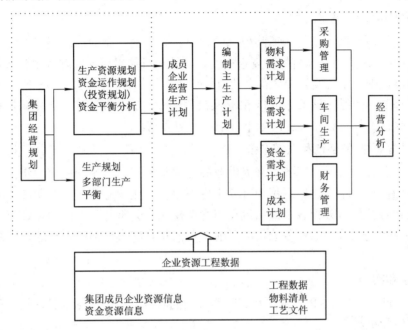

图 5-4　ERP 系统示意图

1．企业集团层资源计划

系统主要从企业集团的全局出发，宏观控制整个集团的资源配置。根据企业集团的经营规划进行企业集团的生产资源规划、资金规划和资金平衡；对企业集团各企业成员进行多部门再生产平衡，组织集团生产的最佳供应链，保证集团整体资源的最有效利用和整体集团效益最大化。

2．成员企业层资源计划

该层主要是对成员企业的具体生产进行控制，包括经典的 MRP Ⅱ；同时，还应加入流动资金需求计划、成本计划控制等。企业的经营生产过程是一个资金与物资形态不断变化的过程。必须从物资流、资金流两方面同时入手，使企业的物资流、资金流达到均衡，企业才能取得最大经济效益。

3．要解决的关键技术

(1) 计算机环境从传统 Client/Server 环境过渡到以 WEB 和 Internet/Intranet 的网络计算环境为支撑。

(2) 实时数据库管理系统。

(3) 仿真技术和多媒体技术，使其制造模块成为可视的。

(4) 软件结构上不再追求大而全，而更趋于灵活、实际和面向具体用户。多采用面向对象技术和图形用户接口(GUI)技术等。

(5) 与其他系统(如 CIMS)等的集成技术。

(6) 分布式系统技术，以适应敏捷制造的要求。

5.3.3 ERP 实施步骤

1. 商务沟通——准备工作

商务沟通阶段包括内部的沟通和外部的沟通。一方面，企业的高层管理者应该加强内部沟通，对 ERP 系统的实施目标、复杂程度、收益和可能出现的问题有比较深入的了解，加大支持力度，确保系统实施中获得企业内部从上到下的积极配合，这是成功的关键所在。另一方面，外部的沟通应该慎重选择 ERP 实施服务商，服务商的实力、知识体系、服务范围和实施经验最终都将会对实施的效果带来巨大的影响。

2. 业务分析/业务咨询和系统选型

企业进行业务分析或由服务商来提供业务咨询是整个项目实施的第二步。由于不同的系统其开发的侧重点不同，所适用的行业也各不相同。在业务阶段，企业应该考虑的问题包括：定义业务标准；分析各个部门流程与管理模式；分析部门之间的资金流、信息流、物流的衔接；特定领域中的业务分析；目前企业信息化能力评估；系统选型；系统评估和选型。

3. 应用和实施

应用和实施阶段是 ERP 项目中贯穿时间最长的阶段，主要包括项目计划、项目实施、项目阶段评估和更新。

在此阶段，企业需要注意的问题可谓千头万绪：项目计划中的风险评估、时间计划、成本与预算计划、人力资源与管理计划等计划的制定；项目实施中的实施计划的执行，阶段成果的汇报，成本和时间的控制，实施文档的整理等；项目评估和更新阶段中的阶段性评估、质量保证体系和评估标准确认。

4. 组织改造

对于建设 ERP 系统的企业而言，组织改造其实渗透在项目的每一阶段，组织改造成败关系着 ERP 能否最终成功。虽然组织改造伴随 ERP 的全过程，但由于企业人员对 ERP 系统和组织改造的了解程度，真正的企业改造应该放在实施项目中，用户培训后正式开始时比较有效果。企业在组织改造的过程中需要考虑组织改造的目标、组织改造的方式、最终用户的培训、企业内部各种利益的平衡及企业改造的延续性等。

5. IT 基础设施

ERP 系统所需的 IT 基础设施包括软件工程、网络配置和硬件配置。

软件工程是开发、运行、维护、修复软件的系统方法。软件工程的目标是：低成本，合乎要求，较好的性能，易移植性，低维护费用以及按时交付。

网络配置是指根据实施 ERP 的企业自身的特点和需求选择适当的网络体系结构。现在用得较多的是基于 C/S+B/S(即 Client/Server，Browser/Server)模式，未来将倾向于使用基于 WEB 与基于电子商务(EB)的模式。

硬件配置包含服务器、客户机、中间件的选择和配置。

上述的 5 个步骤实际上也就是 ERP 项目整个生命周期的不同阶段，企业需根据项目不同的阶段，选择正确的方法和解决方案。

5.3.4 ERP 实施的成功案例分析

在欧美等国家，MRPⅡ/ERP 应用已经比较普及，多数大中型企业已采用 MRPⅡ/ERP 系统和先进管理方式多年，许多小型企业也在纷纷应用 MRPⅡ/ERP 系统。

20 世纪 90 年代中后期，国内彩电生产企业迅速增加，市场竞争加剧，厂商间掀起了旷日持久的价格战、彩管战。而康佳集团在此期间发展很快，规模迅速扩大，销售收入每年以 30%左右的幅度增长。在这样的市场竞争中取胜的关键在于挖掘自身潜力，采用先进技术手段改善自身管理模式，特别是供应链管理，以降低成本、缩短生产周期，进而提高企业竞争力。生产基地的增加，使得供应链相应发生变化，而成本管理也随之变得复杂化，如何在总部和各大生产基地间对企业生产资源进行合理调配，并保持原材料供应、销售、生产计划均由总部统一制定，成为解决问题的关键所在。这种需求具体体现在以下七个方面：企业在制造资源的调配；企业资金的统筹运用；销售策略的优化；成本控制；应变能力的增强；服务水平的提高；内部管理机制的规范。

ERP 系统实施的过程如下：

(1) 模块选择。康佳选择软件模块的原则是围绕供应链过程而进行的，包括物料管理、财务管理、生产计划管理、成本控制管理、固定资产管理及销售与分销管理等几部分，尽力将供应链的全过程都涵盖进来。

(2) 实施组织机构。成立项目领导小组，由集团常务副总任组长，集团分管领导、主要部门领导为成员，对组织机构、业务流程等的改进做出决策。成立项目工作小组，集团主管副总任组长，IT 部门、业务部门领导和骨干为成员，作为日常实施机构，全面负责具体实施工作。在实施期间，所有成员 70%的工作时间用于参加此小组的工作。

(3) 实施计划。ERP 系统在整个集团的实施分两期工程：第一期工程包括集团总部和精密模具厂；第二期工程包括新成立的康佳通信公司及五大生产基地。该系统先应用于彩电生产线，再推广至其他产品。由于原有的王安系统具有财务管理和物料管理的功能，为继承原有的数据资源，保证与原有系统的有效衔接，以保证系统切换过程中的正常运转和日常生产业务流程不受影响，第一期工程又分为两个阶段：第一阶段，实施物料管理、财务管理和生产计划管理中的 BOM 部分；第二阶段，目标是生产计划管理、成本控制管理、销售与分销管理及固定资产管理。其中，生产计划管理和成本控制管理是整个供应链管理的核心模块，也是实施的重点。

(4) 实施经过。整个实施过程于 1998 年 2 月正式启动，同年 6 月，第一阶段实施成功，按计划投入运行；并给原有的管理方式带来了一些可见的变化，如数据已是经过集成的，生产流程的各环节也已按照 ERP 系统的要求来做。上了 ERP 之后，采购方式也发生改变，采购员首先根据对生产电视机所用原材料的结构及其供货商情况进行分析，并对产品结构、所需各种原材料及其供应商、生产流程都有一个完整和详细的了解，而这恰是借助 ERP 系统来实现的。计划人员所做的工作也与以前有所不同：制定主计划的人员需要非常清楚地了解其制造资源，比如哪些生产线可用，有多少劳动力可供支配等；做采购计划的人员必须了解何时做什么东西，需要哪些材料，该何时完工等。

实施 ERP 前后，最关键性的转变在于由生产流程的事后控制过渡到事前控制，每个生产计划都是通过一系列的环节来实现的。实施 ERP 之前，每个环节只考虑自己部门的工作即可，不必考虑相关环节的可行性，对生产流程的控制和调整完全是事后的。实施 ERP 之后，计划部门输进一个计划，系统会据此反馈给它相应的分析，包括此计划的可行性到底有多大，原因在哪里，需考虑的因素等，并提出几套建议。例如，若原材料不足，一种建议是取消计划；如必须要做的话，则给出解决途径，假设显像管不够，系统会建议借用其他计划中的显像管以完成此计划，从而保证后续环节的可行性。试运行中出现的最主要的问题是传统管理观念、组织管理结构和新的 ERP 系统的冲突，即需要进行相应程度的经营过程重组。比如，原来发放生产材料的方式是大批量发放，一次发一周用的；采用 ERP 系统后改为按需求发放，需要什么发什么，一次只发一天或半天的，这种做法的突出好处在于可有效控制在制品的成本，使原材料的供应更加顺畅，库存材料的堆积大为减少。

(5) 有关培训。作为实施过程的重要组成之一，是对企业管理人员的培训。这一工作由康佳的 IT 部门和 ERP 软件供应商共同完成，包括两方面：一是理论上的，即有关 ERP 的基本培训，由 ERP 软件供应商进行；二是有关流程和操作的培训，由康佳 IT 部门完成，为此针对每一环节都编制了详细的操作说明。

(6) 实施特点。贯彻 ERP 理念到企业各个业务环节；建立和规范了系统主数据；重组了企业管理架构；规范和优化了企业业务流程；准备和整理基础数据；抛弃了管理上的陋习；基础管理从粗犷型转向细致型；与实施顾问的紧密配合。

(7) 实施结果。ERP 实施以后，有效支持了集团主营业务的发展，1998 年顺利完成了集团历史最高产量 450 万台；财务管理和物料管理实现了真正意义的实时管理和控制；生产的计划性、采购的及时性、技术资料的准确性、原材料的通用性、成本的准确性、管理的规范性等工作得到明显改进；实时的资金应用和成本报告；企业内部的信息沟通大大加强；员工参与感明显提高，团结精神得到发扬。

中国企业应用 MRP II、ERP 所带来的主要效益包括：减少库存占用资金，缩短主生产计划编制时间，缩短采购计划编制时间，提高产品按期完工率和缩短交货期，缩短生产准备时间，减少废品率，提高产品市场占有率，缩短新产品报价时间等。此外，MRP II 给企业管理观念与管理模式现代化带来的影响更是十分深远。不少企业通过实施 MRP II，使其管理思想、体制、方法、手段、制度、信息等方面都取得了长足的进步。事实说明，对于国内众多国有企业的管理从计划经济型向市场经济型、从粗放型向集约型、从手工管理向计算机管理方式的变革而言，应用 MRP II 将是一条有效的发展途径。

5.4　产品数据管理

5.4.1　PDM 产生的背景

产品数据管理(Product Data Management，PDM)是当今计算机应用领域的重要技术之一。产品数据管理技术是从 CAD/CAM 和工程设计领域产生出来的，自 20 世纪 80 年代中期以来，人们就初步认识到产品数据管理的作用。最初，人们以协调制图的存储和检索的文件管理方式建立系统，来跟踪以 CAD/CAM 产生的绘图；接着，增加了修订功能以便使用者能更好地管理设计变化；其后，又增加了将图形文件与产品结构中相关信息连接起来的功能。进入 20 世纪 90 年代后期，人们更进一步地认识到产品数据管理的重要性，当没有实现产品数据管理系统时，数据流十分复杂，一些关键的数据可能存储于好多个地方，不仅使检索烦琐，而且当某处数据发生改变时难以保证其他存储处数据的一致性。另外，随着计算机技术在企业中的应用不断深入，使 CAD、CAPP、CAE、CAM、MPR II 也逐渐在企业中广泛应用，但这些应用多为分散孤立的单项应用，在数据交换和管理上存在着很多问题，难以达到计算机应用的最佳综合效益，而产品数据管理系统则可将上述问题获得最优化的解决方案。

企业组织的分散化使分布式系统成为计算机系统的发展方向。分布式系统是以多种计算机资源、以一定互联方式组成的开放式、多平台、可交互的合作系统。产品数据管理的内涵是集成并管理与产品有关的信息和过程，在企业范围为设计与制造建立一个并行化产品开发的协作环境。它视企业为一体，并可跨越整个工程技术群体，在分布式企业管理模式的基础上与其他应用系统建立直接联系。它强调产品信息全局共享的观点，扩大了产品开发建模的含义，为不同地点、不同部门的人员提供了一个协同工作的环境，共同在一数字化的产品模型上工作。

产品数据管理目前尚没有一个统一的定义，D.Burdick 的论述较为精辟，他给 PDM 定义为：

(1) PDM 是在企业内为设计与制造构筑一个并行化产品协作环境的关键使能器。

(2) 成熟的 PDM 系统能够使所有参与创建、交流、维护设计意图的人们在整个产品生命周期中共享与产品相关的所有异构数据，包括图纸与数据化文档、CAD 文件和产品结构等。目前，由于新的制造模式的发展与应用，如 CIMS、并行工程、虚拟制造、智能制造等对信息的要求愈来愈高，因而信息流已先于其他物流在企业内部流动。随着敏捷制造、动态联盟的发展，信息集成化管理时代的到来，大规模网络化信息分布交换与处理必将逐步实现。产品数据管理是企业计算机信息发展到一定阶段的必由之路。

作为 20 世纪末出现的新技术，PDM 继承并发展了 CIMS 等技术的核心思想，在系统工程的指导下，用整体化的观念对产品设计数据和设计过程进行描述，规范产品生命周期的过程管理，保持产品数据的一致性和连续性。PDM 的核心内容是设计数据有序化、设计过程优化和实现资源共享。PDM 技术成为企业过程重组、并行工程、CIMS 工程和 ISO9000 质量认证等系统实施的支持技术。

近几年来，PDM 发展很快，据美国 CIMdata 公司调查，全球 PDM 软件和服务市场以年增长率 30% 的速度增长，在他们调查的公司中有 48% 的企业要实施 PDM。越来越多的企业认识到使用 PDM 来组织、存取和管理设计开发及制造数据的重要性，使用 PDM 技术可以缩短产品上市时间，降低产品制造成本，提高产品质量，为企业在市场竞争中产生巨大的效益。在机械、电子、航空等产业领域，PDM 正逐步得到广泛的应用。

5.4.2 PDM 的实施方法

企业在应用 PDM 方面也需要有计划、有步骤地进行，投资 PDM 软件的实施应用，需要慎重行事。一般来说，企业应用 PDM 的基本步骤如下：

1. 全面认识 PDM

在开展 PDM 系统应用的初期，企业需要对 PDM 系统进行详细了解和学习，掌握 PDM 的原理和相关内容。除此以外，企业还需要了解与自己类似的国内企业，在应用 PDM 系统方面的具体情况时，可以吸取他们的经验、教训。对 PDM 相关的知识了解得越详细、全面，以后的工作就越顺利。

2. 确定企业的需求和目标

企业自身有哪些方面的问题需要解决，企业对 PDM 系统实施的期望和目标是什么，都应该明确。在这个阶段，企业必须要对 PDM 系统有一个科学的认识：PDM 系统能够解决哪些问题，不能够解决哪些问题；哪些问题是需要从其他方面着手解决的，对这些问题需要进行充分的论证。企业需求和目标的制定，将直接影响企业的软件选型、实施以及应用。

3. 软件选型

软件选型的结果将直接决定着企业的投资以及实施成效等至关重要的问题。

4. PDM 系统的实施

在选定了软件以后，企业就进入了 PDM 系统的实施阶段。实施又可以分为两个阶段：实施准备阶段和实施进行阶段。准备阶段需要做的工作将直接影响整个项目的实施进展，企业应该引起相当的重视。

5. 系统运行维护

在实施后期，PDM 系统就逐渐进入了正常运行阶段。PDM 系统在企业的使用过程中并不是一成不变的，还需要不断地维护和完善，企业自身的很多问题和需求是在 PDM 系统的不断完善中解决的。企业需要培养自己的人才，结合企业自身的实际需求，对 PDM 系统进行维护和完善。在这个过程中，企业对于 PDM 系统的了解将逐步深入，对于 PDM 系统的应用也将逐渐得心应手。

5.4.3 PDM 的应用

PDM 涉及的领域很广，产品数据管理能给整个企业(包括设计、制造工程、采购、营销和销售等)都带来效益。面对不断变化的市场，能及时访问有关产品和生产过程的权威性数据是很关键的，而产品数据管理系统将这种方便带到了管理人员的桌面上，使各授权用户能方便地管理设计过程，控制产品描述数据，并向有关人员(如供应商、客户等)提供具有权威性的信息。产品数据管理系统在充分保证信息安全性的同时又具有充分的柔性，能及时将信息传送到世界各地的有关人员。

通过组织产品描述数据，产品数据管理系统所包括的知识库还可用于支持业务计划、帮助改进产品开发和制造过程的知识等。具体来说，产品数据管理的应用主要体现在以下几个方面：

(1) 产品设计领域。从逻辑上对产品结构信息进行管理是产品数据管理最主要的功能。通过产品数据管理，设计人员和工程师能够从两方面得到产品的综合信息。其一是通过传统的零件分类(这一功能在产品数据管理中大大加强了)，其二是以交互方式操作表示产品结构的图形以获取关键数据。

产品数据管理的工作流可以加速对修改的审查和批准、对资源的落实和审计、对设计预案或新设计的探索以及对生产过程能力的评估等工作。产品数据管理还特别有助于在设计过程的早期进行快速修改，同时也能在设计方案确定以后保证数据稳定和可靠。产品数据管理和 ERP 系统的集成还能使数据在设计和制造之间顺利传送。

(2) 制造过程领域。通过产品数据管理系统，可在加快设计方案批准速度的同时有效地控制修改过程以减少冲突和返工。通过版本控制，可以避免将不该投产的设计投放给生产过程。由于增加了设计早期的修改，因此设计的质量也得到提高。

在生产现场使用产品数据管理系统还大大减少了纸面文件的使用。产品数据管理还能按设计特征或/和制造过程对过去设计或制造的零件方便地进行分类和检索，从而大大提高了管理效益。产品数据管理加速的信息流通使生产计划和营销活动能提前进行，从而增加了企业的盈利机会。产品数据管理提高了信息的正确性，降低了决策风险以及缩短了引入新产品时常见的犹豫不决的时间。

(3) 采购和合同供应商方面。将产品数据管理系统扩充到合同供应商可使双方互惠互利。供应商的意见有助于设计决策，而产品数据管理可使供应商能及时按最新公布的版本及时供货。产品数据管理的分类系统还可减少采购量。

(4) 销售和营销领域。产品数据管理可以加快对业务需求作出反应的速度并提高产品质量。通过在数据库中检索以前的设计案例，可大大加快形成标书和报价的过程。

产品数据管理还能很快地将产品信息传送给用户，使他们也能建立支持产品使用全过程的相应的数据库。

5.4.4　PDM 的发展趋势

进入 20 世纪 90 年代后期，PDM 不仅管理设计的数据，同时还管理工艺及各种各样更改的数据，即管理产品整个生命周期内的全部数据，这就是产品全生命周期管理，也有人称其为 PDM Ⅱ。随着 Internet 和 WEB 技术的发展，在 PDM 环境下通过三维 CAD 技术，可在计算机上实现虚拟产品设计、分析、加工和装配，利用 WEB 技术可实现在计算机上审阅和批注文本文件、图形文件、表格和数据等文件，有人将这种技术称之为虚拟的、可视化的(VV)PDM 技术。目前 PDM 已经成为一门成熟的技术。各软件供应商不仅提供PDM 产品，同时还提供相应的实施规范，减少人为因素的影响，确保 PDM 工程实施能够成功。

随着市场竞争的加剧，缩短产品上市时间、降低生产成本已经成为企业所面临的严峻挑战，这种情况直接影响到了企业的产品全生命周期管理。而虚拟企业概念的提出，更加要求企业具备一种信息基础环境，使得企业能够实现与供应商和客户之间交换多种类型的产品数据。每个企业在产品开发过程中必须全面有效的协作，这种合作关系从产品的概念设计阶段就要开始，他们不但要访问产品设计数据，而且还需要访问制造过程中的数据，还有其他一些在产品生命周期中涉及到的有关产品信息。

但是，传统的PDM系统局限于设计阶段的工程信息管理，不能够很好的适应敏捷制造和虚拟环境下的产品开发尤其是制造过程的需要。因此，在虚拟企业概念下的、面向产品生命周期的产品数据管理系统成为研究的焦点。

将来PDM技术开发的方向会集中在以下三个方面：电子商务(合作商务)、虚拟产品开发管理和支持供应链管理。

(1) 电子商务。下一代PDM系统能够提供这样的功能，即在网上就可以得到产品数据信息，这为电子商务提供了一个重要的基础。通过从产品及相关产品配置中选择参数，就可得到产品模型。在这一领域的深入发展，将会使得网络完全能提供产品/服务选择、建议准备和订购过程。

(2) 虚拟产品开发管理。虚拟产品开发管理(VPDM)是在虚拟设计、虚拟制造和虚拟产品开发环境中，通过一个可以即时观察、分析、互相通信和修改的数字化产品模型，并行、协同的完成产品开发过程的设计、分析、制造和市场营销及其服务。

VPDM集合了WEB、PDM、三维CAD等技术，使企业具有更好的产品革新能力。在概念设计期的高灵活性、不可预测性的环境下，它为数据变化的管理提供了很典型的管理框架。它还可以作为一个知识库和渠道，能够将不同阶段的产品信息转化成为连续的信息状态。

(3) 支持供应链管理。随着网络技术不断深入的应用，PDM系统作为标准的黑盒解决方案、较廉价的硬件、软件和网络技术，它的利用率在不断提高。PDM系统能够很容易的在虚拟企业中实施。在虚拟企业中，一个组织要与它的供应商、合作伙伴和其他人加入到供应链中，工程信息需要在虚拟企业内不断的交换。PDM的各个系统间的通信和数据交换，使得在产品开发过程中能相互进行合作，并能随时在整个供应链中得到产品信息。

下一代PDM系统将是完整意义上的供应链管理系统，它将会提供工程仓库/工程服务、工程合作等功能。

(1) 工程仓库/工程服务。作为一个灵活的、易适应的和易运行的系统工程仓库(数据库)，它管理着技术数据，能提供其他系统的有关参考信息。以后，像搜索助手这样的搜索技术将会使得即使在模糊的搜索条件下也能进行目标搜寻。当前的市场趋向表明，PDM技术将是企业内部知识管理的一个重要部分。下一代PDM系统能够管理与信息和技术知识相密切联系的项目和过程。

(2) 工程合作。合作商务是最先进的电子商务形式，它使得多个企业通过动态重组后能够在线合作，它将利用网络技术来代替静态的网络供应链。虚拟企业的工程合作需要有支持协同工作和通信的结构。计算机支持的协同工作(CSCW)解决方案将会集成到未来的PDM系统中，CSCW系统提供IT工具，能更加促进小组成员间的联络。由网络技术、协同工作、PDM、CAD系统和智能浏览器就能够进行一个具有连接分布式开发环境功能的、在线交互式的协商会议。它比起传统的电视会议来有一个很大的优点，就是它允许所有的到会者同时进入和编辑产品三维模型和相关信息，还允许给产品模型加上注解(用不同的颜色，以文本/声音/图形的形式)。

(1) 简述现代管理技术的定义和特点。

(2) 简述 MRPII的主要技术环节。

(3) 简述 ERP 系统结构及主要功能。

(4) 简述 PDM 的应用和发展趋势。

第6章 现代制造科学的发展与创新人才的培养

6.1 现代制造科学的发展

先进制造技术是多学科交叉的产物，也是现代制造科学不断发展与创新的成果。现代的先进制造技术与以前相比，在深度和广度上都有了很大的变化。因此，培养掌握、应用及开发现代先进制造技术的人才，是经济和社会信息化的需求，是传统产业技术改造和提升的需求，是新兴产业建立和发展的需求，也是区域及国家发展的综合需求。21世纪的先进制造技术人才应该站在信息科技革命、纳米科技革命和生物科技革命的高度，重新审视和定位制造系统及技术，从而建立一个与新世纪和新经济时代相适应的、新的现代制造知识体系。

6.1.1 现代制造科学是多学科交叉的新学科

人类正迈向信息社会，生物科学、信息科学、纳米科学、制造科学和管理科学将是21世纪的5个主流科学。以微电子、信息(计算机与通信、控制理论、人工智能等)、新材料、系统科学为代表的新一代工程科学与技术的迅猛发展及其在制造领域中的广泛渗透、应用和衍生，极大地拓展了制造活动的深度和广度，急剧地改变了现代制造业的设计方法、产品结构、生产方式、生产工艺和设备以及生产组织结构，产生了一大批新的制造技术和制造模式。现代制造业已成为发展速度快，技术创新能力强，技术密集甚至是知识密集的部门，许多产品的技术含量和附加值增大，进入了高技术产品的行列。

同时，各种高新技术的综合作用促进了制造技术在宏观(制造系统的集成)和微观(精密、超精密和纳米加工与检测)两个方向上的蓬勃发展，成为一门涵盖整个生产过程的各个环节(含市场分析、产品设计、工艺规划、加工准备、制造装配、监控检测、质量保证、生产管理、售后服务、回收再利用)，包括人、机器、能量、信息等多种资源组织、控制和管理，横跨多个学科的集成技术。推动制造技术取得持续进步的基础研究也不断汲取其他学科前沿成果的丰富营养，发展为一门崭新的交叉科学——制造科学。制造科学与其他科学的渗透、交叉将是现代制造科学的发展趋势。

现代制造已不仅仅是机械制造，它的基本特点是大制造、全过程、多学科。

"大制造"应包括光机电产品的制造、工业流程制造、材料制备等，它是一种广义制造概念。从制造方法看，它不仅包括机械加工方法，还应包括高能束加工方法、硅微加工方法及电化学加工方法等。

"全过程"不仅包括从毛坯到成品的加工制造过程，还包括产品的市场信息分析，产品决策，产品的设计、加工和制造过程，产品的销售和售后服务，报废产品的处理和回收，以至产品的全寿命过程的设计、制造和管理。

"多学科"是指现代制造科学是个交叉学科，它涉及以下领域：

① 计算机学科、半导体学科中的微电子器件和计算机器件的设计与制造；

② 自动化学科的制造过程和制造系统控制理论和方法；

③ 光学和光电子学科的器件和仪器的设计与制造，光电测试理论与方法；

④ 机械工程学科的零件和机器的设计制造理论方法，机械构件及机电系统性能的模拟仿真；

⑤ 管理学科关于可重组企业和可重组制造系统理论、企业管理方法和工业工程理论；

⑥ 材料学科中的新材料制备科学，冶金学科中的材料成形科学；

⑦ 化学工程中的化工流程科学和化工产品的制造科学；

⑧ 与生物科学交叉的生物制造和仿生机械学；

⑨ 物理学科中的纳米科学，力学学科中的机电系统动力学问题。

现代制造科学是支撑和产生先进制造技术理论、方法和技术的基础。它涉及制造系统和制造过程的理论和建模，制造信息和知识的获取、处理、传递及应用，制造模式与生产管理的理论与方法，制造产品的现代设计理论与方法，制造过程及系统的测量、监控理论和方法，以及制造自动化理论等。学科交叉研究不是一个学科的科学知识在另一个学科的简单应用，例如计算机科学技术在制造科学技术中的应用，数学和力学在制造科学中的应用研究等，就不应视为学科交叉。学科交叉可以这样理解：某学科要寻求自身的突破和发展，必须依赖与相关学科的知识融合，而交叉研究的结果又能促进自身和相关学科的发展。此外，其研究队伍应当具备相应的交叉学科知识群和研究条件。

国内外制造科学的发展经验表明，学科交叉是推动制造科学发展的决定性因素。虚拟制造、快速成形技术、微机电系统、敏捷制造等的出现及发展就是学科交叉的结果。

6.1.2　现代制造科学主要研究的科学问题

21 世纪制造科学领域至少有如下重要科学问题：

(1) 计算机、微电子和光学关键零部件的制造工艺基础及新材料的制备。

(2) 现代制造过程和制造系统的基础理论。

(3) 制造过程与系统的数学描述、建模、仿真及优化，制造中的计算机几何。

(4) 设计及制造过程信息的获取、表达及传递，非全信息状态下的决策，非符号信息表达，制造信息保真及传递，海量制造信息的管理等。

(5) 网络制造、虚拟制造基础理论，网络及虚拟环境下制造系统的体系结构及全局最优决策理论。

(6) 支持产品设计和制造过程创新的理论及方法。

(7) 现代制造过程和制造系统中的人—机—环境界面交互、协调和统一理论。

(8) 先进制造生产模式及管理理论与方法，研究适合中国国情及文化背景的高效、快速、可重组的先进制造生产理论及其模式。

(9) 适应社会主义市场经济和制造生产模式的经营管理及虚拟企业的基础理论及运作方法。

(10) 微米/纳米系统的设计、制造理论与方法。

(11) 基于资源节约和环境保护的制造理论和方法。

6.1.3 制造科学与纳米科学技术的交叉——纳米制造科学

纳米制造科学是人类对自然的认识和改造从宏观领域进入微观领域的前沿科学技术。它泛指纳米级(0.1～1.0 nm)尺度的材料制备、零件及系统的设计、加工制造、测量和控制的相关科学和技术。纳米制造科学技术研究涉及材料科学、信息科学、物理科学、光学、生物学和制造科学等。它不仅导致制造科学向微观领域扩展，而且对国家未来的科技、经济和国防事业的强大具有战略意义。例如：在宏观研究中所常用的物理量(如弹性模量、密度、温度、压力等)，在微观尺度领域可能要重新定义；经典的牛顿定理、欧几里德几何、热力学、电磁学、流体力学可能不再适用，需要重新定义和描述；而量子效应、物质的波动性、原子力等微观物理特性却要起重要的作用。人们已经发现，有的宏观脆性材料在纳米尺度时具有很强的塑性；流体在微管流动中，液体的表面张力和对管壁的附着力已不可忽略；在纳米加工及表面质量分析中，必须考虑原子间的结合力并应用微观物理的知识。所有这些，都必须依靠大力发展纳米科学来加以解决。

纳米制造科学的主要研究内容及科学问题如下：

(1) 纳米级精度和表面的测量仪器(如可用于加工、测量的扫描隧道显微镜、显微测量激光干涉仪等)。

(2) 纳米级表层物理、化学和机械性能的检测。

(3) 纳米级表面的加工(超精密切削、镜面磨削、原子和分子的去除/搬迁/重组的扫描隧道显微加工等)。

(4) 纳米材料的制备，纳米级微器件与微机电系统的设计、制造与控制理论与技术。

6.1.4 制造科学与管理科学的交叉——制造管理科学

制造生产模式是管理科学、社会人文科学与制造科学的交叉。事实已经证明并将进一步证明，中国制造的产品如果要在国际市场具有竞争能力，中国的制造商如果要想成为国际名牌企业，除了要拥有世界一流的制造技术外，更重要的是要有世界一流的组织管理模式和管理水平。当然，其先决条件是企业内外必须建立比较完善的市场竞争机制。

制造生产模式是制造业为了提高产品的竞争能力而采取的一定的组织生产模式。福特公司大批量生产模式以提供廉价的产品为主要目的，柔性生产模式以满足顾客的多样化需求为主要目的，敏捷生产模式以向顾客及时提供所需求的产品为主要目的，绿色制造以产品在整个生命周期中有利于环境的保护为主要目的。制造模式主要研究企业高效经济运筹、生产组织和管理、企业间合作、质量保障体系、人—机—环境关系等。人是制造过程和制造系统中的决定性因素。因此，制造系统、制造过程和生产模式中人的思想行为、人机关系、人际关系、企业社会环境、人在制造中的积极作用就成为制造科学与社会科学、人文科学交叉的主要研究内容。

中国现行的科学研究体制和教育体制中有不利于学科交叉的因素。在美国，制造专业一般设在工业工程系，制造科学和工业管理经过长期的交叉融合，已经自成一体。中国在20世纪80年代以前没有管理专业，管理也没有被看做是科学。此后，虽然设立了管理专业和人文专业，但多数仍然与制造专业分家，造成了教育体制上管理和制造的分离状态，不利于学科交叉。

中国的市场经济正处在发展过程中，制造技术和制造管理的交叉融合将与企业市场竞争机制的深化改革和完善并驾齐驱。

6.1.5 制造科学与信息科学的交叉——制造信息科学

信息在制造过程和制造系统中占有越来越重要的位置，现代产品的信息含量在产品价值中的比重不断增大。在信息时代，产品的生产成本主要受到制造信息的制约。制造过程主要是信息在原材料(毛坯)上的增值过程。许多现代产品的价值增值主要体现在信息上。因此，制造过程中信息的获取和应用十分重要。21世纪是信息世纪，网络是获取信息的重要手段。信息化是制造科学技术走向现代化和全球化的重要标志。与制造有关的信息主要有产品信息、工艺信息和管理信息。这一领域有如下主要研究方向和内容：

(1) 制造信息的获取、处理、存储、传输和应用，海量制造信息的管理及其向知识和决策的转化。

(2) 非符号信息的表达，制造信息的保真传递，非完整制造信息状态下的生产决策，虚拟制造，基于网络环境下的设计与制造，制造过程和制造系统中的控制科学等问题。这些内容是制造科学与信息科学基础融合的产物，在信息科学中独具特色，构成了制造科学中的新分支——制造信息学。

6.1.6 制造科学与生命科学的交叉——仿生制造科学

在设计与制造过程中，人们已经应用人工神经网络、遗传算法来计算、分析、推论和控制制造系统或制造过程。实际上，制造过程、制造系统和生命过程、生命系统在许多方面有相似之处。制造系统和生命系统都是非线性耗散系统，都有生命周期。生物通过基因遗传将自己的基本特征复制给下一代；同样，新产品往往是在老产品基础上发展的。生命系统和现代制造系统的结构也有许多相似之处，它们都具有大脑(计算和控制系统)、四肢(执行系统)、传感和神经(信息系统)。生命系统和现代制造系统都有自组织性、自适应性、协调性和智能性。现代制造系统的这些生物特性研究是制造科学所面临的前沿课题。如生物制造中的生物去除加工，采用生物菌对材料进行加工，是近年来发展的一种生物电化学和微机械加工的交叉科学技术。制造科学与生命科学的交叉还表现在机械仿生学研究上，蛇形机器人、多足机器人、假肢、人工关节、机械手和智能机器人都是典型的机械仿生研究。可以预见，21世纪将进入制造科学与生命科学全面交叉发展的时代。这一领域有如下主要研究内容：

(1) 仿生机械相关的生物力学原理。

(2) 生物制造基础理论与技术。

(3) 组织工程材料成形的信息模型与物理模型。

(4) 面向生物工程的微操作系统原理、设计与制造基础。

(5) 仿生系统的控制理论与方法。

(6) 仿生系统的集成理论与技术。

6.2 制造技术创新

6.2.1 可持续发展是制造技术创新的动力与空间

面对当今世界人口、资源、环境三大难题，各国均以法定文件形式确定可持续发展为21 世纪的产业发展模式。国际标准化组织提出了 ISO14000 系列标准，对未能取得 ISO14000 认证的企业产品禁止或限制进入市场流通，以保证企业及其产品的"环境竞争力"。

可持续发展主要指的是社会、经济、人口、资源、环境的协调发展和人的全面发展。它主张世界上任何地区、任何国家的发展不能以损害别的地区、别的国家的发展能力为代价，主张当代人的发展不能以损害后人的发展能力为代价。可见，可持续发展包括这样一些重要原则：

(1) 发展的持续性，现代的发展不损害后人的发展能力。

(2) 发展的整体性与协调性。

人的繁衍、物质的生产、自然界对于人类生活资源和生产资源的产出三方面构成一个巨型系统，任何一方面不畅都会危害世界的持续发展。

现代的工业生产模式不符合可持续发展的方针，主要表现是：环境意识淡薄，"先污染，后治理"；回收、再生意识差；重视降低成本，而不重视产品的耐用性和易于修理性，高享受是以高资源消耗为代价的；环境立法、企业文化、环境生态系统教育不够。

由于人类有意无意地忽视环境这一环节，所形成的一些生产模式导致世界系统运行的混乱与无序，因而使发展难以再持续下去。中国面临的环境问题更为严重，由于人口多，水、耕地、森林等资源的人均拥有量只相当于世界人均水平的 1/2、1/3、1/4；煤、石油、铁等矿产资源是不可再生的，为了可持续发展，为了子孙后代的需求，要求当今工业界减少其消耗量。为了解决这些难题，中国已明确了计划生育是国策，绿化造林是国策，环境保护是国策，这就从政策上保证了产业的可持续、协调发展。

可持续发展为制造技术提供了创新空间，是促进制造技术创新的动力。发展可持续制造技术，决不只是一个管理问题。作为底层的制造技术，仍然要探讨符合可持续发展的、新型的制造技术，而且要从基础理论和工艺技术两方面进行突破性的研究。例如工业生态学、生态型制造技术、干式切削与磨削技术、汽车与计算机等电子电器类产品及其零件的100%回收技术、延长产品生命周期的设计制造技术、生长型制造的实用化技术、以人为中心协调环境与文化要求的文化主导型制造技术等，都要求对现行生产模式进行突破与创新。

可持续发展的生产模式正在推动新一轮技术创新：由资源型发展模式逐步变为技术型发展模式，变为经济、社会、资源与环境相协调的新发展模式；由物质短缺的社会具有的大量生产模式转化到物质丰富的社会应有的一种新生产模式——循环制造模式。

6.2.2　知识化是制造技术创新的资源

随着产品结构越来越复杂，功能越来越趋向集成化和复合化，新产品开发所需要的知识越来越多，尤其是面对市场国际化的激烈竞争，产品设计活动越来越要求以最快的时间将所需要的新知识融入产品之中。产品设计是否成功，取决于所需要的知识，尤其是高新知识的含量。

技术的产品和工艺(TPP)创新是实现了技术上新的产品和工艺，以及技术上有重大改进的产品和工艺。所谓 TPP 创新的实现是指它被引入市场(产品创新)或应用于生产工艺(工艺创新)。TPP 创新包括科学、技术、组织、金融和商业等一系列的活动，而且是这一系列活动措施的综合。因此，也可以说，TPP 创新依赖于科学知识、工程技术知识、管理知识和经济知识的积累与综合。而科学知识和工程技术是对制造技术创新的首要支持。

实现不同领域的 TPP 创新，是以领域主导知识(或使能知识)为主，而综合应用众多的领域辅助知识来完成的。对制造技术创新而言，领域主导知识是有关制造本身的机理、规律、技术、技能、装置及系统等方面的知识，有量化的知识，更有众多非量化知识，如经验等。领域主导知识也是一种动态知识，随着科学技术的进步，领域主导知识也在不断更新。以对加工过程建模为例，传统的方法已不适应对加工过程的非线性、复杂性的描述，而基于人工智能(AI)的建模方法，或基于 AI 与解析法、数值法综合而成的建模方法则得到了发展，对加工过程有了进一步认识，充实完善了领域主导知识。有了扎实的领域主导知识背景，才有可能激发出创新灵感，创新才会有的放矢，才会有实用推广价值。

领域辅助知识面很广，如计算机、信息论、生态学、管理科学……它是为领域主导知识服务的，用以促进领域主导知识的现代化，共同成为创新的资源。领域主导知识要做到四"知道"，即知道是什么，知道为什么，知道怎么做和知道谁有知识。而对领域辅助知识只要求做到三"知道"，即不必知道为什么。

技术创新带有较强的个人行为特征，只有把握领域主导知识，掌握所需的领域辅助知识，领域内创新成果才可能有深度，有应用前景；反之，创新往往立不住足，这类的事例并不罕见。

一旦技术创新公布于众，其技术知识就会表现出公共品的属性，知识不能被独占，而对众多的使用者而言，得到它的成本比开发的成本要低得多。这样，在以后的再次创新过程中，其领域主导知识有可能发生变化。例如，生长型制造的出现，其主导知识是制造技术知识，而现在发展起来的两束激光烧结成形工艺，一束激光完成烧结，一束激光实现预热，在这种二次创新中，主导知识就变成了激光技术知识了。

6.2.3　数字化是制造技术创新的手段

人类技术文明史进入了信息时代，计算机软硬件的飞速发展给信息的普及、应用提供了技术手段。面对 21 世纪的制造技术创新，数字化是主要手段。数字化的核心是离散化，如何将自然界的连续物理现象、模糊的不确定现象，以及人的经验与技能等离散化，进而实现数字化，是技术创新成败、优劣的关键问题。继计算几何、计算力学问世之后，计算切削工学、计算制造、数字化制造、新型材料零件数字化设计与制造等陆续被提出，明显地看出数字化是技术创新的重要手段。

为了充分发挥计算机辅助技术在技术创新中的作用，需要对领域主导知识进一步实现数字化处理。例如：制造过程的物理量(力、热、声、振动、速度、误差等)的数字化模型，它们是伴随制造过程的几何量而产生的，如何将两者的数字化量及相互关系融合到计算机系统中，尚有大量工作要做；利用社会学、心理学、人体结构与行为科学等，更好地发挥人在企业中的作用，利用计算机仿真与人机界面技术模拟企业环境，研究人的最佳工作状态，重视人们的满足感与舒适感，这些都有大量数字化问题。

计算机网络为数字化信息的传递、为实现"光速贸易"提供了技术手段。重要的是数字化全部信息，不仅要数字化技术信息，也要数字化评估信息，以便在信息冗余的当今能选择到有用的信息，还要数字化滤掉干扰信息和伪假信息，保证数字化信息畅通无误。计算机网络也为实现全球化制造、基于网络的制造提供了物理保证，这不仅有利于参与市场竞争，促进设备资源的共享，更有利于快速获得制造技术信息，激发创新灵感，是实现数字化制造的重要保证。

为了改善数字化在技术创新中的作用，要求计算机工具尽可能早地进入工程过程中，以允许更广泛地探讨和多方案地信息化选择；要求人机界面向自然化接口过渡，以加快信息的流畅交换；要求计算机在实现自复位工程辅助作用时，由被动变成主动，即计算机能主动向操作人员建议有关方案并传送相关信息。

6.2.4 可视化是制造技术创新的虚拟检验

虚拟现实(VR)技术近几年来获得了飞速发展，其虚拟环境可以表示任意三维环境，不论它是现实的或抽象的。VR 可以重构人和信息技术之间的界面，可以实现过程的可视性和思路的创意表述。21 世纪中的 VR 技术将对实用性技术的创新提供虚拟原型和技术的虚拟检验。比如，要求由一种特殊合成材料制成实用的零件，选用激光选择性烧结(SIS)工艺，它可以取代冶炼、传统意义上的切削加工等工艺过程。试想把该零件的 SIS 成形置于虚拟现实环境中，通过材料成分配比分析，激光烧结过程中不同扫描路径下的温度场、应力场显示，被烧结成形的零件在这种工艺参数组合下，虚拟出原型。

VR 技术提供的可视化不只是一般几何型体的空间显示，而且也可对噪声、温变、力变、磨损、振动等予以可视化，还可以把人的创新思维表述为可视化的虚拟实体，促进人的创造灵感进一步升华。

6.3 先进制造技术的创新人才培养

先进制造技术的发展需要创新型的人才。为构建符合时代发展的新型人才的培养模式，必须重点突出创新，必须坚持知识、能力、素质的辨证统一。根据现代制造技术对创新人才的要求，以下建构了 AMT 创新人才的素质结构、能力结构及知识结构等综合模式。

6.3.1 先进制造技术对创新人才的要求

1．更加重视大环境因素的作用

现代的先进制造技术对人才的培养提出了新的要求，因为现代的人才常常面对的是"大环境下的工程"，也称之为"宏大工程(Macro Engineering)"。它是包括设计、制造、管理、市场等方面的一个复杂环境下的集成系统，要求人才在具备较宽基础知识的前提下，并具有较强的工程设计能力、制造能力、管理能力、市场开发能力、知识集成与系统分析能力等；并且，这些技术集成系统同时也要与社会、经济、文化、政治等环境因素有密切联系。这就要求工程人员在重视工程本身的同时，更要关注人口增长、环境恶化、资源短缺等社会化问题，开发与应用能源与生产过程清洁、废物再生、农业生态化等能促使社会协调、健康的可持续发展理论与技术，养成新的价值观念、行为方式和工业规范。

2．更加突出知识整合能力的培养与训练

根据现代认知心理学的知识分类体系，广义知识可分为陈述性知识(回答"是什么"的知识)、程序性知识(关于"怎么做"的知识)、策略性知识(关于"控制自己认知和思维过程"的知识)。学习者一旦形成了包括策略性知识在内的完整知识分类体系，就具备了整合知识的基本能力。

现代的先进制造技术与系统集成度越来越高，对工程技术人员的知识整合能力提出了更高要求，这主要体现在思维方式、实践能力、创新能力、学习能力和群体协作能力等方面。

3．更加关注技术与管理科学的统一

管理科学从古典学派到现代学派发展的特点之一是向管理科学渗透和交叉的学科越来越多，如统计学、社会学、系统科学、控制论科学及信息科学等。这是因为管理过程中需要运用诸多学科的理论和方法进行共同研究才能解决好。

当今世界复杂高新技术工程系统的开发呈现出长周期、全局性战略谋划，以及综合运用各相关领域科学技术新成果的典型特征。系统发展研究表明，系统、权衡、优化与科学管理已经成为越来越突出的问题。从国家现代化建设、高新技术工程系统开发与建设的整体目标出发，思考、探索解决国家现代化建设的技术和管理问题，已经成为目前世界科技发展的核心问题之一。

4．树立学科交叉与融合的培养新模式

现代的先进制造技术的综合性来源于制造活动的社会性和制造系统的开放性。人类的制造活动涉及国计民生，关系到千家万户，人类的制造系统每时每刻都在与外界交换物质、能量和信息。因此，制造科学不可能在孤立封闭的状态下发展，必然要走一条吸纳百家之长的开放道路。与此相对应，在培养创新人才的方式上，也应该采取学科交叉与融合的培养模式。

6.3.2 AMT 创新人才的综合模式

根据现代的 AMT 对人才的需求，可建立如图 6-1 所示的人才需求模型。该模型可以简

单地概括为一个主体(创新型人才)、三大支撑(素质、能力与知识)、十项指标。以机械工程学科为例,三大支撑的具体内容可见图 6-2、图 6-3、图 6-4。

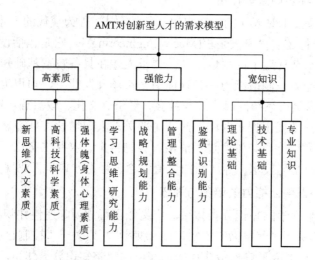

图 6-1　AMT 对创新型人才的需求模型

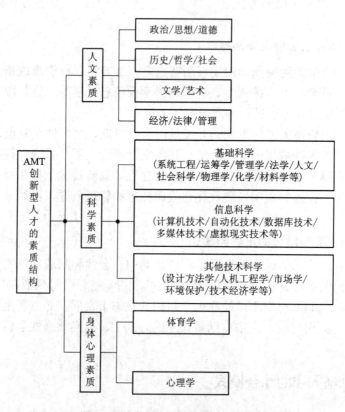

图 6-2　AMT 创新型人才的素质结构

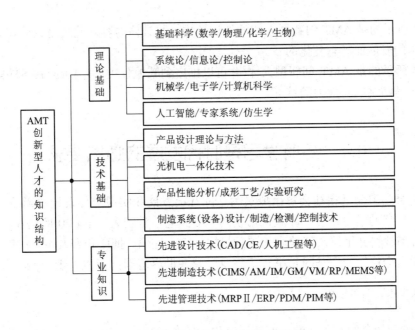

图 6-3　AMT 创新型人才的知识结构

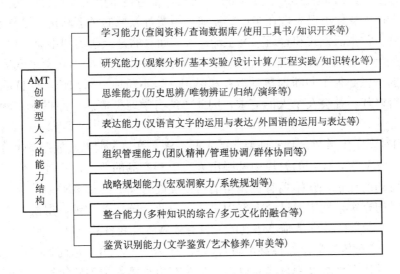

图 6-4　AMT 创新型人才的能力结构

　　图 6-2 所示的素质结构分为人文素质、科学素质和身体心理素质，进一步加以分解可作为培养方案设计的基本依据。

　　人文素质中的道德素质对各类人才而言都应是其灵魂部分，只有具备高道德素质及强社会责任感的人才，其掌握的高技术才对社会有正向作用，否则，那将是社会的灾难。

　　良好的科学素质是创新人才实现其价值的最强用力的保证。它并不仅指某一具体的专业知识，而是更侧重于解决某类问题的综合能力。

　　身体心理素质是其他两类素质的基础，对于创新型人才，它是成功的奠基石。对于心理素质，它应包括开拓进取意识、独立自主精神、较强的社会适应力、良好的沟通能力、对科学和真理的执着追求、具有合作精神、多样化的个性特长等。

图 6-3 所示的是 AMT 创新型人才的知识结构，其具体内容，尤其是专业知识部分是随经济及技术的发展而动态变化的。

图 6-4 所示的是 AMT 创新型人才(并可以推广到其他各类人才)所应具备的能力结构模型，其核心是围绕创新能力的培养。

6.4 终身学习是时代发展的必然要求

所谓终身学习就是指社会每个成员为适应社会发展和实现个体发展的需要，贯穿于人的一生的、持续的学习过程，即我们常说的"活到老，学到老"。自 20 世纪 60 年代中期以来，在联合国教科文组织及其他有关国际机构的大力提倡、推广和普及下，1994 年，"首届世界终身学习会议"在罗马隆重举行，终身学习在世界范围内形成共识。

6.4.1 终身学习产生的背景

(1) 新时期社会的、职业的、家庭日常生活的急剧变化，导致人们必须更新知识观念，以获得新的适应力。21 世纪 50 年代末 60 年代初，正值技术革新及社会结构发生急剧变化的时期。这一巨大变化不仅表现在生产、流通、消费等领域的经济结构、过程及功能方面，甚至还影响到日常生活方式和普通家庭生活。人们面对的是全新的和不断变化发展的职业、家庭和社会生活。若要与之适应，人们就必须用新的知识、技能和观念来武装自己。终身学习强调人的一生必须不间断地接受教育和学习，以不断地更新知识，保持应变能力，其理念正好符合时代、社会及个人的需求，因此"终身学习"概念一经提出，就获得前所未有的重视。

(2) 人们对现实生活及自我实现要求的不断高涨。第二次世界大战后，随着经济条件的改善，人们逐渐从衣食住行的窘境中解脱出来。电子产品的普及，也使人们可以摆脱体力劳动和家务劳动的拖累，开始拥有更充裕的自由支配时间。外部条件的改善，使人们开始注重精神生活的充实，期望通过个人努力来达到自我完善。要实现高层次、高品质的精神追求，靠一次性的学校教育是难于达到的，只有依靠终身教育的支持才有可能完成。

(3) 人们要求对传统学校教育甚至教育体系进行根本的改革，从而期望产生一种全新的教育理念。自近代学校教育制度建立以来，学校在担负培养和塑造年轻一代的责任方面，起到了任何其他社会活动所不能替代的作用。但学校教育的矛盾、弊病也与日俱增。如儿童大量逃学现象、校园暴力、考试竞争的激化以及学校因竞争造成的差别扩大和偏重学历造成的学校与社会严重脱节，等等。在这种情况下，人们普遍希望能从根本上对旧有的教育制度进行改革。提倡学校教育、家庭教育和社会教育（成人教育）三者有机结合，教育开放的终身教育必然受到人们的欢迎。

6.4.2 终身学习的特点

(1) 终身性。这是终身学习最大的特征。它突破了正规学校的框架，把教育看成是个人一生中连续不断的学习过程，是人们在一生中所受到的各种培养的总和，实现了从学前期到老年期的整个教育过程的统一。终身学习既包括正规教育，即包括非正规教育，即包括了教育体系的各个阶段和各种形式。

(2) 全民性。终身学习的全民性是指接受终身教育的人包括所有的人，无论男女老幼、贫富差别、种族性别。联合国教科文组织汉堡教育研究员达贝提出终身教育具有民主化的特色，反对教育知识为所谓的精英服务，使具有多种能力的一般民众能获得平等受教育的机会。而事实上，当今社会中的每一个人，都要学会生存，会生存就必须会学习，这是现代社会给每个人提出的新课题。

(3) 广泛性。终身学习既包括家庭教育、学校教育，也包括社会教育，包括了人的各个阶段，是一切时间、一切地点、一切场合和一切方面的教育。终身学习扩大了学习天地，为整个教育事业注入了新的活力。

(4) 灵活性和实用性。现代终身学习具有灵活性，表现在任何需要学习的人，可以随时随地接受任何形式的教育。学习的时间、地点、内容、方式均由个人决定。人们可以根据自己的特点和需要选择最适合自己的学习。

6.4.3　终身学习的意义

终身学习能使我们克服工作中的困难，解决工作中的新问题；能满足我们生存和发展的需要；能使我们得到更大的发展空间，更好地实现自身价值；能充实我们的精神生活，不断提高生活品质。

学习是人类认识自然和社会、不断完善和发展自我的必由之路。无论一个人、一个团体，还是一个民族、一个社会，只有不断学习，才能获得新知，增长才干，跟上时代。党的十六大报告强调：要"形成全民学习、终身学习的学习型社会，促进人的全面发展"，十八大报告中再次提出"完善终身教育体系，办好人民满意的教育"，这就从深度和广度上对学习提出了新的更高的要求。

终身学习，强调的是人一生都要学习。从幼年、少年、青年、中年直至老年，学习将伴随人的整个生活历程并影响人一生的发展。这是不断发展变化的客观世界对人们提出的要求。人类从诞生之日起，学习就成为整个人类及其每一个个体的一项基本活动。不学习，一个人就无法认识和改造自然，无法认识和适应社会；不学习，人类就不可能有今天达到的一切进步。学习的作用又不仅仅局限于对某些知识和技能的掌握，学习还使人聪慧文明、使人高尚完美、使人全面发展。正是基于这样的认识，人们始终把学习当作一个永恒的主题，反复强调学习的重要意义，不断探索学习的科学方法。同时，人们也越来越认识到，实践无止境，学习也无止境。古人云：吾生而有涯，而知也无涯。当今时代，世界在飞速变化，新情况、新问题层出不穷，知识更新的速度大大加快。人们要适应不断发展变化的客观世界，就必须把学习从单纯的求知变为生活的方式，努力做到活到老、学到老，终身学习。

6.4.4　终身学习是时代发展的必然要求

当前时代的特点是学科的相互交叉和高度综合。如一名 AMT 工程师仅仅掌握机械(包括机械设计、机械制造、成形工艺等)方面的知识是远远不够的。电子、光学、流体、计算机、控制、材料学、生物学、生命科学、原子物理、化学、管理科学、金融、商务、人文科学、社会科学、心理学和美学等，都是与 AMT 相关的学科。要把这么多的知识(即使只是某一领域的知识)通过学校教育传授给学生，是不可能的。而且由于新的知识不断涌现，很多知识都是学生在走出校门后新形成的，因此每一个人的知识都在老化。要不落伍、要跟上时代，就要不断学习、终身学习。对于其他领域的从业人员，同样如此。

当今时代是知识经济时代，产品的价值主要取决于知识的含量。产品要不断创新，要在质量、成本、反应速度等方面经得起考验，在竞争中取胜，没有一批具有丰富知识的高素质人才是不可能的。市场的竞争归根结底是人才的竞争、知识的竞争。

现代社会教育越来越成为一种贯穿于人的一生连续不断的学习过程，终身教育应成为每个人在不同时期的共同需要。逐步建立和完善有利于终身学习的制度，实现教育的纵向一体化和横向一体化，使教育既贯穿于人的一生，又始终与生活保持密切联系，已成为 21 世纪世界教育改革和发展的共同趋势。

终身学习是适应社会发展和个人进步的选择。随着工作特性、娱乐方式、职业功能等因素的变化，人们产生了重新学习的迫切愿望，教育在人的自我实现、自我完善方面的作用得到了进一步肯定。如果系统的学习仅仅局限在传统的学校教育，那么教育的社会功能和发展功能很难实现。特别是在信息多元化、全球化的 21 世纪，科学技术的迅猛发展不仅使知识的绝对数量不断成几何级数增长，使知识的更新周期加速，而且知识的技术和工作结构也变得越来越细密和复杂。另一方面，随着社会财富的增加，人们可供支配的收入和闲暇时间也日渐增多，人的平均寿命也在延长，成人的绝对数量在整个人口中的比例加大，人生在各个时期、各个领域、各个层次的学习积极性、主动性也相应高涨。求真、创美、行善，这是人类自古以来就孜孜不倦的永恒追求，人们的学习需要也在向着更快、更高、更强的目标不断发展和完善。

党的十八大报告明确提出完善终身学习体系。这个体系是要实现基础教育、职业教育、成人教育和高等教育相互衔接；正规教育、非正规教育、非正式教育相结合，职前与职后教育培训相互贯通；学校教育、家庭教育、社会教育相配合。

由于市场竞争的加剧，再加上通信、交通等提供的方便条件，使得人才竞争在加剧，人才流动在加速。个人为了实现更高的人生价值、谋求更好的职位，也需要通过学习，提高自己的竞争实力。学习是终身任务，这是时代的必然要求。

复习与思考题

(1) 21 世纪现代制造科学领域主要研究的科学问题有哪些？

(2) 制造技术创新的可持续发展有哪些重要原则？

(3) 先进制造技术对创新人才有哪些要求？

(4) 为什么说终身学习是适应社会发展的必然选择？

参 考 文 献

[1] 王润孝. 先进制造技术导论. 北京：科学出版社，2004

[2] 王广春，赵国群. 快速成型与快速模具制造技术及其应用. 北京：机械工业出版社，2003

[3] 盛晓敏，邓朝晖. 先进制造技术. 北京：机械工业出版社，2002

[4] 李言，李淑娟. 先进制造技术与系统. 西安：陕西科学出版社，2000

[5] 杨继全，朱玉芳. 先进制造技术. 北京：化学工业出版社，2004

[6] 颜永年. 先进制造技术. 北京：化学工业出版社，2002

[7] 赵云龙. 先进制造技术. 北京：机械工业出版社，2005

[8] 盛定高. 现代制造技术概论. 北京：机械工业出版社，2003

[9] 来可伟，殷国富. 并行技术. 北京：机械工业出版社，2003

[10] 白英彩，唐冶文，余巍. 计算机集成制造——CIMS概论. 北京：清华大学出版社，2000

[11] 周星元，梅顺齐. 机械制造技术(下册). 北京：中国水利水电出版社，2005